华职教育

中等职业教育规划新教材

中等职业教育规划新教材审定委员会审定

数控加工技术

——中等职业教育规划新教材编审委员会组编——

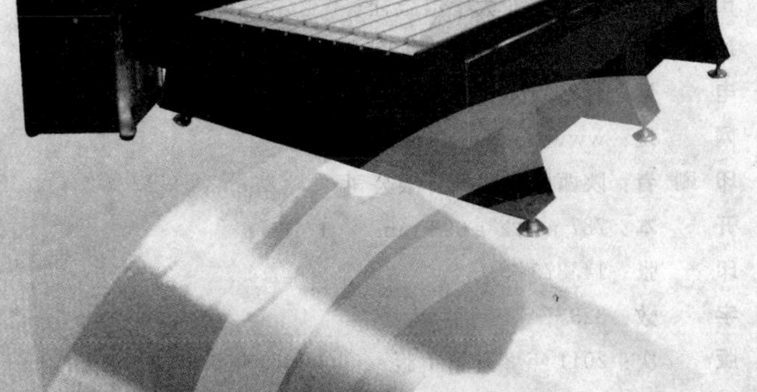

西北工业大学出版社

【内容简介】 本书是依据《国家中长期教育改革和发展规划纲要(2010—2020年)》的指导精神,并结合教育部最新颁布的教学指导要求及中等职业学校教学特点编写而成的。内容全面,结构合理,通俗易懂。全书共分为七个项目,主要内容包括:数控机床加工程序编制基础,数控加工工艺设计,数控车床的程序编制,数控铣床的程序编制,加工中心的程序编制,数控电火花、线切割机床的程序编制,CAD/CAM软件应用等。

本书既可作为中等职业学校机械加工技术专业教材,也可作为职业技能培训教材,还可供工矿企业相关从业人员参考。

图书在版编目(CIP)数据

数控加工技术/李能龙,童望高主编.—西安:西北工业大学出版社,2011.2(2015.8重印)
ISBN 978-7-5612-3008-4

Ⅰ.①数… Ⅱ.①李… ②童… Ⅲ.①数控机床—加工 Ⅳ.①TG659

中国版本图书馆CIP数据核字(2011)第018519号

出版发行: 西北工业大学出版社
通信地址: 西安市友谊西路127号 **邮编:**710072
电　　话: (029) 88493844 88491757
网　　址: www.nwpup.com
印 刷 者: 陕西向阳印务有限公司
开　　本: 787 mm×1 092 mm 1/16
印　　张: 14.375
字　　数: 323千字
版　　次: 2011年2月第1版 2015年8月第5次印刷
定　　价: 29.00元

前 言

本书是依据《国家中长期教育改革和发展规划纲要(2010—2020年)》,并结合教育部最新颁布的教学指导要求及中等职业学校教学特点编写而成的。在编写过程中,注重突出“必须、够用”,“强化实践技能为主”的原则,同时兼顾职业技能鉴定考试相关内容。本书可作为中等职业学校机械加工技术专业教材,也可作为职业技能培训教材,还可供工矿企业相关从业人员参考阅读。

本书编写的主要思路如下:

在全面介绍基础知识的前提下,兼顾相关技术的发展与延续,力求反映较新的应用内容;考虑专业知识学习的系统性,注意和其他课程内容的联系,便于建立合理的知识结构。

本书的编写特点主要体现在以下几个方面:

(1)采用任务驱动方式撰写,强调学生自主学习,通过图表、例题激发学生的学习兴趣,使学生轻松掌握所学内容;

(2)内容新颖,实用性强,以就业为导向,以职业为依据,紧密联系培养目标,在强化基础知识的同时,强调理论与实际紧密结合;

(3)语言通俗易懂,叙述由浅入深,符合学生学习新知识的认知规律。

本书包括七个项目,项目1介绍了数控机床加工程序编制基础;项目2讲解了数控加工工艺设计;项目3叙述了数控车床的程序编制;项目4介绍了数控铣床的程序编制;项目5讲解了加工中心的程序编制;项目6叙述了数控电火花、线切割机床的程序编制;项目7简单介绍了CAD/CAM软件应用。

本书建议课时分配如下:

内　　容	课　　时
项目1　数控机床加工程序编制基础	4
项目2　数控加工工艺设计	4
项目3　数控车床的程序编制	6
项目4　数控铣床的程序编制	8
项目5　加工中心的程序编制	12
项目6　数控电火花、线切割机床的程序编制	8
项目7　CAD/CAM软件应用	6
合　　计	48

由于水平有限,书中难免有疏漏或不当之处,请读者批评指正。

编　者

2010年11月

目 录

项目1 数控机床加工程序编制基础

任务1 数控程序编制的概念

任务描述： 了解数控程序编制的步骤及方法；
了解字与字的功能；
掌握程序格式。

任务分析： 数控程序是指从数控系统外部输入的直接用于加工的程序，它是机床数控系统的应用软件。本任务先介绍数控程序编制的步骤、方法，然后介绍字与字的功能，最后给出程序格式。

数控机床是一种高效的自动化加工设备，它严格按照加工程序自动地对被加工工件进行加工。通常把从数控系统外部输入的直接用于加工的程序称为数控加工程序，简称数控程序，它是机床数控系统的应用软件。与数控系统应用软件相对应的是数控系统内部的系统软件，系统软件是用于数控系统工作控制的，它不在本教程的研究范围内。

数控系统的种类繁多，它们使用的数控程序的语言规则和格式也不尽相同，本教程以ISO国际标准为主介绍加工程序的编制方法。当针对某一台数控机床编制加工程序时，应该严格按机床编程手册中的规定进行程序编制。

在编制数控加工程序前，应首先了解数控程序编制的主要工作内容、程序编制的工作步骤、每一步应遵循的工作原则等、最终才能获得满足要求的数控程序，如图1-1所示为程序样本。

```
%
O0000
(PROGRAM NAME - HY10)
(DATE=DD-MM-YY - 27-02-02 TIME=HH:MM - 12:50)
((UNDEFINE) TOOL - 1 DIA. OFF. - 41 LEN. - 1 DIA. - 10.)
N100G21
N102G0G40G49G80G90
N104T1M6
N106G0G90G54X-19.305Y-15.6S1200M3
N108G43H1Z60.M8
N110Z34.8
N112G1Z29.8F2.
N114X19.305
N116G0Z50.
N118X24.248Y-5.2
```

图 1-1　程序样本

活动 1 数控程序编制的定义

编制数控加工程序是使用数控机床的一项重要技术工作，理想的数控程序不仅应该保证加工出符合零件图样要求的合格零件，还应该使数控机床的功能得到合理的应用与充分的发挥，使数控机床能安全、可靠、高效地工作。

1. 数控程序编制的内容及步骤

数控编程是指从零件图纸到获得数控加工程序的全部工作过程。如图 1-2 所示，编程工作主要包括以下几个方面。

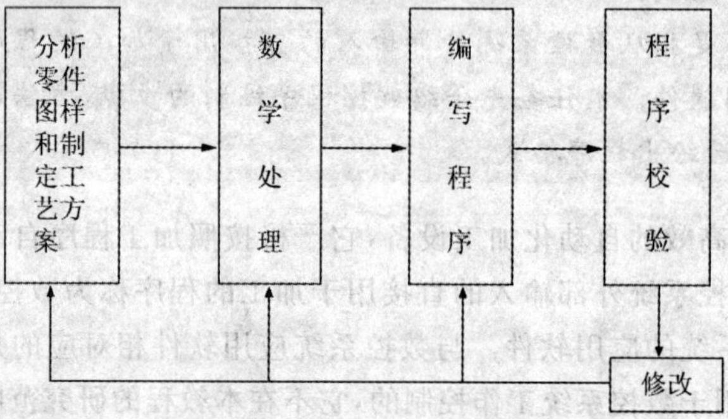

图 1-2　数控程序编制的内容及步骤

(1)分析零件图样和制定工艺方案

这项工作的内容：①对零件图样进行分析，明确加工的内容和要求；②确定加工方案；③选择适合的数控机床；④选择或设计刀具和夹具；⑤确定合理的走刀路线及选择合理的切削用量等。这一工作要求编程人员能够对零件图样的技术特性、几何形状、尺寸及工艺要求进行分析，并结合数控机床使用的基础知识，例如数控机床的规格、性能、数控系统的功能等，确定加工方法和加工路线。

(2)数学处理

在确定了工艺方案以后，就需要根据零件的几何尺寸、加工路线等，计算刀具中心运动轨迹，以获得刀位数据。数控系统一般均具有直线插补与圆弧插补功能，对于加工由圆弧和直线组成的较简单的平面零件，只需要计算出零件轮廓上相邻几何元素交点或切点的坐标值，得出各几何元素的起点、终点、圆弧的圆心坐标值等，就能满足编程要求。当零件的几何形状与控制系统的插补功能不一致时，就需要进行较复杂的数值计算，一般需要使用计算机辅助计算，否则难以完成。

(3)编写零件加工程序

在完成上述工艺处理及数值计算工作后，即可编写零件加工程序。程序编制人员使用数控系统的程序指令，按照规定的程序格式，逐段编写加工程序。程序编制人员应熟练掌握数控机床的功能、程序指令及代码，才能编写出正确的加工程序。

(4)程序检验

将编写好的加工程序输入数控系统，就可控制数控机床的加工工作。一般在正式加工之前，要对程序进行检验。通常可采用机床空运转的方式来检查机床动作和运动轨迹的正确性，以检验程序。在具有图形模拟显示功能的数控机床上，可通过显示走刀轨迹或模拟刀具对工件的切削过程，对程序进行检查。对于形状复杂和要求高的零件，也可通过采用铝件、塑料或石蜡等易切材料进行试切来检验程序。通过检查试件，不仅可确认程序正确性，还可知道加工精度是否符合要求。若能采用与被加工零件材料相同的材料进行试切，则更能反映实际加工效果。当发现加工的零件不符合加工技术要求时，可修改程序或采取尺寸补偿等措施。

2.数控程序编制的方法

数控加工程序的编制方法主要有两种：手工编制程序(手工编程)和自动编制程序(自动编程)。

(1)手工编程

手工编程是指主要由人工来完成数控编程中各个阶段的工作，如图1-3所示。

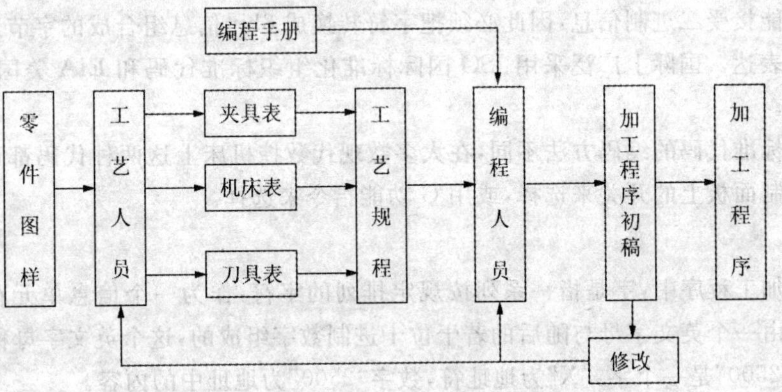

图1-3　手工编程

一般对几何形状不太复杂的零件，所需的加工程序不长，计算比较简单，用手工编程比较合适。

手工编程的特点：耗费时间较长，容易出现错误，无法胜任复杂形状零件的编程。据国外资料统计，当采用手工编程时，一段程序的编写时间与其在机床上运行加工的实际时间之比，平均约为30:1，而数控机床不能开动的原因中有20%～30%是由于加工程序编制困难，编程时间较长。

(2)计算机自动编程

自动编程是指在编程过程中，除了分析零件图样和制定工艺方案由人工进行外，其余工作均由计算机辅助完成的工作。

当采用计算机自动编程时，数学处理、编写程序、检验程序等工作是由计算机自动完成的。由于计算机可自动绘制出刀具中心运动轨迹，使编程人员可及时检查程序是否正确，需要时可及时修改，以获得正确的程序。又由于计算机自动编程代替程序编制人员完成了繁琐的数值计算，可提高编程效率几十倍乃至上百倍，因此解决了手工编程无法解决的许多复杂零件的编程难题。因而，自动编程的特点就在于编程工作效率高，可解决复杂形状零件的编程难题。

根据输入方式的不同，可将自动编程分为图形数控自动编程、语言数控自动编程和语音数控自动编程等。图形数控自动编程是指将零件的图形信息直接输入计算机，通过自动编程软件的处理，得到数控加工程序。目前，图形数控自动编程是使用最为广泛的自动编程方式。语言数控自动编程指将加工零件的几何尺寸、工艺要求、切削参数及辅助信息等用数控语言编写成源程序后，输入到计算机中，再由计算机进一步处理得到零件加工程序。语音数控自动编程是采用语音识别器，将编程人员发出的加工指令的声音转变为加工程序。

活动 2 字与字的功能

1. 字符与代码

字符是用来组织、控制或表示数据的一些符号，如数字、字母、标点符号、数学运算符等。数控系统只能接受二进制信息，因此必须把字符转换成8bit信息组合成的字节，用0和1组合的代码来表达。国际上广泛采用ISO国际标准化组织标准代码和EIA美国电子工业协会标准代码。

这两种标准代码的编码方法不同，在大多数现代数控机床上这两种代码都可以使用，只须用系统控制面板上的开关来选择，或用G功能指令来选择。

2. 字

在数控加工程序中，字是指一系列按规定排列的字符，作为一个信息单元存储、传递和操作。字是由一个英文字母与随后的若干位十进制数字组成的，这个英文字母称为地址符。

例如“X2500”是一个字，“X”为地址符，数字“2500”为地址中的内容。

3. 字的功能

组成程序段的每一个字都有其特定的功能含义，以下是以FANUC—OM数控系统的规范为主来介绍的，实际工作中，请遵照机床数控系统说明书来使用各个功能字。

(1)顺序号字N

顺序号又称程序段号或程序段序号。顺序号位于程序段之首，由顺序号字N和后续数字组成。顺序号字 N 是地址符，后续数字一般为 1～4 位的正整数。数控加工中的顺序号实际上是程序段的名称，与程序执行的先后次序无关。数控系统不是按顺序号的次序来执行程序的，而是按照程序段编写时的排列顺序逐段执行。

顺序号的作用：①对程序的校对和检索修改；②作为条件转向的目标，即作为转向目的程序段的名称；③有顺序号的程序段可以进行复归操作，这是指加工可以从程序的中间开始，或回到程序中断处开始。

一般使用方法：编程时将第一程序段冠以 N10，以后以间隔 10 递增的方法设置顺序号，这样，在调试程序时，如果需要在 N10 和 N20 之间插入程序段，就可以使用 N11，N12 等。

(2)准备功能字 G

准备功能字的地址符是 G，又称为 G 功能或 G 指令，是用于建立机床或控制系统工作方式的一种指令。后续数字一般为 1～3 位正整数(见表 1-1)。

表 1-1 G 功能字含义表

G 功能字	FANUC 系统	SIEMENS 系统
G00	快速移动点定位	快速移动点定位
G01	直线插补	直线插补
G02	顺时针圆弧插补	顺时针圆弧插补
G03	逆时针圆弧插补	逆时针圆弧插补
G04	暂停	暂停
G05	—	通过中间点圆弧插补
G17	*XY* 平面选择	*XY* 平面选择
G18	*ZX* 平面选择	*ZX* 平面选择
G19	*YZ* 平面选择	*YZ* 平面选择
G32	螺纹切削	—
G33	—	恒螺距螺纹切削
G40	刀具补偿注销	刀具补偿注销
G41	刀具补偿——左	刀具补偿——左
G42	刀具补偿——右	刀具补偿——右
G43	刀具长度补偿——正	—
G44	刀具长度补偿——负	—
G49	刀具长度补偿注销	—
G50	主轴最高转速限制	—
G54～G59	加工坐标系设定	零点偏置

续表

G 功能字	FANUC 系统	SIEMENS 系统
G65	用户宏指令	—
G70	精加工循环	英制
G71	外圆粗切循环	米制
G72	端面粗切循环	—
G73	封闭切削循环	—
G74	深孔钻循环	—
G75	外径切槽循环	—
G76	复合螺纹切削循环	—
G80	撤销固定循环	撤销固定循环
G81	定点钻孔循环	固定循环
G90	绝对值编程	绝对尺寸
G91	增量值编程	增量尺寸
G92	螺纹切削循环	主轴转速极限
G94	每分钟进给量	直线进给率
G95	每转进给量	旋转进给率
G96	恒线速控制	恒线速度
G97	恒线速取消	注销 G96
G98	返回起始平面	—
G99	返回 R 平面	—

(3)尺寸字

尺寸字用于确定机床上刀具运动终点的坐标位置。

第一组 X,Y,Z,U,V,W,P,Q,R 用于确定终点的直线坐标尺寸;第二组 A,B,C,D,E 用于确定终点的角度坐标尺寸;第三组 I,J,K 用于确定圆弧轮廓的圆心坐标尺寸。在一些数控系统中,还可以用 P 指定暂停时间,用 R 指定圆弧的半径等。

多数数控系统可以用准备功能字来选择坐标尺寸的制式,如 FANUC 诸系统可用 G21/G22 来选择米制单位或英制单位,也有些系统用系统参数来设定尺寸制式。当采用米制时,一般单位为 mm,如 X100 指令的坐标单位为 mm。当然,一些数控系统可通过参数来选择不同的尺寸单位。

(4)进给功能字 F

进给功能字的地址符是 F,又称为 F 功能或 F 指令,用于指定切削的进给速度。对于车床，F可分为每分钟进给和主轴每转进给两种，对于其他数控机床，一般只用每分钟进给。F指令在螺纹切削程序段中常用来指定螺纹的导程。

(5)主轴转速功能字S

主轴转速功能字的地址符是S，又称为S功能或S指令，用于指定主轴转速，单位为r/min。对于具有恒线速度功能的数控车床，程序中的S指令用来指定车削加工的线速度数。

(6)刀具功能字T

刀具功能字的地址符是T，又称为T功能或T指令，用于指定加工时所用刀具的编号。对于数控车床，其后的数字还兼作指定刀具长度补偿和半径补偿用。

(7)辅助功能字M

辅助功能字的地址符是M，后续数字一般为1～3位正整数，又称为M功能或M指令，用于指定数控机床辅助装置的开关动作，见表1-2。

表1-2　M功能字含义表

M功能字	含义
M00	程序停止
M01	计划停止
M02	程序停止
M03	主轴顺时针旋转
M04	主轴逆时针旋转
M05	主轴旋转停止
M06	换刀
M07	2号冷却液开
M08	1号冷却液开
M09	冷却液关
M30	程序停止并返回开始处
M98	调用子程序
M99	返回子程序

活动3 程序格式

1.程序段格式

程序段是可作为一个单位来处理的、连续的字组，是数控加工程序中的一条语句。一个数控加工程序是由若干个程序段组成的。

程序段格式是指程序段中的字、字符和数据的安排形式。现在一般使用字地址可变程序段格式，每个字长度不固定，各个程序段中字的长度和个数都是可变的。在地址可变程序段格式中，在上一程序段中写明的、本程序段里又不变化的那些字仍然有效，可以不再重写，这种功能字称为续效字。

程序段格式举例：

N30 G01 X88.1 Y30.2 F500 S3000 T02 M08

N40 X90（本程序段省略了续效字“G01 Y30.2 F500 S3000 T02 M08”，但它们的功能仍然有效）

在程序段中，必须明确组成程序段的各要素。

移动目标：终点坐标值 X,Y,Z。

沿怎样的轨迹移动：准备功能字 G。

进给速度：进给功能字 F。

切削速度：主轴转速功能字 S。

使用刀具：刀具功能字 T。

机床辅助动作：辅助功能字 M。

2.加工程序的一般格式

(1)程序开始符、结束符

程序开始符、结束符是同一个字符，ISO 代码中是%，EIA 代码中是 EP，书写时要单列一段。

(2)程序名

程序名有两种形式：一种是由英文字母 O 和 1～4 位正整数组成的；另一种是由英文字母开头，字母数字混合组成的。程序名一般要求单列一段。

(3)程序主体

程序主体是由若干个程序段组成的。每个程序段一般占一行。

(4)程序结束指令

程序结束指令可以使用 M02 或 M30。一般要求单列一段。

加工程序的一般格式举例：

```
%                                    // 开始符
O1000                                // 程序名
N10 G00 G54 X50 Y30 M03 S3000  ┐
N20 G01 X88.1 Y30.2 F500 T02 M08 │
N30 X90                         ├    // 程序主体
……                              ┘
N300 M30                             // 程序结束指令
%                                    //结束符
```

任务2　数控机床的坐标系

任务描述： 了解数控机床坐标系的定义及确定方法；

掌握编程坐标系的定义及设定原则；

掌握加工坐标系的定义及设定方法。

任务分析： 设定坐标系对于简化程序编制有重要作用。本任务在介绍机床坐标系、编程坐标系的定义及确定方法、原则的基础上，重点讲述加工坐标系的定义及设定方法。通过本任务的学习能够具备设定坐标系的能力。

当进行数控编程时，为了描述机床的运动，简化程序编制的方法及保证记录数据的互换性，数控机床的坐标系和运动方向均已标准化，ISO 和我国都拟定了命名的标准。通过这一部分的学习，掌握机床坐标系、编程坐标系、加工坐标系的概念，具备实际动手设置数控机床加工坐标系的能力。

活动1 机床坐标系

1.机床坐标系的确定

(1)机床相对运动的规定

在机床上，始终认为工件静止，而刀具是运动的。这样编程人员在不考虑机床上工件与刀具具体运动的情况下，就可以依据零件图样确定机床的加工过程。

(2)机床坐标系的规定

在数控机床上，机床的动作是由数控装置来控制的，为了确定数控机床上的成形运动和辅助运动，必须先确定机床上运动的参考点和方向，这就需要通过坐标系来实现，这个坐标系被称为机床坐标系。

例如铣床上有纵向运动、横向运动以及垂直运动，如图1-4所示，在数控加工中就可以用机床坐标系来描述。

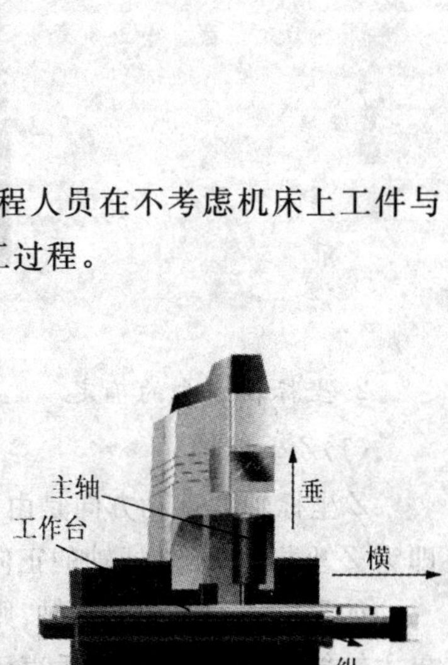

图1-4　立式数控铣床

标准机床坐标系中 X,Y,Z 坐标轴的相互关系用右手笛卡儿直角坐标系确定。

1)伸出右手的大拇指、食指和中指，并互为90°，则大拇指代表 X 坐标轴，食指代表 Y 坐标轴，中指代表 Z 坐标轴。

2)大拇指的指向为 X 坐标轴的正方向，食指的指向为

Y 坐标轴的正方向，中指的指向为 Z 坐标轴的正方向。

3)围绕 X,Y,Z 坐标轴旋转的旋转坐标分别用 A,B,C 表示，根据右手螺旋定则，大拇指的指向为 X,Y,Z 坐标中任意轴的正向，则其余四指的旋转方向即为旋转坐标 A,B,C 的正向，见图 1-5。

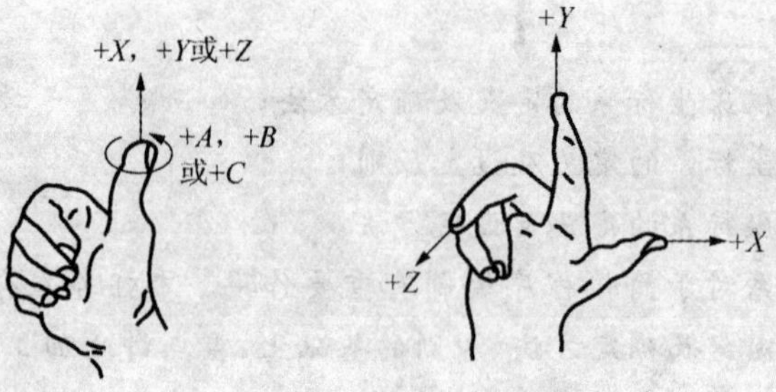

图 1-5　直角坐标系

(3)运动方向的规定

增大刀具与工件距离的方向即为各坐标轴的正方向，如图 1-6 所示为数控车床上两个运动的正方向。

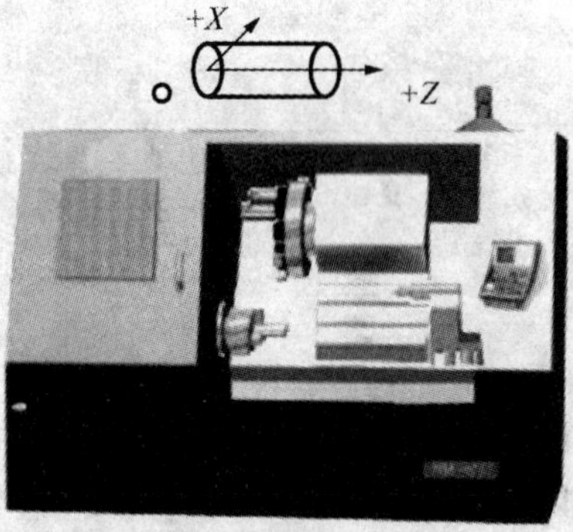

图 1-6　机床运动的方向

2. 坐标轴方向的确定

(1)Z 坐标轴

Z 坐标轴的运动方向是由传递切削动力的主轴所决定的，即平行于主轴轴线的坐标轴即为 Z 坐标轴，Z 坐标轴的正向为刀具离开工件的方向。

如果机床上有几个主轴，则选一个垂直于工件装夹平面的主轴方向为 Z 坐标轴方向；如果主轴能够摆动，则选择垂直于工件装夹平面的方向为 Z 坐标轴方向；如果机床无主轴，则选择垂直于工件装夹平面的方向为 Z 坐标轴方向。如图 1-7 所示为数控车床的 Z 坐标轴。

(2)X 坐标轴

X 坐标轴平行于工件的装夹平面，一般在水平面内。确定 X 轴的方向时，要考虑以下两种情况。

1)如果工件做旋转运动，则刀具离开工件的方向为 X 坐标轴的正方向。

2)如果刀具做旋转运动，则分为两种情况：Z 坐标轴水平时，观察者沿刀具主轴向工件看时，+X 运动方向指向右方；Z 坐标轴垂直时，观察者面对刀具主轴向立柱看时，+X 运动方向指向右方。如图 1-7 所示数控车床的 X 坐标。

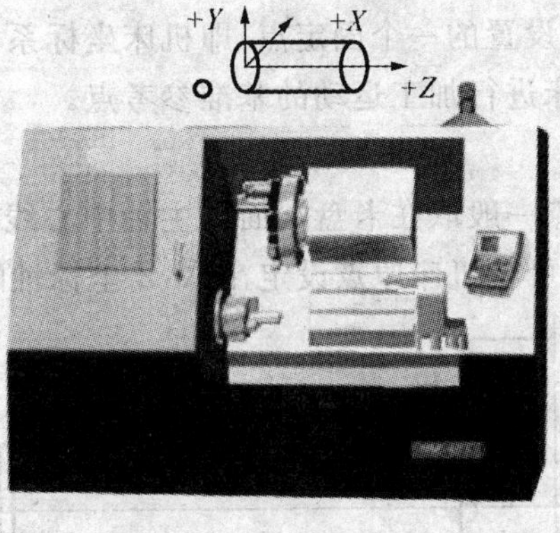

图 1-7　数控车床的坐标系

(3)Y 坐标轴

在确定 X,Z 坐标的正方向后，可以根据 X 和 Z 坐标的方向，按照右手直角坐标系来确定 Y 坐标的方向。如图 1-7 所示数控车床的 Y 坐标。

【例 1-1】 根据图 1-8 所示的数控立式铣床结构图确定 X,Y,Z 轴。

Z 轴：平行于主轴，刀具离开工件的方向为正。

X 轴：Z 坐标轴垂直，且刀具旋转，所以面对刀具主轴向立柱方向看，向右为正。

Y 轴：在 Z、X 坐标轴确定后，用右手直角坐标系来确定。

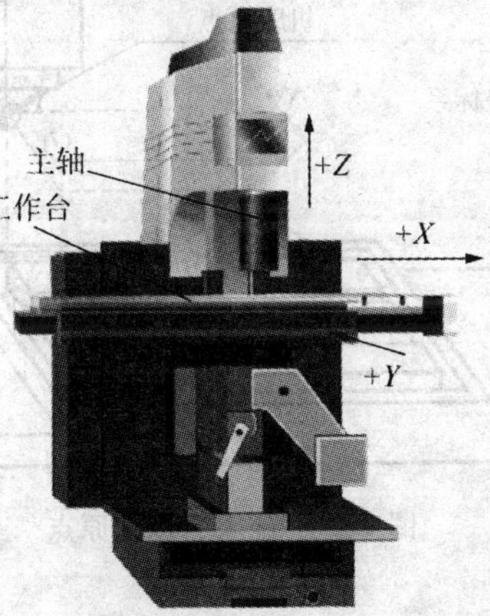

图 1-8　数控立式铣床的坐标系

3. 附加坐标系

为了编程和加工的方便，有时还要设置附加坐标系。

对于直线运动，通常建立的附加坐标系有以下几个。

(1)指定平行于 X,Y,Z 的坐标轴

可以采用的附加坐标系：第二组 U,V,W 坐标，第三组 P,Q,R 坐标。

(2) 指定不平行于 X,Y,Z 的坐标轴也可以采用的附加坐标系：第二组 U,V,W 坐标，第三组 P,Q,R 坐标。

4. 机床原点的设置

机床原点是指在机床上设置的一个固定点，即机床坐标系的原点。它在机床装配、调试时就已确定下来，是数控机床进行加工运动的基准参考点。

(1)数控车床的原点

在数控车床上，机床原点一般取在卡盘端面与主轴中心线的交点处，如图 1-9 所示。同时，通过设置参数的方法，也可将机床原点设定在 X,Z 坐标轴的正方向极限位置上。

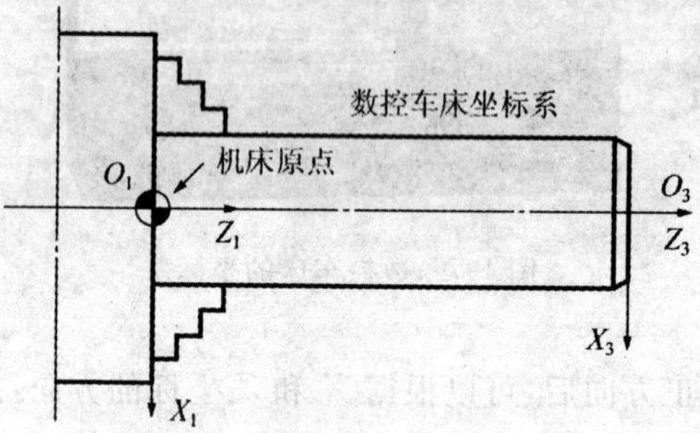

图 1-9　车床的机床原点

(2)数控铣床的原点

在数控铣床上，机床原点一般取在 X,Y,Z 轴的正方向极限位置上，如图 1-10 所示。

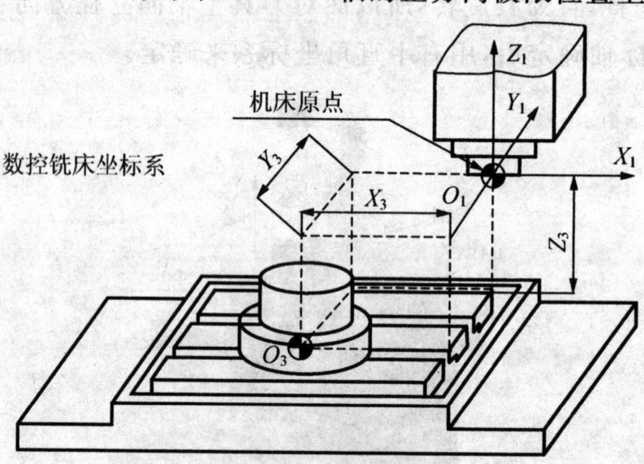

图 1-10　铣床的机床原点

5. 机床参考点

机床参考点是用于对机床运动进行检测和控制的固定位置点。

机床参考点的位置是由机床制造厂家在每个进给轴上用限位开关精确调整好的，且其坐标值已输入数控系统中。因此参考点对机床原点的坐标是一个已知数。

通常在数控铣床上机床原点和机床参考点是重合的；而在数控车床上机床参考点是离机床原点最远的极限点。如图 1-11 所示为数控车床的参考点与机床原点。

数控机床开机时，必须先确定机床原点，而确定机床原点的运动就是刀架返回参考点的操作，这样通过确认参考点，就确定了机床原点。只有在机床参考点被确认后，刀具（或工作

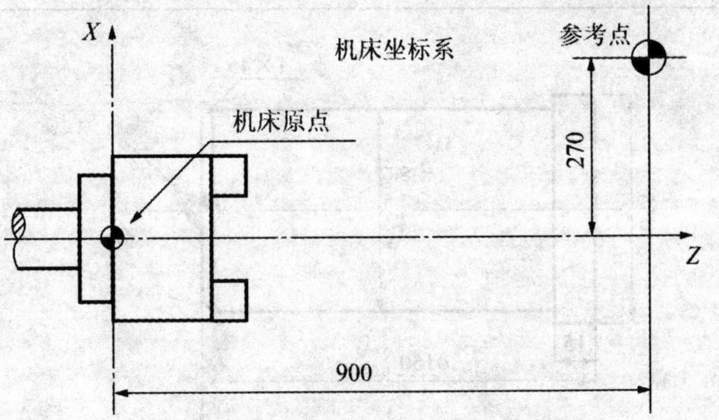

图 1-11　数控车床的参考点

台)移动才有基准。

活动 2 编程坐标系

编程坐标系是编程人员根据零件图样及加工工艺等建立的坐标系。

编程坐标系一般供编程使用,当确定编程坐标系时不必考虑工件毛坯在机床上的实际装夹位置。如图 1-12 所示,其中 O_2 即为编程坐标系原点。

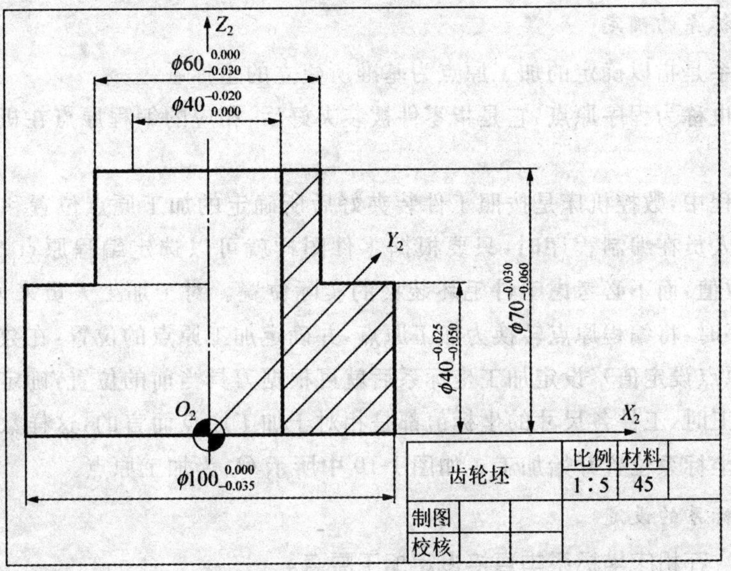

图 1-12　编程坐标系

编程原点是根据加工零件图样及加工工艺要求选定的编程坐标系的原点。

编程原点应尽量选择在零件的设计基准或工艺基准上,编程坐标系中各轴的方向应该与所使用的数控机床相应的坐标轴方向一致,如图 1-13 所示为车削零件的编程原点。

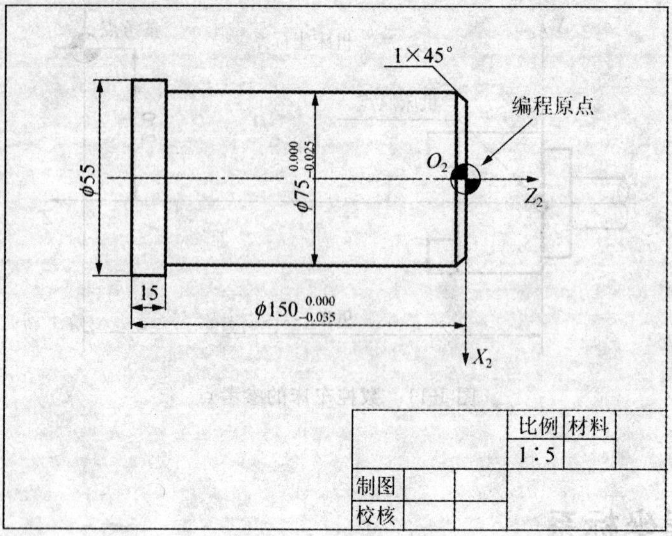

图 1-13　确定编程原点

活动 3 加工坐标系

1. 加工坐标系的确定

加工坐标系是指以确定的加工原点为基准所建立的坐标系。

加工原点也称为程序原点，它是指零件被装夹好后，相应的编程原点在机床坐标系中的位置。

在加工过程中，数控机床是按照工件装夹好后所确定的加工原点位置和程序要求进行加工的。编程人员在编制程序时，只要根据零件图样就可以选定编程原点、建立编程坐标系、计算坐标数值，而不必考虑工件毛坯装夹的实际位置。对于加工人员来说，则应在装夹工件、调试程序时，将编程原点转换为加工原点，并确定加工原点的位置，在数控系统中给予设定（即给出原点设定值），设定加工坐标系后就可根据刀具当前的位置，确定刀具起始点的坐标值。在加工时，工件各尺寸的坐标值都是相对于加工原点而言的，这样数控机床才能按照准确的加工坐标系位置开始加工。如图 1-10 中所示 O_3 为加工原点。

2. 加工坐标系的设定

【方法一】 在机床坐标系中直接设定加工原点。

【例 1-2】 以图 1-10 所示为例，在配置 FANUC－OM 系统的立式数控铣床上设置加工原点 O_3。

(1)加工坐标系的选择

编程原点设置在工件轴心线与工件底端面的交点上。

设工作台工作面尺寸为 800×320，若工件装夹在接近工作台中间处，则确定了加工坐标系的位置，其加工原点 O_3 就在距机床原点 O_1 为 x_3，y_3，z_3 处，并且 $x_3 = -345.700$，

$y_3=-196.220$，$z_3=-53.165$。

(2)设定加工坐标系指令

1)G54～G59 为设定加工坐标系指令。G54 对应 1 号工件坐标系，其余以此类推。可在 MDI 方式的参数设置页面中设定加工坐标系。如对已选定的加工原点 O_3，将其坐标值 $x_3=-345.700$，$y_3=-196.220$，$z_3=-53.165$ 设在 G54 中，则表明在数控系统中设定了 1 号工件加工坐标。设置页面如图 1-14 所示。

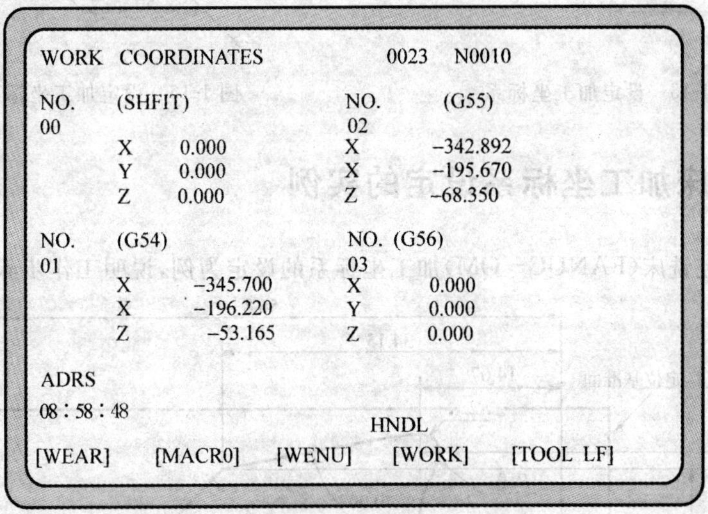

图 1-14 加工坐标系设置

2)G54～G59 在加工程序中出现时，即选择了相应的加工坐标系。

【方法二】 通过刀具起始点来设定加工坐标系。

(1)加工坐标系的选择

加工坐标系的原点可设定在相对于刀具起始点的某一符合加工要求的空间点上。

应注意的是，当机床开机回参考点之后，无论刀具运动到哪一点，数控系统对其位置都是已知的。也就是说，刀具起始点是一个已知点。

(2)设定加工坐标系指令

G92 为设定加工坐标系指令。在程序中出现 G92 程序段时，即通过刀具当前所在位置(刀具起始点)来设定加工坐标系。

G92 指令的编程格式：G92 X a Y b Z c

该程序段运行后，就根据刀具起始点设定了加工原点，如图 1-15 所示。

从图 1-15 中可看出，用 G92 设置加工坐标系，也可看作是在加工坐标系中，确定刀具起始点的坐标值，并将该坐标值写入 G92 编程格式中。

【例 1-3】 在图 1-16 所示中，当 $a=50$，$b=50$，$c=10$ 时，试用 G92 指令设定加工坐标系。

设定程序为

G92 X50 Y50 Z10

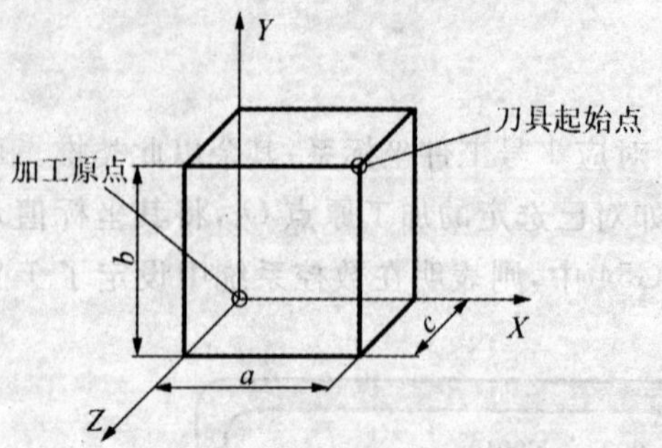

图 1-15　设定加工坐标系

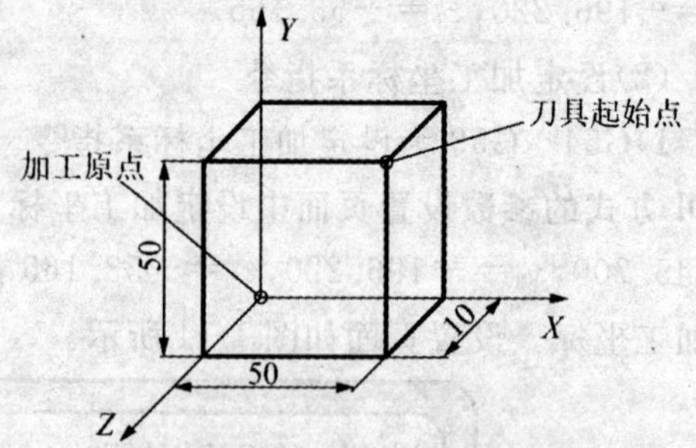

图 1-16　设定加工坐标系应用

活动 4 机床加工坐标系设定的实例

下面以数控铣床(FANUC－OM)加工坐标系的设定为例，说明工作步骤。

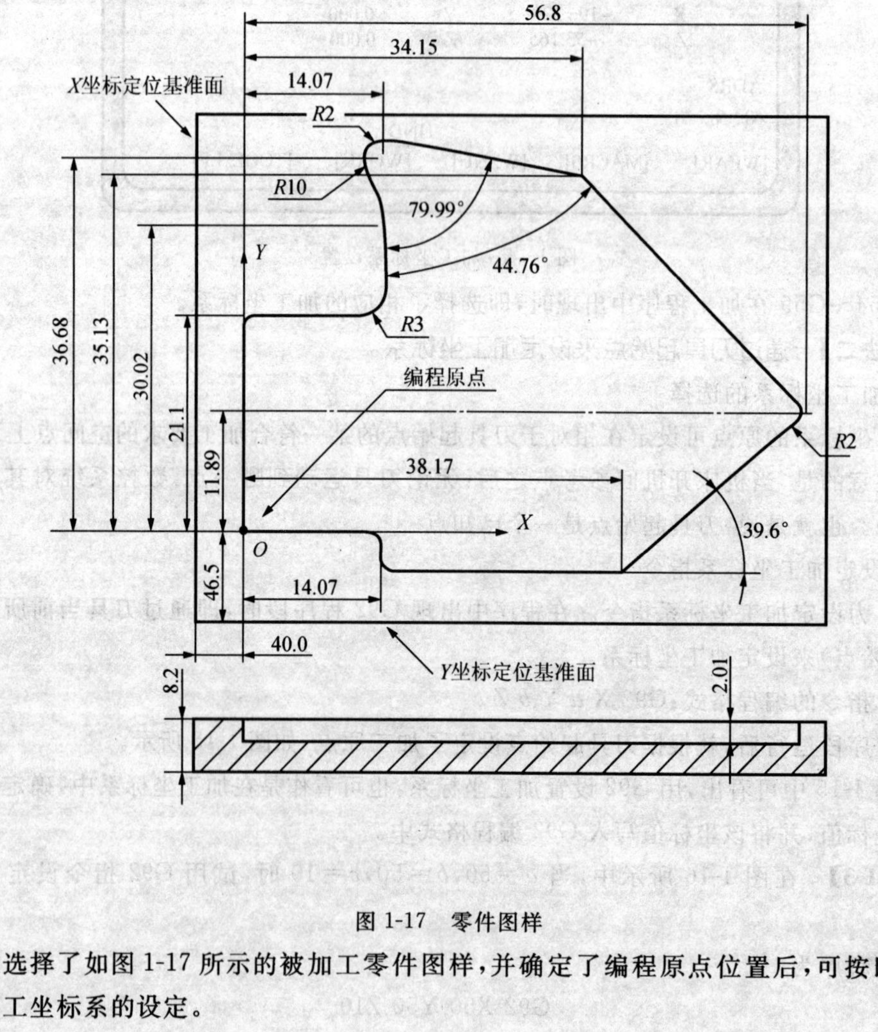

图 1-17　零件图样

在选择了如图 1-17 所示的被加工零件图样，并确定了编程原点位置后，可按以下方法进行加工坐标系的设定。

1. 准备工作

机床回参考点，确认机床坐标系。

2. 装夹工件毛坯

通过夹具使零件定位，并使工件定位基准面与机床运动方向一致。

3. 对刀测量

用简易对刀法测量，方法如下。

用直径为 $\phi10$ 的标准测量棒、塞尺对刀，得到测量值为 $x=-437.726$，$y=-298.160$，如图 1-18 所示，$z=-31.833$，如图 1-19 所示。

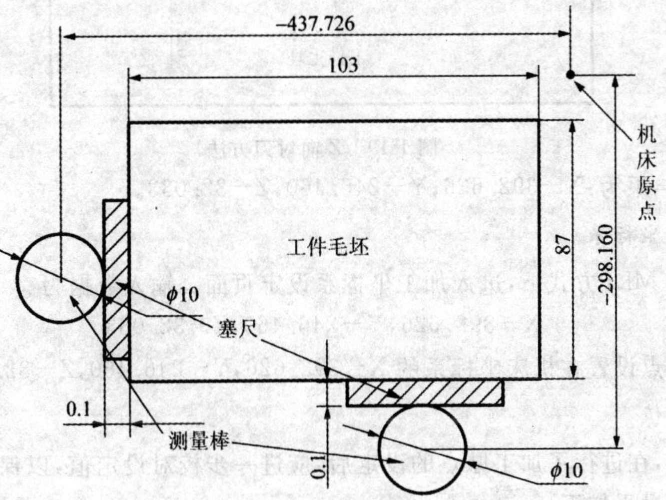

图 1-18　X，Y 向对刀方法

4. 计算设定值

如图 1-18 所示，将前面已测得的各项数据，按设定要求运算。

X 坐标设定值：$x=-437.726+5+0.1+40=-392.626$。

注：-437.726 为 X 坐标方向显示值；

　　$+5$ 为测量棒半径值；

　　$+0.1$ 为塞尺厚度；

　　$+40.0$ 为编程原点到工件定位基准面在 X 坐标方向的距离。

Y 坐标方向设定值：$y=-298.160+5+0.1+46.5=-246.46$。

注：如图 1-18 所示，-298.160 为坐标显示值；

　　$+5$ 为测量棒半径值；

　　$+0.1$ 为塞尺厚度；

　　$+46.5$ 为编程原点到工件定位基准面在 Y 坐标方向的距离。

Z 坐标设定值：$z=-31.833-0.2=-32.033$。

注：-31.833 为坐标显示值；

　　-0.2 为塞尺厚度，如图 1-19 所示。

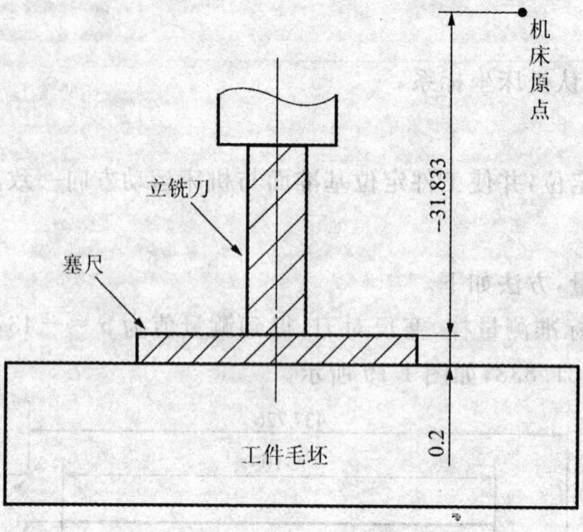

图 1-19　Z 向对刀方法

通过计算，结果为：X－392.626；Y－246.460；Z－32.033。

5. 设定加工坐标系

将开关放在 MDI 方式下，进入加工坐标系设定页面。输入数据为

X－392.626，Y－246.460，Z－32.033

表示加工原点设置在机床坐标系的 X－392.626，Y－246.460，Z－32.033 位置上。

6. 校对设定值

对于初学者，在进行了加工原点的设定后，应进一步校对设定值，以保证参数的正确性。校对工作的具体过程如下。

在设定了 G54 加工坐标系后，再进行回机床参考点操作，其显示值为

X＋392.626，Y＋246.460，Z＋32.033

这说明在设定了 G54 加工坐标系后，机床原点在加工坐标系中的位置为：

X＋392.626，Y＋246.460，Z＋32.033

这反过来也说明 G54 的设定值是正确的。

任务 3　常用编程指令

任务描述： 熟悉八种常用的编程指令，掌握它们的功能及编程格式。

任务分析： 本任务详细介绍了八种常用编程指令的功能及编程格式，能够正确使用这些编程指令是程序编制的必然要求。

数控加工程序是由各种功能字按照规定的格式组成的。正确地理解各个功能字的含义，恰当地使用各种功能字，按规定的程序指令编写程序，是编好数控加工程序的关键。

程序编制的规则是由所采用的数控系统来决定的，因此，应详细阅读数控系统编程、操作说明书。以下按常用数控系统的共性概念进行说明。

活动 1 绝对尺寸指令和增量尺寸指令

在加工程序中，绝对尺寸指令和增量尺寸指令有两种表达方法。

绝对尺寸指机床运动部件的坐标尺寸值相对于坐标原点给出，如图 1-20 所示。增量尺寸指机床运动部件的坐标尺寸值相对于前一位置给出，如图 1-21 所示。

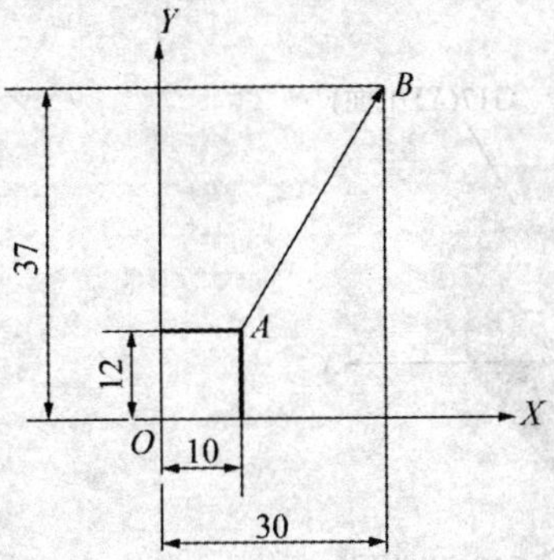

图 1-20　绝对尺寸

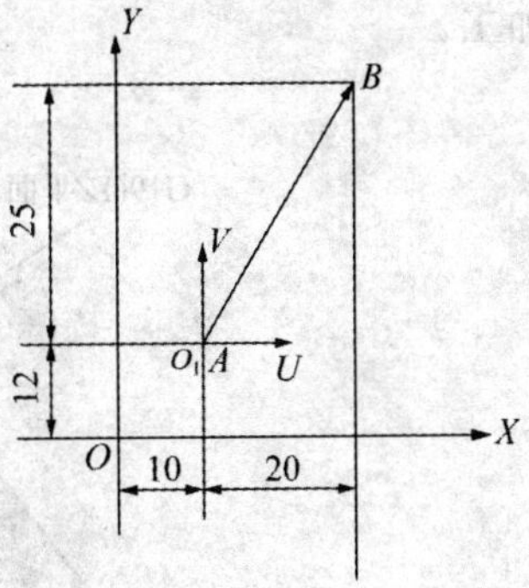

图 1-21　增量尺寸

1. G 功能字指定

G90　指定尺寸值为绝对尺寸。

G91　指定尺寸值为增量尺寸。

这种表达方式的特点：同一条程序段中只能用一种，不能混用；同一坐标轴方向的尺寸字的地址符是相同的。

2. 用尺寸字的地址符指定（本课程中车床部分使用）

绝对尺寸的尺寸字的地址符用 X，Y，Z；

增量尺寸的尺寸字的地址符用 U，V，W。

这种表达方式的特点是同一程序段中绝对尺寸和增量尺寸可以混用，这给编程带来很大方便。

活动 2 预置寄存指令 G92

预置寄存指令是按照程序规定的尺寸字值，通过当前刀具所在位置来设定加工坐标系的原点，这一指令不产生机床运动。

编程格式：G92 X～Y～ Z～

式中：X，Y，Z 的值是当前刀具位置相对于加工原点位置的值。

【例 1-4】　建立如图 1-21 所示的加工坐标系。

当前的刀具位置点在 *A* 点时：G92 X10 Y12。

当前的刀具位置点在 B 点时：G92 X30 Y37。

注意：这种方式设置的加工原点是随刀具当前位置（起始位置）的变化而变化的。

活动 3 坐标平面选择指令

坐标平面选择指令是用来选择圆弧插补的平面和刀具补偿平面的。

G17 表示选择 XY 平面，G18 表示选择 ZX 平面，G19 表示选择 YZ 平面。

各坐标平面如图 1-22 所示。一般地，数控车床默认在 ZX 平面内加工，数控铣床默认在 XY 平面内加工。

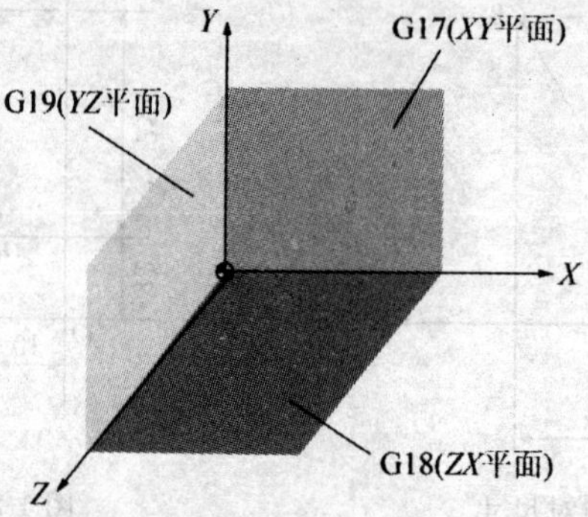

图 1-22　坐标平面选择

活动 4 快速点定位指令

快速点定位指令控制刀具以点位控制的方式快速移动到目标位置，其移动速度由参数来设定。指令执行开始后，刀具沿着各个坐标方向同时按参数设定的速度移动，最后减速到达终点，如图 1-23(a)所示。注意：在各坐标方向上有可能不是同时到达终点。刀具移动轨迹是几条线段的组合，不是一条直线。例如，在 FANUC 系统中，运动总是先沿 45°角的直线移动，最后再在某一轴单向移动至目标点位置，如图 1-23(b)所示。编程人员应了解所使用的数控系统的刀具移动轨迹情况，以避免加工中可能出现的碰撞。

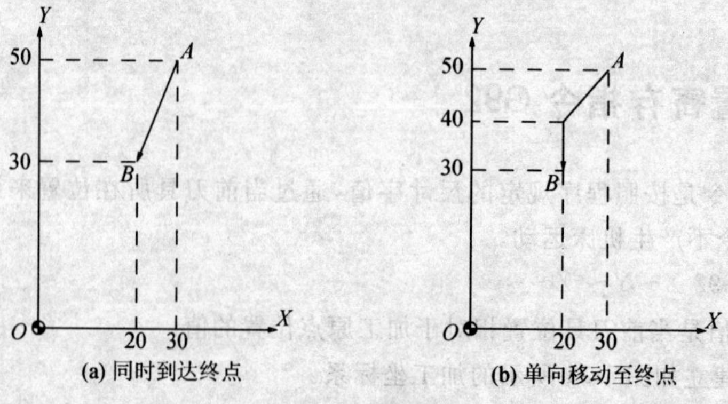

图 1-23　快速点定位

编程格式:G00 X~ Y~ Z~

式中:X,Y,Z 的值是快速点定位的终点坐标值。

【例 1-5】 从 A 点到 B 点快速移动的程序段如何写?

从 A 点到 B 点快速移动的程序段为

G90 G00 X20 Y30

活动 5 直线插补指令

直线插补指令用于产生按指定进给速度 F 实现的空间直线运动。

程序格式:G01 X~ Y~ Z~ F~

式中:X,Y,Z 的值是直线插补的终点坐标值。

【例 1-6】 实现如图 1-24 所示从 A 点到 B 点的直线插补运动。从 A 点到 B 点直线插补的程序段如下。

绝对方式编程:G90 G01 X10 Y10 F100

增量方式编程:G91 G01 X-10 Y-20 F100

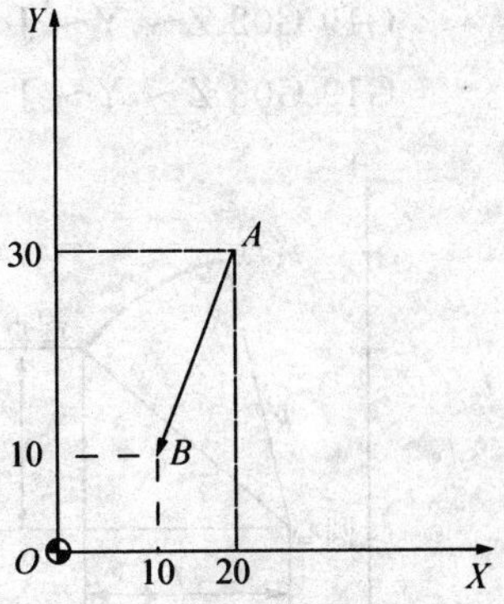

图 1-24 直线插补运动

活动 6 圆弧插补指令

G02 为按指定进给速度的顺时针圆弧插补,G03 为按指定进给速度的逆时针圆弧插补。

圆弧顺逆方向的判别:沿着不在圆弧平面内的坐标轴,由正方向向负方向看,顺时针方向为 G02,逆时针方向为 G03,如图 1-25 所示。

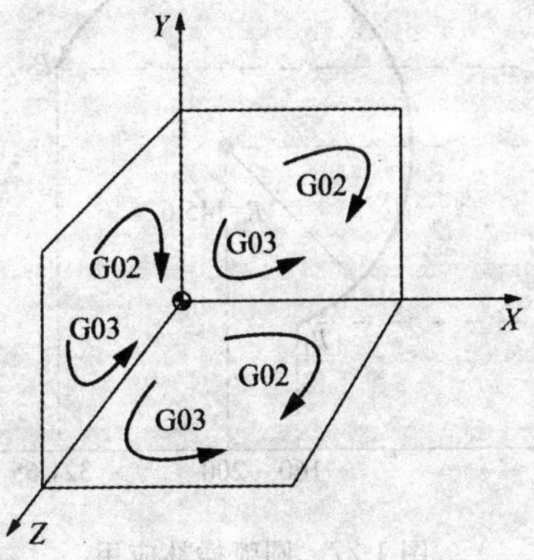

图 1-25 圆弧方向判别

各平面内圆弧情况如图 1-26 所示,图(a)表示 *XY* 平面的圆弧插补,图(b)表示 *ZX* 平面的圆弧插补,图(c)表示 *YZ* 平面的圆弧插补。

程序格式如下。

XY 平面:

G17 G02 X～ Y～ I～ J～（R～）F～

G17 G03 X～ Y～ I～ J～（R～）F～

ZX 平面：

G18 G02 X～ Z～ I～ K～（R～）F～

G18 G03 X～ Z～ I～ K～（R～）F～

YZ 平面：

G19 G02 Z～ Y～ J～ K～（R～）F～

G19 G03 Z～ Y～ J～ K～（R～）F～

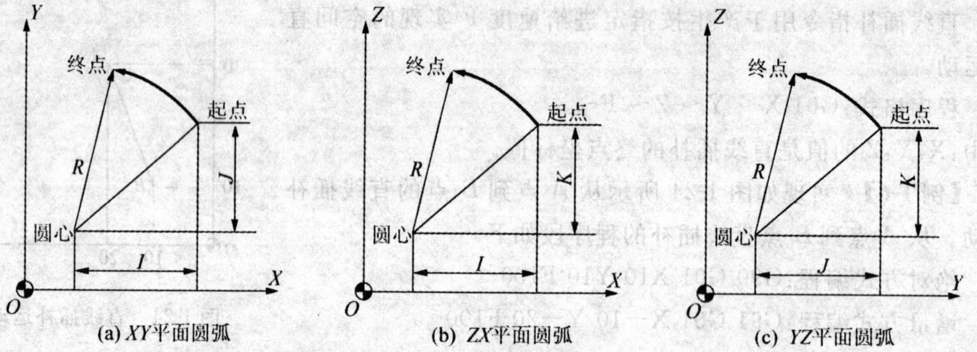

(a) *XY*平面圆弧　(b) *ZX*平面圆弧　(c) *YZ*平面圆弧

图 1-26　各平面内圆弧情况

式中：

X,Y,Z 的值是指圆弧插补的终点坐标值；

I,J,K 是指圆弧起点到圆心的增量坐标，与 G90,G91 无关；

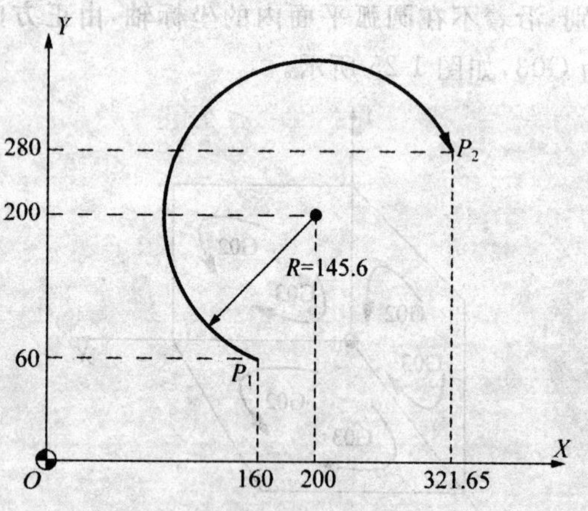

图 1-27　圆弧插补应用

R 为指定圆弧半径，当圆弧的圆心角小于或等于 180°时，R 值为正，当圆弧的圆心角大于 180°时，R 值为负。

【例 1-7】　在如图 1-27 所示中，当圆弧的起点为 P_1，终点为 P_2，圆弧插补程序段为

G02 X321.65 Y280 I40 J140 F50

或　G02 X321.65 Y280 R－145.6 F50

当圆弧的起点为 P_2，终点为 P_1 时，圆弧插补程序段为

G03 X160 Y60 I－121.65 J－80 F50

或 G03 X160 Y60 R－145.6 F50

活动 7 刀具半径补偿指令

在零件轮廓铣削加工时，由于刀具半径尺寸影响，刀具的中心轨迹与零件轮廓往往不一致。为了避免计算刀具中心轨迹，直接按零件图样上的轮廓尺寸编程，数控系统提供了刀具半径补偿功能(图 1-28)。

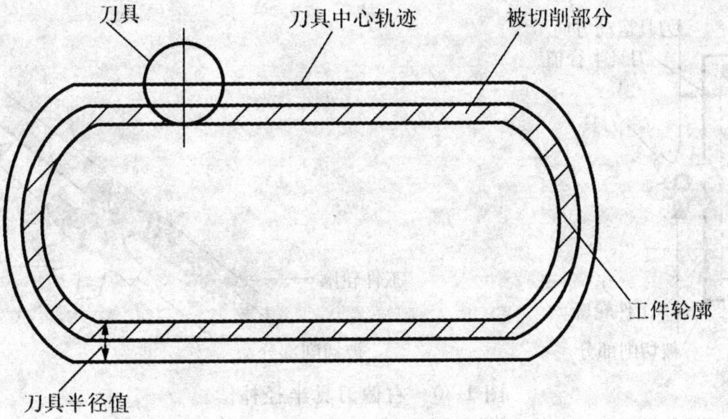

图 1-28 刀具半径补偿

1. 编程格式

G41 为左偏刀具半径补偿，定义为假设工件不动，沿刀具运动方向向前看，刀具在零件左侧的刀具半径补偿，如图 1-29 所示。

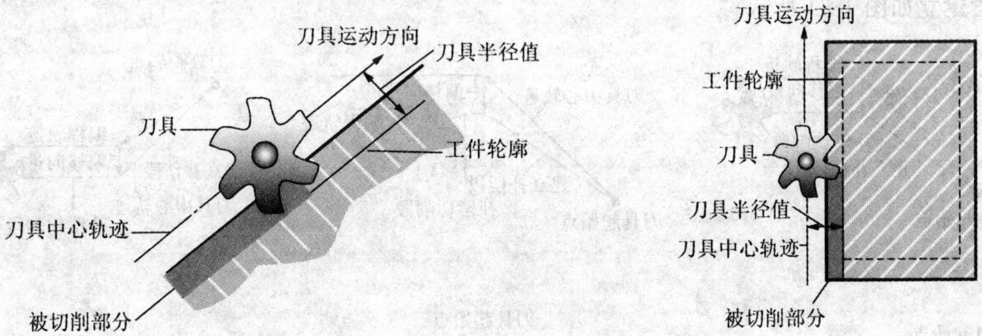

图 1-29 左偏刀具半径补偿

G42 为右偏刀具半径补偿，定义为假设工件不动，沿刀具运动方向向前看，刀具在零件右侧的刀具半径补偿，如图 1-30 所示。

G40 为补偿撤销指令。

程序格式：

G00/G01 G41/G42 X～ Y～ H～ //建立补偿程序段

……｝
……｝ //轮廓切削程序段

G00/G01 G40 X～ Y～ //补偿撤销程序段

式中：

G41/G42 程序段中的 X,Y 值是建立补偿直线段的终点坐标值；

G40 程序段中的 X,Y 值是撤销补偿直线段的终点坐标值；

H 为刀具半径补偿代号地址字，后面一般用两位数字表示代号，代号与刀具半径值一一对应。刀具半径值可用 CRT/MDI 方式输入，即在设置时 H～＝R。用 H00 也可取消刀具半径补偿。

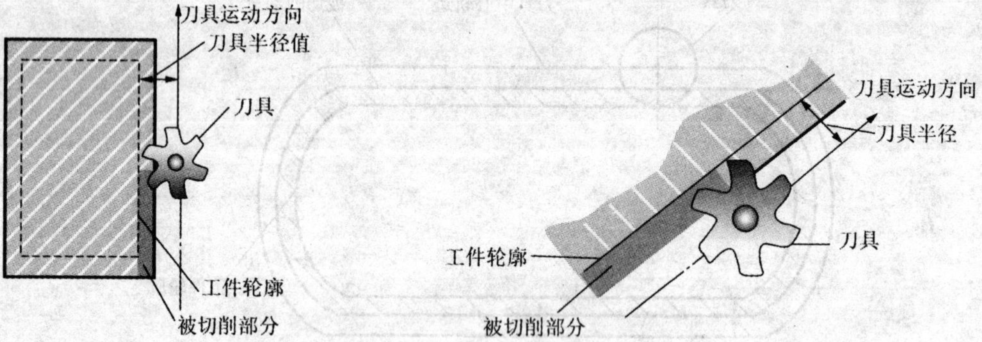

图 1-30　右偏刀具半径补偿

2. 工作过程

如图 1-31～图 1-33 所示为刀具半径补偿的工作过程。其中，实线表示编程轨迹；点画线表示刀具中心轨迹；r 等于刀具半径，表示偏移向量。

1)刀具半径补偿建立时，一般是直线且为空行程，以防过切。以 G42 为例，其刀具半径补偿建立如图 1-31 所示。

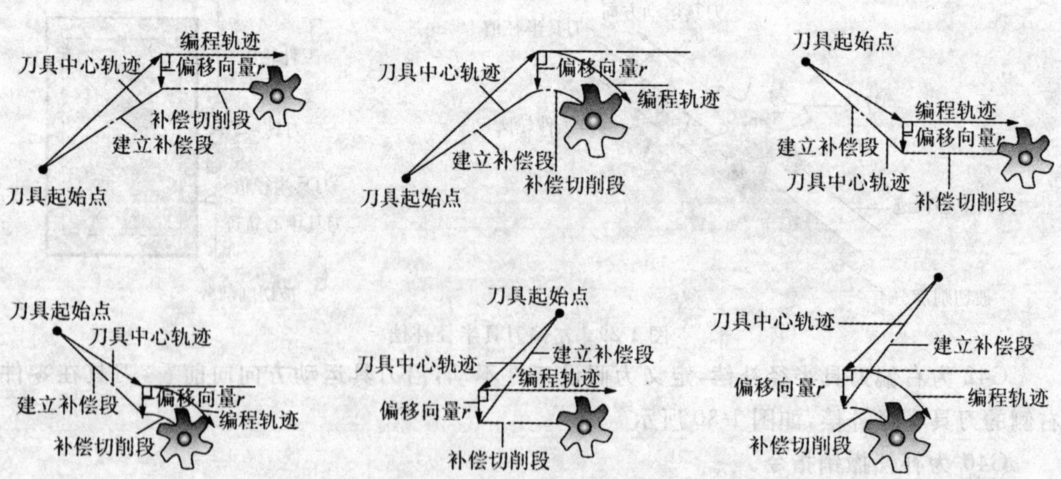

图 1-31　建立刀具半径补偿

2)刀具半径补偿一般只能平面补偿，其补偿运动情况如图 1-32 所示。

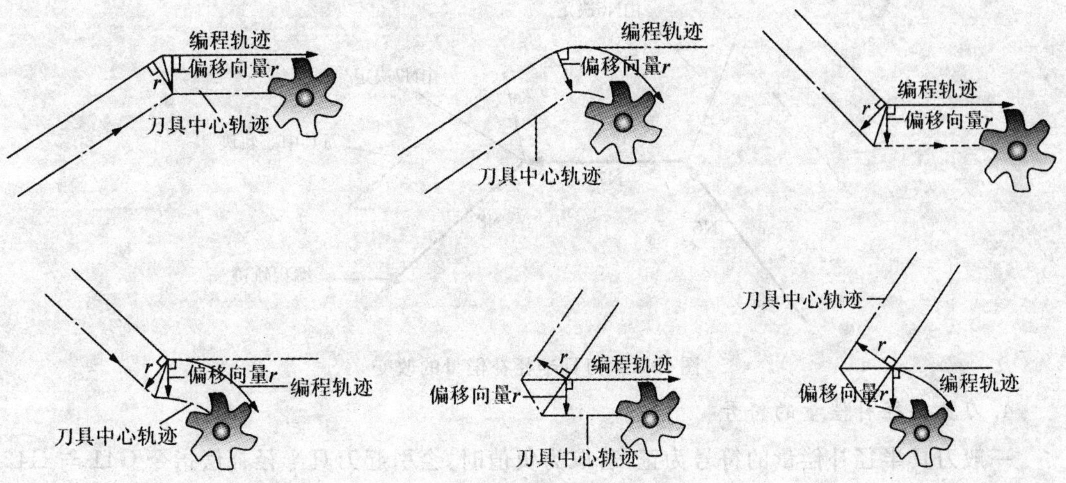

图 1-32　刀具半径补偿运动

3)刀具半径补偿结束用 G40 撤销，撤销时同样要防止过切，如图 1-33 所示。

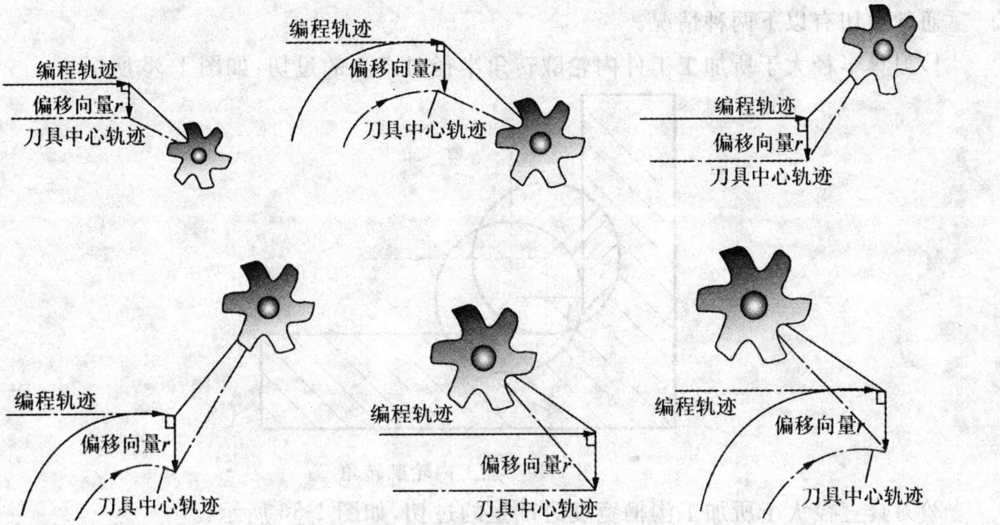

图 1-33　撤销刀具半径补偿

注意：

1)建立补偿的程序段，必须是在补偿平面内不为零的直线移动。

2)建立补偿的程序段，一般应在切入工件之前完成。

3)撤销补偿的程序段，一般应在切出工件之后完成。

3. 刀具半径补偿量的改变

一般刀具半径补偿量的改变，是在补偿撤销的状态下重新设定刀具半径补偿量。如果在已补偿的状态下改变补偿量，则程序段的终点是按该程序段所设定的补偿量来计算的，如图 1-34 所示。

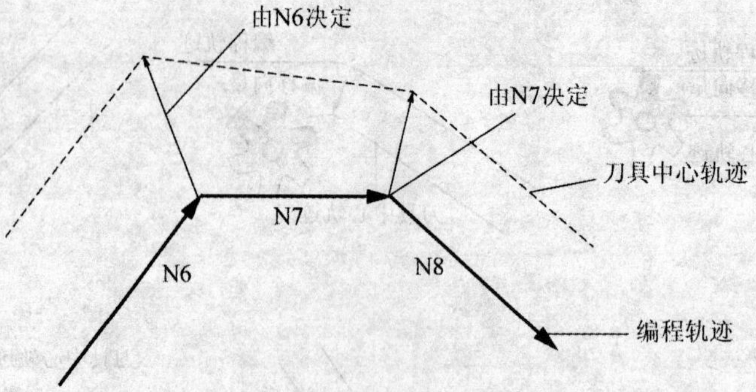

图 1-34　刀具半径补偿量的改变

4. 刀具半径补偿量的符号

一般刀具半径补偿量的符号为正，若取为负值时，会引起刀具半径补偿指令 G41 与 G42 的相互转化。

5. 过切

通常过切有以下两种情况。

1)刀具半径大于所加工工件内轮廓转角半径时产生的过切，如图 1-35 所示。

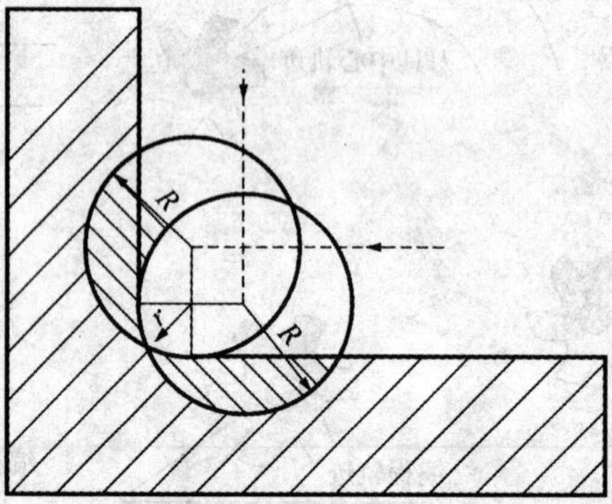

图 1-35　加工内轮廓转角

2)刀具直径大于所加工沟槽宽度时产生的过切，如图 1-36 所示。

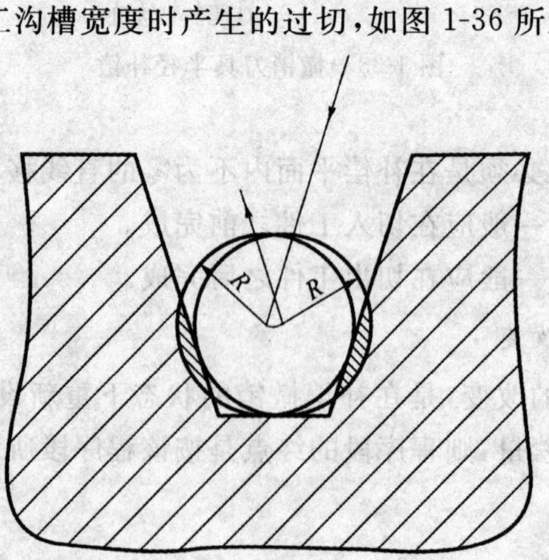

图 1-36　加工沟槽

6. 刀具半径补偿的其他应用

应用刀具半径补偿指令加工时，刀具的中心始终与工件轮廓相距一个刀具半径距离。当刀具磨损或刀具重磨后，刀具半径变小，只须在刀具补偿值中输入改变后的刀具半径，而不必修改程序。在采用同一把半径为 R 的刀具，并用同一个程序进行粗、精加工时，设精加工余量为 Δ，则粗加工时设置的刀具半径补偿量为 $R+\Delta$，精加工时设置的刀具半径补偿量为 R，就能在粗加工后留下精加工余量 Δ，然后，在精加工时完成切削。运动情况如图 1-37 所示。

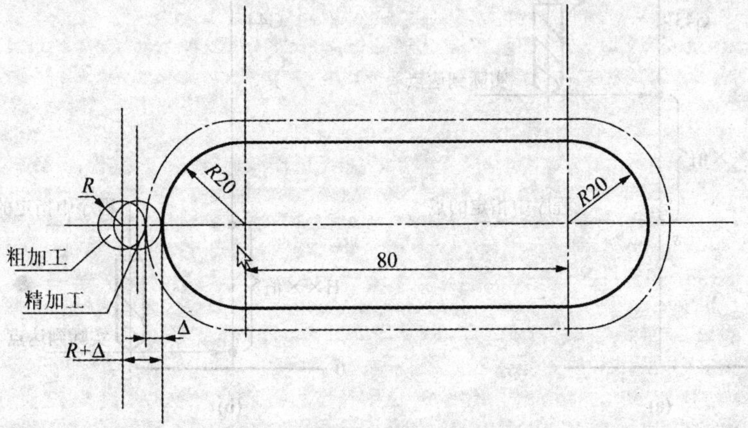

图 1-37 刀具半径补偿的应用实例

活动 8 刀具长度补偿指令

在编程时，使用刀具长度补偿指令就不必考虑刀具的实际长度及各把刀具不同的长度尺寸。加工时，用 MDI 方式输入刀具的长度尺寸，即可正确加工。当由于刀具磨损、更换刀具等原因引起刀具长度尺寸变化时，只须修正刀具长度补偿量，而不必调整程序或刀具。

G43 为正补偿，即将 Z 坐标尺寸字与 H 代码中长度补偿的量相加，按其结果进行 Z 轴运动。

G44 为负补偿，即将 Z 坐标尺寸字与 H 代码中长度补偿的量相减，按其结果进行 Z 轴运动。

G49 为撤销补偿。

编程格式：

```
G01 G43/G44 Z H              // 建立补偿程序段
……                           // 切削加工程序段
……
G49                          // 补偿撤销程序段
```

【例 1-8】 如图 1-38 所示所对应的程序段如何编写？

如图 1-38(b)所示所对应的程序段为

G01 G44 Z *s* H～

如图 1-38(a)所示所对应的程序段为

G01 G43 Z *s* H～

式中：

s 为 Z 向程序指定点；

H～的值为长度补偿量，即 H～＝Δ；

H 为刀具长度补偿代号地址字，后面一般用两位数字表示代号，代号与长度补偿量一一对应。刀具长度补偿量可用 CRT/MDI 方式输入。如果用 H00 则取消刀具长度补偿。

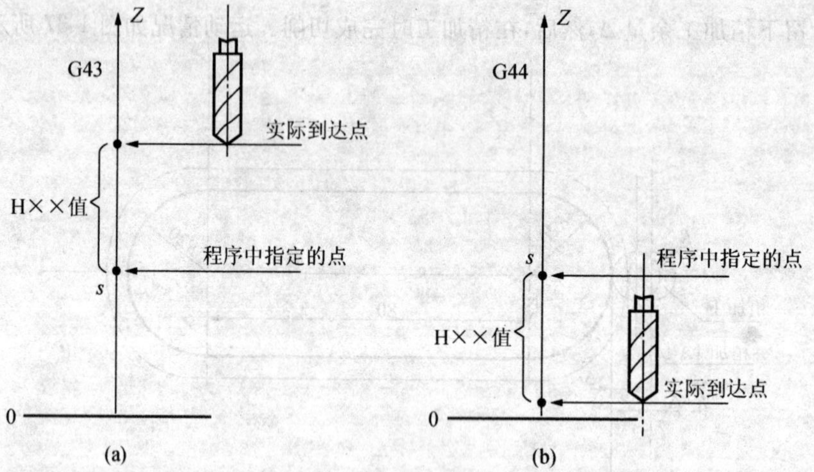

图 1-38　刀具长度补偿

任务 4　程序编制中的数学处理

任务描述： 了解编程原点的选择原则；

学会确定基点；

了解非圆曲线数学处理和加工误差组成。

任务分析： 所谓数学处理是要确定编制程序所需的数据。本任务介绍编程原点的选择、基点的确定，简单介绍非圆曲线的数学处理、加工误差的组成。

根据被加工零件图样，按照已经确定的加工工艺路线和允许的编程误差，计算数控系统所需要输入的数据，称为数学处理。数学处理一般包括两个内容：根据零件图样给出的形状、尺寸和公差等直接通过数学方法（如三角、几何与解析几何法等）计算出编程时所需要的有关各点的坐标值；当按照零件图样给出的条件不能直接计算出编程所需的坐标值，也不能按零件给出的条件直接进行工件轮廓几何要素的定义时，就必须根据所采用的具体工艺方法、工艺装备等加工条件，对零件原图形及有关尺寸进行必要的数学处理或改动，才可以进行各点的坐标计算和编程工作。

活动 1 选择编程原点

从理论上讲编程原点选在零件上的任何一点都可以，但实际上，为了换算尺寸尽可能简便，减少计算误差，应选择一个合理的编程原点。

车削零件编程原点的 X 向零点应选在零件的回转中心；Z 向零点一般应选在零件的右端面、设计基准或对称平面内。车削零件的编程原点选择见图 1-39。

铣削零件编程原点的 X，Y 向零点一般可选在设计基准或工艺基准的端面或孔的中心线上，对于有对称部分的工件，可以选在对称面上，以便用镜像等指令来简化编程；Z 向的编程原点习惯选在工件上表面，这样当刀具切入工件后，Z 向尺寸字均为负值，以便于检查程序。铣削零件的编程原点如图 1-40 所示。

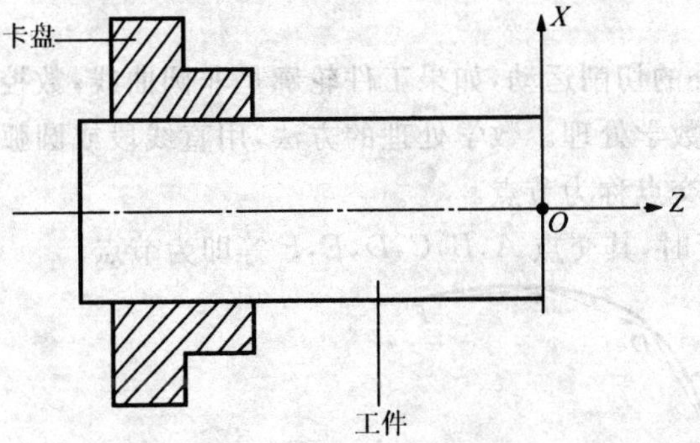

图 1-39　车削加工的编程原点

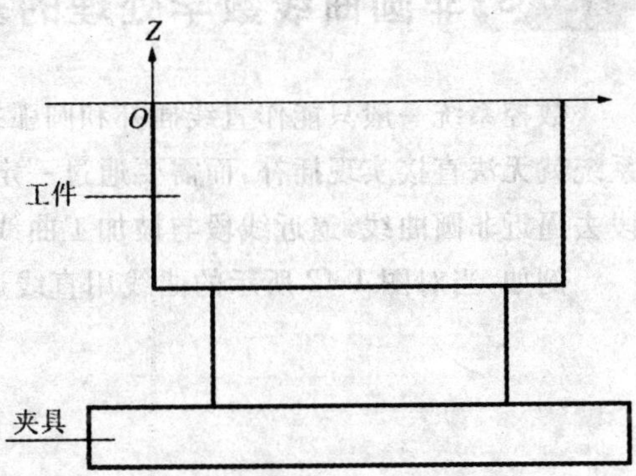

图 1-40　铣削加工的编程原点

编程原点选定后，就应把各点的尺寸换算成以编程原点为基准的坐标值。为了在加工过程中有效地控制尺寸公差，按尺寸公差的中值来计算坐标值。

活动 2 基点

零件的轮廓是由许多不同的几何要素所组成的，如直线、圆弧、二次曲线等，各几何要素之间的连接点称为基点。基点坐标是编程中必需的重要数据。

【例 1-9】 图 1-41 所示零件中，A，B，C，D，E 为基点。求 C 点的坐标值。

A，B，D，E 的坐标值从图中很容易找出，C 点是直线与圆弧切点，要联立方程求解。以 B 点为计算坐标系原点，联立下列方程

直线方程：$y=\tan(\alpha+\beta)x$

圆弧方程：$(x-80)^2+(y-14)^2=30^2$

可求得(64.2786,39.5507)，换算到以 A 点为原点的编程坐标系中，C 点坐标为(64.2786,51.5507)。

可以看出，对于如此简单的零件，基点的计算都很麻烦，对于复杂的零件，其计算工作量可想而知。为了提高编程效率，可应用 CAD/CAM 软件辅助编程，请参考本教程项目 7。

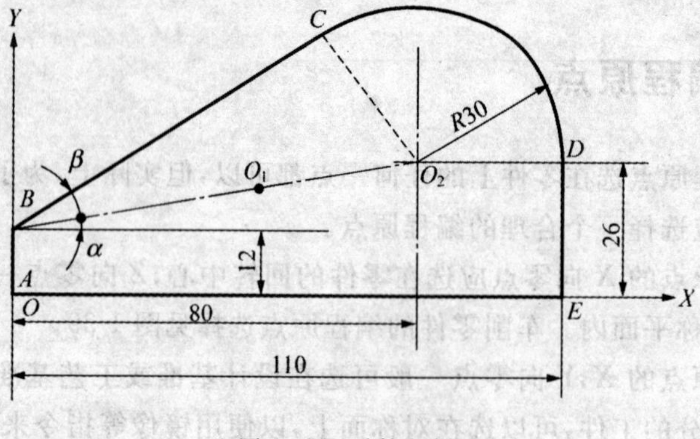

图 1-41　零件图样

活动 3 非圆曲线数学处理的基本过程

数控系统一般只能作直线插补和圆弧插补的切削运动，如果工件轮廓是非圆曲线，数控系统就无法直接实现插补，而需要通过一定的数学处理。数学处理的方法，用直线段或圆弧段去逼近非圆曲线，逼近线段与被加工曲线的交点称为节点。

例如，当对图 1-42 所示的曲线用直线逼近时，其交点 A,B,C,D,E,F 等即为节点。

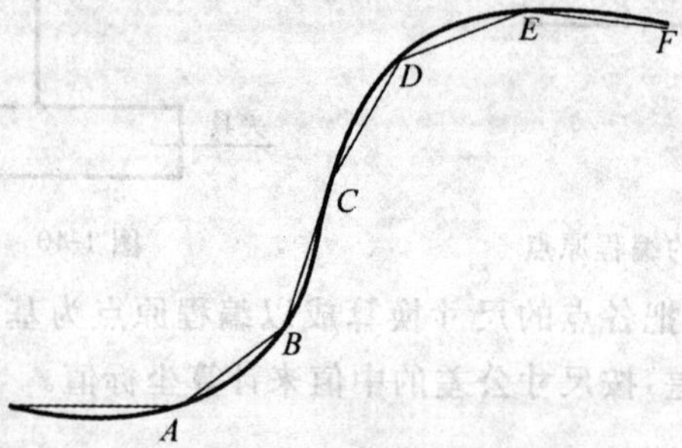

图 1-42　零件轮廓的节点

在编程时，首先要计算出节点的坐标，节点的计算一般都比较复杂，靠手工计算已很难胜任，必须借助计算机辅助处理。求得各节点后，就可按相邻两节点间的直线来编写加工程序。

这种通过求得节点，再编写程序的方法，使得节点数目决定了程序段的数目。如图 1-42 中有 6 个节点，即用 5 段直线逼近了曲线，因而就有 5 个直线插补程序段。节点数目越多，由直线逼近曲线产生的误差 δ 越小，程序的长度则越长。可见，节点数目的多少决定了加工的精度和程序的长度。因此，正确确定节点数目是个关键问题，也请参考本教程项目 7。

活动 4 数控加工误差的组成

数控加工误差 $\Delta_{数加}$ 是由编程误差 $\Delta_{编}$、机床误差 $\Delta_{机}$、定位误差 $\Delta_{定}$、对刀误差 $\Delta_{刀}$ 等误差综合形成的，即

$$\Delta_{数加}=f(\Delta_{编}+\Delta_{机}+\Delta_{定}+\Delta_{刀})$$

其中：

1)编程误差 $\Delta_{编}$ 由逼近误差 δ、圆整误差组成。逼近误差 δ 是在用直线段或圆弧段去逼近非圆曲线的过程中产生的，如图 1-43 所示。圆整误差是在数据处理时，将坐标值四舍五入圆整成整数脉冲当量值时而产生的误差。脉冲当量是指每个单位脉冲对应坐标轴的位移量。普通精度级的数控机床一般脉冲当量值为 0.01，较精密数控机床的脉冲当量值为 0.005 或 0.001。

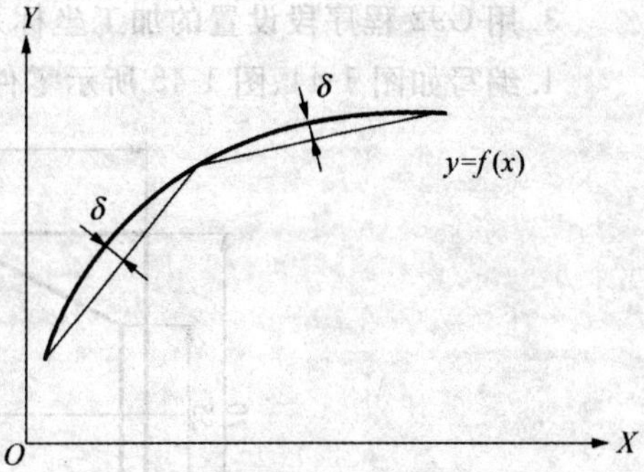

图 1-43　逼近误差

2)机床误差 $\Delta_{机}$ 由数控系统误差、进给系统误差等原因产生。

3)定位误差 $\Delta_{定}$ 是当工件在夹具上定位、夹具在机床上定位时产生的。

4)对刀误差 $\Delta_{刀}$ 是在确定刀具与工件的相对位置时产生的。

如何减少上述各项误差，以提高加工精度的问题，将在后续相关内容中讨论。

课题测试

一、判断题

1.(　　)对几何形状不复杂的零件，自动编程的经济性好。

2.(　　)数控加工程序的顺序段号必须顺序排列。

3.(　　)增量尺寸指机床运动部件坐标尺寸值相对于前一位置给出。

4.(　　)G00 快速点定位指令控制刀具沿直线快速移动到目标位置。

5.(　　)用直线段或圆弧段去逼近非圆曲线，逼近线段与被加工曲线交点称为基点。

二、选择题

1.下列指令属于准备功能字的是________。

A. G01　　B. M08　　C. T01　　D. S500

2.根据加工零件图样选定的编制零件程序的原点是________。

A. 机床原点　　B. 编程原点　　C. 加工原点　　D. 刀具原点

3.通过当前的刀位点来设定加工坐标系的原点，不产生机床运动的指令是________。

A. G54　　B. G53　　C. G55　　D. G92

4.用来指定圆弧插补的平面和刀具补偿平面为 XY 平面的指令是________。

A. G16　　B. G17　　C. G18　　D. G19

5.撤销刀具长度补偿的指令是________。

A. G40　　B. G41　　C. G43　　D. G49

三、简答题

1.简述数控机床加工程序的编制步骤。

2. 数控机床加工程序的编制方法有哪些？它们分别适用什么场合？

3. 用 G92 程序段设置的加工坐标系原点在机床坐标系中的位置是否不变？

4. 编写如图 1-44、图 1-45 所示零件的加工程序。

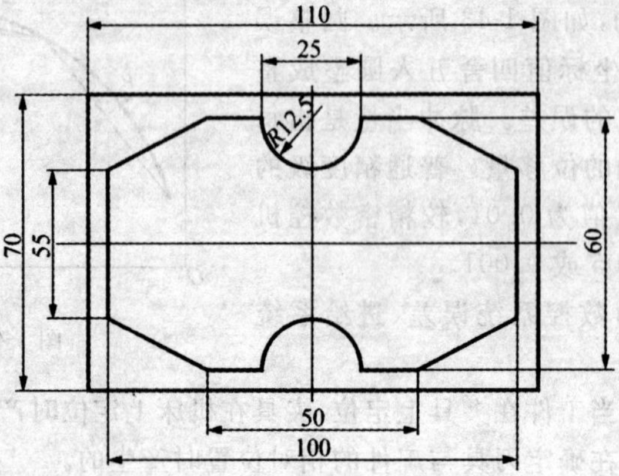

图 1-44　习题图 1

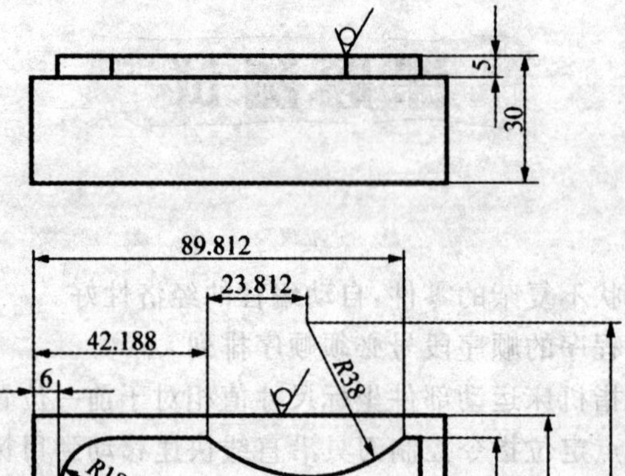

图 1-45　习题图 2

5. 应用刀具半径补偿指令应注意哪些问题？

6. 如何选择一个合理的编程原点？

7. 什么叫基点？什么叫节点？它们在零件轮廓上的数目如何确定？

项目 2 数控加工工艺设计

任务1　数控加工工艺设计主要内容

任务描述： 了解适合数据加工的内容、不适合数控加工的内容；
学会分析数控加工工艺性；
掌握数控加工工艺路线的设计方法。

任务分析： 要让数控机床的效率得到发挥，就要合理安排数控加工工艺。本任务介绍适合数控加工的内容，并对数控加工进行了工艺性分析。

数控机床的加工工艺与通用机床的加工工艺有许多相同之处，但在数控机床上加工零件比通用机床加工零件的工艺规程要复杂得多。在数控加工前，要将机床的运动过程、零件的工艺过程、刀具的形状、切削用量和走刀路线等都编入程序，这就要求程序设计人员具有多方面的知识基础。合格的程序员首先是一个合格的工艺人员，否则就无法做到全面周到地考虑零件加工的全过程，以及正确、合理地编制零件的加工程序。

当进行数控加工工艺设计时，一般应进行以下几方面的工作：数控加工工艺内容的选择；数控加工工艺性分析；数控加工工艺路线的设计。

活动 1 数控加工工艺内容的选择

对于一个零件来说，并非全部加工工艺过程都适合在数控机床上完成，而往往只是其中的一部分工艺内容适合数控加工。这就需要对零件图样进行仔细的工艺分析，选择那些最适合、最需要进行数控加工的内容和工序。当考虑选择加工内容时，应结合本企业设备的实际，立足于解决难题、攻克关键问题和提高生产效率，充分发挥数控加工的优势。

1. 适于数控加工的内容

在选择时，一般可按下列顺序考虑。

1)通用机床无法加工的内容应作为优先选择内容。

2)通用机床难加工、质量也难以保证的内容应作为重点选择内容。

3)通用机床加工效率低、工人手工操作劳动强度大的内容可在数控机床尚存在富裕加工能力时选择。

2.不适于数控加工的内容

一般来说,上述这些加工内容采用数控加工后,在产品质量、生产效率与综合效益等方面都会得到明显提高。相比之下,下列一些内容不宜选择采用数控加工。

1)占机调整时间长。例如以毛坯的粗基准定位加工第一个精基准,需用专用工装协调的内容。

2)加工部位分散,需要多次安装和设置原点。这时,采用数控加工很麻烦,生产效率和产品质量提高不明显,可安排通用机床补充加工。

3)按某些特定的制造依据(如样板等)加工的型面轮廓。主要原因是获取数据困难,易于与检验依据发生矛盾,增加了程序编制的难度。

此外,在选择和决定加工内容时,也要考虑生产批量、生产周期、工序间周转情况等等。总之,要尽量做到合理,达到多、快、好、省的目的。要防止把数控机床降格为通用机床使用。

活动 2 数控加工工艺性分析

被加工零件的数控加工工艺性问题涉及面很广,下面结合编程的可能性和方便性提出一些必须分析和审查的主要内容。

1.尺寸标注应符合数控加工的特点

在数控编程中,所有点、线、面的尺寸和位置都是以编程原点为基准的。因此零件图样上最好直接给出坐标尺寸,或尽量以同一基准引注尺寸。

2.几何要素的条件应完整、准确

在程序编制中,编程人员必须充分掌握构成零件轮廓的几何要素参数及各几何要素间的关系。因为在自动编程时要对零件轮廓的所有几何元素进行定义,手工编程时要计算出每个节点的坐标,无论哪一点不明确或不确定,编程都无法进行。但由于零件设计人员在设计过程中考虑不周或被忽略,常常出现参数不全或不清楚的情况,如圆弧与直线、圆弧与圆弧是相切还是相交或相离。所以在审查与分析图纸时,一定要仔细核算,发现问题及时与设计人员联系。

3.定位基准可靠

在数控加工中,加工工序往往较集中,以同一基准定位十分重要。因此往往需要设置一些辅助基准,或在毛坯上增加一些工艺凸台。如图 2-1(a)所示的零件,为增加定位的稳定性,可在底面增加一个工艺凸台,在完成定位加工后再除去,如图 2-1(b)所示。

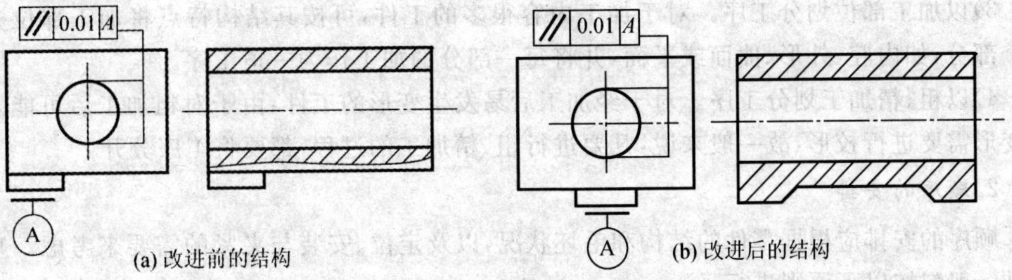

图 2-1 工艺凸台的应用

4. 统一几何类型及尺寸

零件的外形、内腔最好采用统一的几何类型及尺寸，这样可以减少换刀次数，还可能应用控制程序或专用程序以缩短程序长度。零件的形状尽可能对称，便于利用数控机床的镜像加工功能来编程，以节省编程时间。

活动 3 数控加工工艺路线的设计

数控加工工艺路线设计与通用机床加工工艺路线设计的主要区别在于，它往往不是指从毛坯到成品的整个工艺过程，而仅是几道数控加工工序工艺过程的具体描述。因此在工艺路线设计中一定要注意到，由于数控加工工序一般都穿插于零件加工的整个工艺过程中，因而要与其他加工工艺衔接好。常见工艺流程如图 2-2 所示。

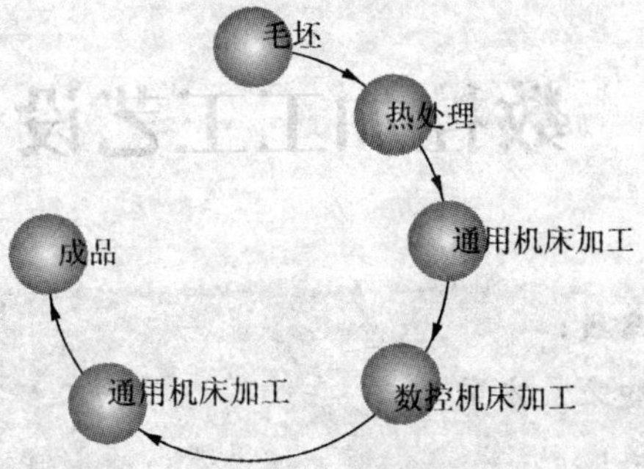

图 2-2 工艺流程

数控加工工艺路线设计中应注意以下几个问题。

1. 工序的划分

根据数控加工的特点，数控加工工序的划分一般可按下列方法进行。

1)以一次安装、加工作为一道工序。这种方法适合于加工内容较少的零件，加工完后就能达到待检状态。

2)以同一把刀具加工的内容划分工序。有些零件虽然能在一次安装中加工出很多待加工表面，但考虑到程序太长，会受到某些限制，如控制系统的限制(主要是内存容量)，机床连续工作时间的限制(如一道工序在一个工作班内不能结束)等。此外，程序太长会增加出错与检索的困难。因此程序不能太长，一道工序的内容不能太多。

3)以加工部位划分工序。对于加工内容很多的工件,可按其结构特点将加工部位分成几个部分,如内腔、外形、曲面或平面,并将每一部分的加工作为一道工序。

4)以粗、精加工划分工序。对于经加工后易发生变形的工件,由于对粗加工后可能发生的变形需要进行校形,故一般来说,凡要进行粗、精加工的过程,都要将工序分开。

2.顺序的安排

顺序的安排应根据零件的结构和毛坯状况,以及定位、安装与夹紧的需要来考虑。顺序安排一般应按以下原则进行。

1)上道工序的加工不能影响下道工序的定位与夹紧,中间穿插有通用机床加工工序的也应综合考虑。

2)先进行内腔加工,后进行外形加工。

3)以相同定位、夹紧方式加工或用同一把刀具加工的工序,最好连续加工,以减少重复定位次数、换刀次数与挪动压板次数。

3.数控加工工序与普通工序的衔接

数控加工工序前后一般都穿插有其他普通加工工序,如果衔接得不好就容易产生矛盾。因此在熟悉整个加工工艺内容的同时,要清楚数控加工工序与普通加工工序各自的技术要求、加工目的、加工特点,例如要不要留加工余量,留多少;定位面与孔的精度要求及形位公差;对校形工序的技术要求;对毛坯的热处理状态等,这样才能使各工序达到相互满足加工需要,且质量目标及技术要求明确,交接验收有依据。

任务2　数控加工工艺设计方法

任务描述: 学会确定走刀路线;
学会确定定位和夹紧方案;
掌握对刀的方法;
学会选择合理的切削用量。

任务分析: 在开始正式的数控加工之前,还需要做一些准备工作,包括确定走刀路线,确定定位和夹紧方案,对刀方法,以及选择切削用量,本任务分别作了介绍。

在选择了数控加工工艺内容和确定了零件加工路线后,即可进行数控加工工序的设计。数控加工工序设计的主要任务是进一步把本工序的加工内容、切削用量、工艺装备、定位夹紧方式及刀具运动轨迹确定下来,为编制加工程序作好准备。

活动1　确定走刀路线和安排加工顺序

走刀路线就是刀具在整个加工工序中的运动轨迹,它不但包括了工步的内容,也反映出了工步顺序。走刀路线是编写程序的依据之一。确定走刀路线时应注意以下几点。

1.寻求最短加工路线

例如加工如图 2-3(a)所示零件上的孔系。如图 2-3(b)所示的走刀路线为先加工完外圈孔后,再加工内圈孔。若改用如图 2-3(c)所示的走刀路线,减少空刀时间,则可节省定位时间近一半,提高了加工效率。

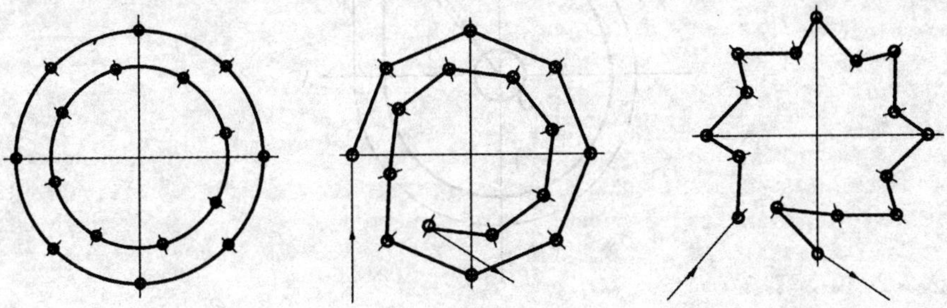

(a) 零件图样　(b) 路线1　(c) 路线2

图 2-3　最短走刀路线的设计

2.最终轮廓一次走刀完成

为保证工件轮廓表面加工后的粗糙度要求,最终轮廓应安排在最后一次走刀中连续加工出来。

如图 2-4(a)所示为用行切方式加工内腔的走刀路线,这种走刀能切除内腔中的全部余量,不留死角,不伤轮廓。但行切法将在两次走刀的起点和终点间留下残留高度,而达不到要求的表面粗糙度。如果采用图 2-4(b)所示的走刀路线,先用行切法,最后沿周向环切一刀,光整轮廓表面,能获得较好的效果。如图 2-4(c)所示的也是一种较好的走刀路线方式。

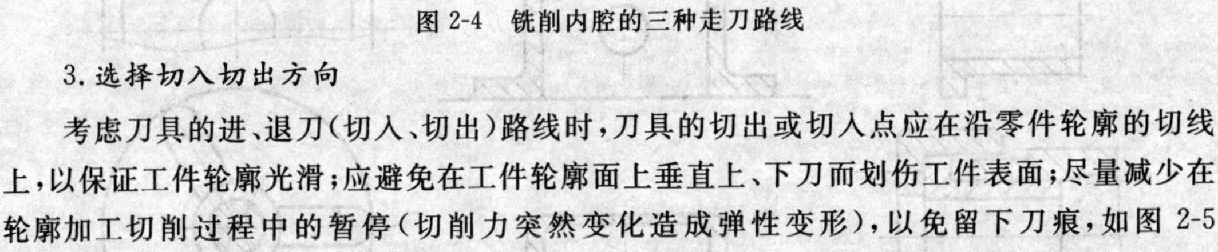

(a) 路线1　(b) 路线2　(c) 路线3

图 2-4　铣削内腔的三种走刀路线

3.选择切入切出方向

考虑刀具的进、退刀(切入、切出)路线时,刀具的切出或切入点应在沿零件轮廓的切线上,以保证工件轮廓光滑;应避免在工件轮廓面上垂直上、下刀而划伤工件表面;尽量减少在轮廓加工切削过程中的暂停(切削力突然变化造成弹性变形),以免留下刀痕,如图 2-5 所示。

4.选择使工件在加工后变形小的路线

对横截面积小的细长零件或薄板零件应采用分几次走刀加工到最后尺寸或对称去除余量法安排走刀路线。安排工步时,应先安排对工件刚性破坏较小的工步。

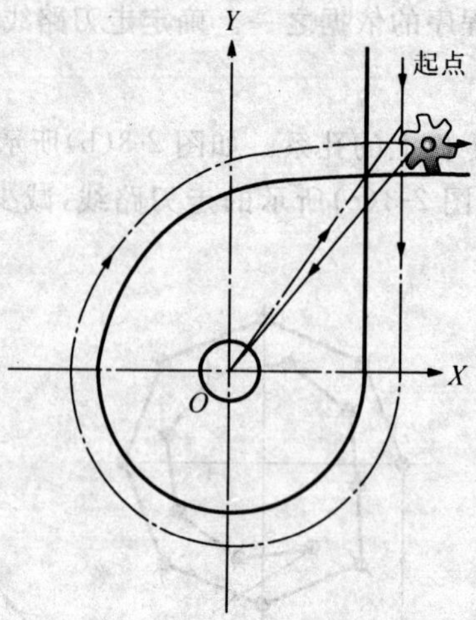

图 2-5　刀具切入和切出时的外延

活动 2 确定定位和夹紧方案

当确定定位和夹紧方案时，应注意以下几个问题。

1)尽可能做到设计基准、工艺基准与编程计算基准的统一。

2)尽量将工序集中，减少装夹次数，尽可能在一次装夹后能加工出全部待加工表面。

3)避免采用占机人工调整时间长的装夹方案。

4)夹紧力的作用点应落在工件刚性较好的部位。

如图 2-6(a)所示的薄壁套的轴向刚性比径向刚性好，用卡爪径向夹紧时工件变形大，若沿轴向施加夹紧力，变形会小得多。在夹紧如图 2-6(b)所示的薄壁箱体时，夹紧力不应作用在箱体的顶面，而应作用在刚性较好的凸边上，或改为在顶面上三点夹紧，改变着力点位置，以减小夹紧变形，如图 2-6(c)所示。

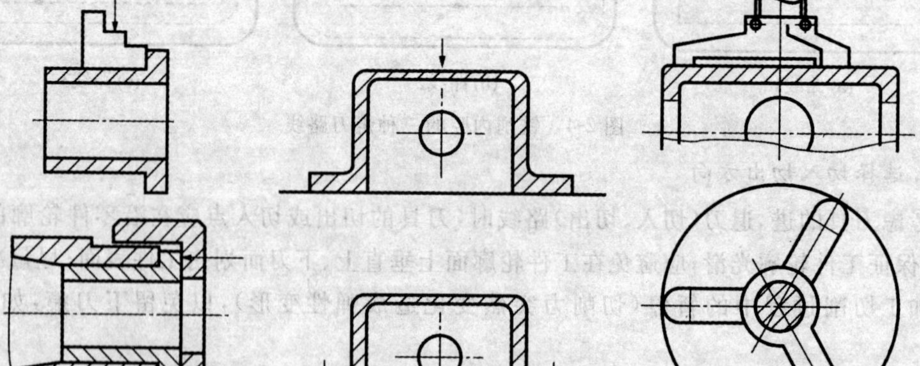

(a) 薄壁套　(b) 改进方法1　(c) 改进方法2

图 2-6　夹紧力作用点与夹紧变形的关系

活动3 确定刀具与工件的相对位置

对于数控机床来说，当加工开始时，确定刀具与工件的相对位置是很重要的，这一相对位置是通过确认对刀点来实现的。对刀点是指通过对刀确定刀具与工件相对位置的基准点。对刀点可以设置在被加工零件上，也可以设置在夹具上与零件定位基准有一定尺寸联系的某一位置，对刀点往往就选择在零件的加工原点。对刀点的选择原则如下。

1)所选的对刀点应使程序编制简单。

2)对刀点应选择在容易找正、便于确定零件加工原点的位置。

3)对刀点应选在加工时检验方便、可靠的位置。

4)对刀点的选择应有利于提高加工精度。

例如，加工如图 2-7 所示零件，当按照图示路线来编制数控加工程序时，选择夹具定位元件圆柱销的中心线与定位平面 A 的交点作为加工的对刀点。显然，这里的对刀点也恰好是加工原点。

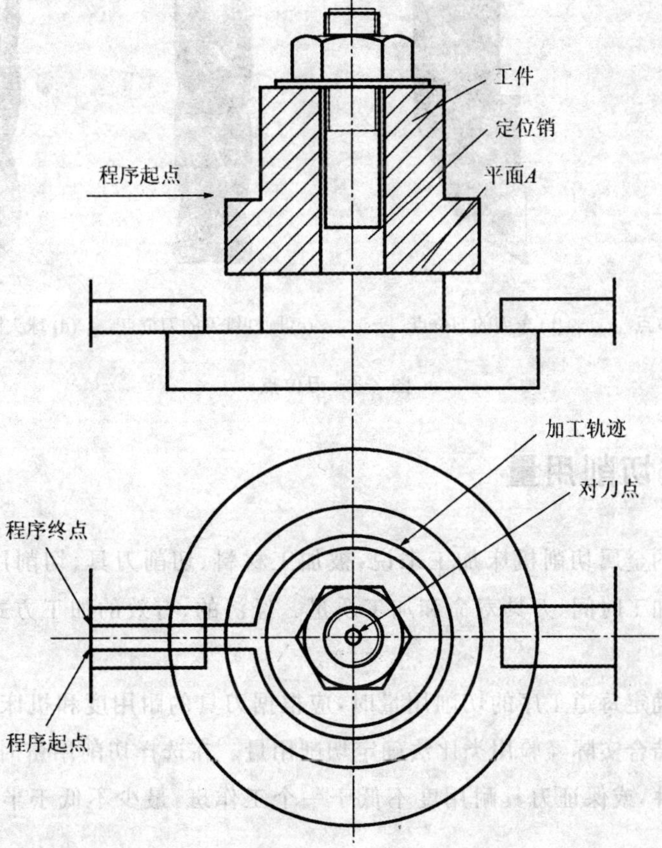

图 2-7 对刀点

当使用对刀点确定加工原点时，就需要进行“对刀”。所谓对刀是指使“刀位点”与“对刀点”重合的操作。每把刀具的半径与长度尺寸都是不同的，刀具装在机床上后，应在控制系统中设置刀具的基本位置。“刀位点”是指刀具的定位基准点。如图 2-8 所示，钻头的刀位点是钻头顶点；车刀的刀位点是刀尖或刀尖圆弧中心；圆柱铣刀的刀位点是刀具中心线与刀具底面的交点；球头铣刀的刀位点是球头的球心点或球头顶点。各类数控机床的对刀方法是不完全一样的，这一内容将结合各类机床分别讨论。

换刀点是为加工中心、数控车床等采用多刀进行加工的机床而设置的，因为这些机床在加工过程中要自动换刀。对于手动换刀的数控铣床，也应确定相应的换刀位置。为防止换刀时碰伤零件、刀具或夹具，换刀点常常设置在被加工零件的轮廓之外，并留有一定的安全量。

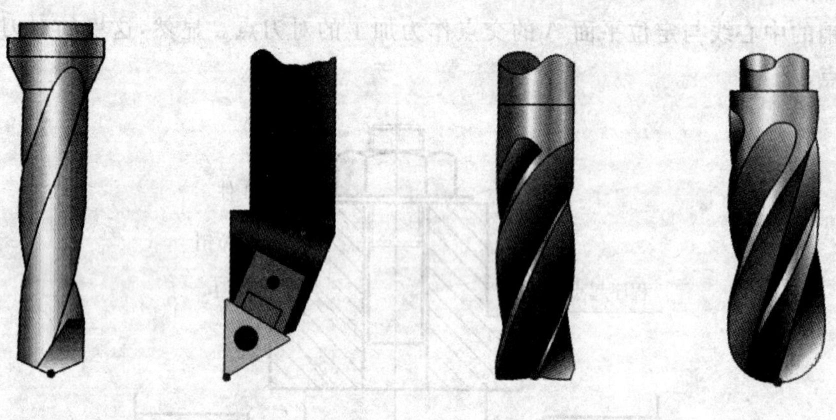

(a) 钻头的刀位点　(b) 车刀的刀位点　(c) 圆柱铣刀的刀位点　(d) 球头铣刀的刀位点

图 2-8　刀位点

活动 4 确定切削用量

对于高效率的金属切削机床加工来说，被加工材料、切削刀具、切削用量是三大要素。这些条件决定着加工时间、刀具寿命和加工质量。经济的、有效的加工方式，要求必须合理地选择切削条件。

编程人员当确定每道工序的切削用量时，应根据刀具的耐用度和机床说明书中的规定去选择。也可以结合实际经验用类比法确定切削用量。在选择切削用量时要充分保证刀具能加工完一个零件，或保证刀具耐用度不低于一个工作班，最少不低于半个工作班的工作时间。

背吃刀量主要受机床刚度的限制，在机床刚度允许的情况下，尽可能使背吃刀量等于工序的加工余量，这样可以减少走刀次数，提高加工效率。对于表面粗糙度和精度要求较高的零件，要留有足够的精加工余量，数控加工的精加工余量可比通用机床加工的余量小一些。

编程人员当确定切削用量时，要根据被加工工件材料、硬度、切削状态、背吃刀量、进给量和刀具耐用度，选择合适的切削速度。表 2-1 所示为车削加工时的选择切削条件的参考数据。

表 2-1　车削加工的切削速度　(m/min)

被切削材料名称		轻切削切深 0.5～1mm 进给量 0.05～0.3mm/r	一般切削切深 1～4mm 进给量 0.2～0.5mm/r	重切削切深 5～12mm 进给量 0.4～0.8mm/r
优质碳素结构钢	10#	100～250	150～250	80～220
	45#	60～230	70～220	80～180
合金钢	$\sigma_b \leqslant 750$MPa	100～220	100～230	70～220
	$\sigma_b > 750$MPa	70～220	80～220	80～200

任务3　填写数控加工技术文件

任务描述： 学会填写数控编程任务书；

学会填写工件安装和原点设定卡片，能给出示意图；

学会填写工序卡片；

掌握走刀路线图绘制方法；

了解数控刀具卡片的内容并学会填写。

任务分析： 数控加工专用技术文件是数控加工得以进行的依据，包括数控编程任务书、工件安装和原点设定卡片、工序卡片、走刀路线图及数控刀具卡片，本任务对这些文件都作了介绍。学完本任务的内容后能够具备编制数控加工专用技术文件的能力。

填写数控加工专用技术文件是数控加工工艺设计的内容之一。这些技术文件既是数控加工的依据、产品验收的依据，也是操作者遵守、执行的规程。技术文件是对数控加工的具体说明，目的是让操作者更明确加工程序的内容、装夹方式、各个加工部位所选用的刀具及其他技术问题。数控加工技术文件主要有数控编程任务书、工件安装和原点设定卡片、数控加工工序卡片、数控加工走刀路线图、数控刀具卡片等。以下提供了常用文件格式，文件格式可根据企业实际情况自行设计。

活动 1 数控编程任务书

它阐明了工艺人员对数控加工工序的技术要求和工序说明，以及数控加工前应保证的加工余量。它是编程人员和工艺人员协调工作和编制数控程序的重要依据之一，详见表 2-2。

表 2-2　数控编程任务书

工艺处	数控编程任务书	产品零件图号		任务书编号
		零件名称		
		使用数控设备		共　页　第　页

主要工序说明及技术要求：

						编程收到日期	月　日	经手人	
编制		审核		编程		审核		批准	

活动 2 数控加工工件安装和原点设定卡片

数控加工工件安装和原点设定卡片(简称装夹图和零件设定卡)应表示出数控加工原点定位方法和夹紧方法，并应注明加工原点设置位置和坐标方向、使用的夹具名称和编号等，详见表 2-3。

表 2-3 工件安装和原点设定卡片

零件图号	J30102－4	数控加工工件安装和原点设定卡片	工序号	
零件名称	行星架		装夹次数	

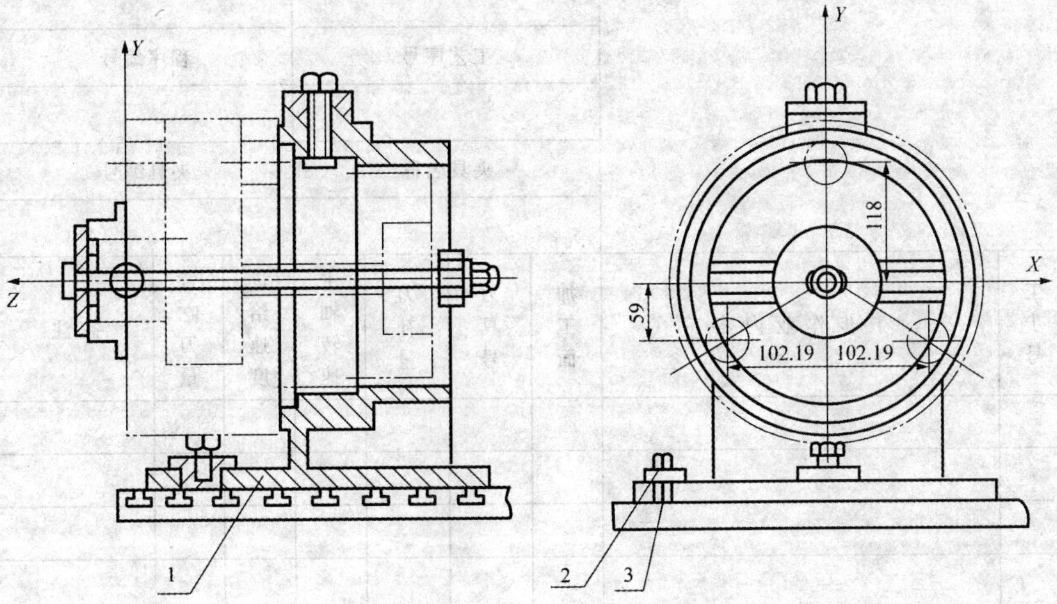

				3	梯形槽螺栓	
				2	压板	
				1	镗铣夹具板	GS53－61
编制(日期)	审核(日期)	批准(日期)	第 页 共 页	序号	夹具名称	夹具图号

活动 3 数控加工工序卡片

数控加工工序卡片与普通加工工序卡片有许多相似之处，所不同的是：工序简图中应注明编程原点与对刀点，要进行简要编程说明（如所用机床型号、程序编号、刀具半径补偿、镜向对称加工方式等）及切削参数（即程序编入的主轴转速、进给速度、最大背吃刀量或宽度等）的选择，详见表 2-4。

表 2-4 数控加工工序卡片

<table>
<tr><td>单位</td><td>数控加工工序卡片</td><td>产品名称或代号</td><td>零件名称</td><td>零件图号</td></tr>
<tr><td></td><td></td><td></td><td></td><td></td></tr>
<tr><td colspan="2" rowspan="6">工序简图</td><td>车　间</td><td colspan="2">使用设备</td></tr>
<tr><td></td><td colspan="2"></td></tr>
<tr><td>工艺序号</td><td colspan="2">程序编号</td></tr>
<tr><td></td><td colspan="2"></td></tr>
<tr><td>夹具名称</td><td colspan="2">夹具编号</td></tr>
<tr><td></td><td colspan="2"></td></tr>
</table>

工步号	工步作业内容	加工面	刀具号	刀补量	主轴转速	进给速度	背吃刀量	备注
编制		审核		批准		年　月　日	共　页	第　页

活动 4 数控加工走刀路线图

在数控加工中，常常要注意并防止刀具在运动过程中与夹具或工件发生意外碰撞，为此必须设法告诉操作者关于编程中的刀具运动路线（例如从哪里下刀、在哪里抬刀、哪里是斜下刀等）。为简化走刀路线图，一般可采用统一约定的符号来表示。不同的机床可以采用不同的图例与格式，表 2-5 为一种常用的数控加工走刀路线图格式。

表 2-5　数控加工走刀路线图

数控加工走刀路线图			零件图号	NC01	工序号		工步号		程序号	O100
机床型号	XK5032	程序段号	N10～N170	加工内容	铣轮廓周边				共 1 页	第　页

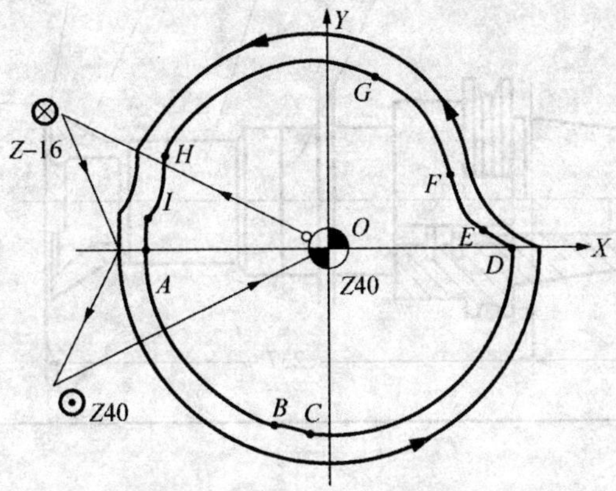

编程	
校对	
审批	

符号	⊙	⊗							
含义	抬刀	下刀	编程原点	起刀点	走刀方向	走刀线相交	爬斜坡	铰孔	行切

活动 5 数控刀具卡片

数控加工对刀具的要求十分严格，一般要在机外对刀仪上预先调整刀具直径和长度。刀具卡反映刀具编号、刀具结构、尾柄规格、组合件名称代号、刀片型号和材料等。它是组装刀具和调整刀具的依据，详见表 2-6。

表 2-6　数控刀具卡片

零件图号	J30102－4	数 控 刀 具 卡 片				使用设备
刀具名称	镗刀					TC－30
刀具编号	T13006	换刀方式	自动	程序编号		
刀具组成	序号	编号	刀具名称	规格	数量	备注
	1	T013960	拉钉		1	
	2	390,140－50 50 027	刀柄		1	
	3	391,01－50 50 100	接杆	F50×100	1	
	4	391,68－03650 085	镗刀杆		1	
	5	R416.3－122053 25	镗刀组件	F41－F53	1	
	6	TCMM110208－52	刀片		2	GC435
	7					

续表

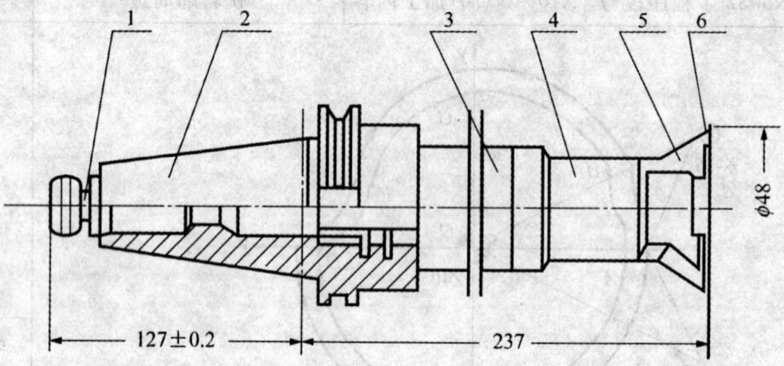

备注							
编制		审校		批准		共　页	第　页

不同的机床或不同的加工目的可能会需要不同形式的数控加工专用技术文件。在工作中，可根据具体情况设计文件格式。

课题测试

一、判断题

1.(　　)立铣刀的刀位点是刀具中心线与刀具底面的交点。

2.(　　)球头铣刀的刀位点是刀具中心线与球头球面交点。

3.(　　)由于数控机床的先进性，因此任何零件均适合在数控机床上加工。

4.(　　)换刀点应设置在被加工零件的轮廓之外，并要求有一定的余量。

5.(　　)为保证工件轮廓表面粗糙度，最终轮廓应在一次走刀中连续加工出来。

二、选择题

1. 在程序编制时，总是把工件看成是________。

A. 静止的　　　　B. 运动的

2. 车刀的刀位点是指________。

A. 主切削刃上的选定点　　　　B. 刀尖

3. 精加工时，切削速度选择的主要依据是________。

A. 刀具耐用度　　　　B. 加工表面质量

4. 在安排工步时，应安排________工步。

A. 简单的　　　　　　　　B. 对工件刚性破坏较小的

5. 在确定定位方案时，应尽量将________。

A. 工序分散　　　　　　　B. 工序集中

三、简答题

1. 何谓对刀点？
2. 何谓刀位点？
3. 何谓换刀点？
4. 数控工艺与传统工艺相比有哪些特点？
5. 数控编程开始前，进行工艺分析的目的是什么？
6. 试从经济观点出发来分析零件在数控机床上加工的适应性。
7. 确定对刀点时应考虑哪些因素？
8. 指出立铣刀、球头铣刀和钻头的刀位点。
9. 指出下列夹紧方案（见图 2-9～图 2-12）中的不合理之处，并提出改进方案。

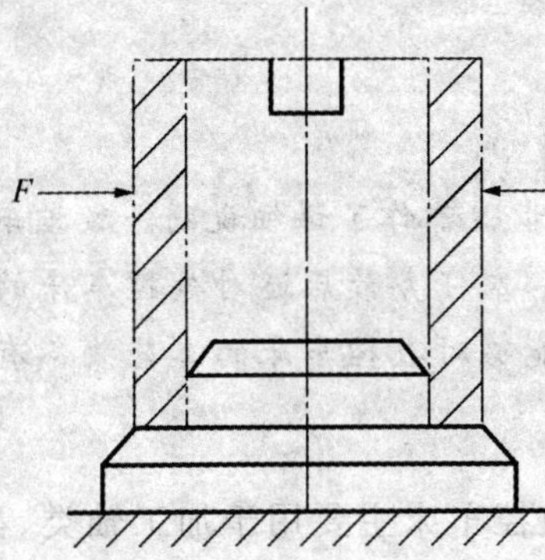

图 2-9　习题图 1

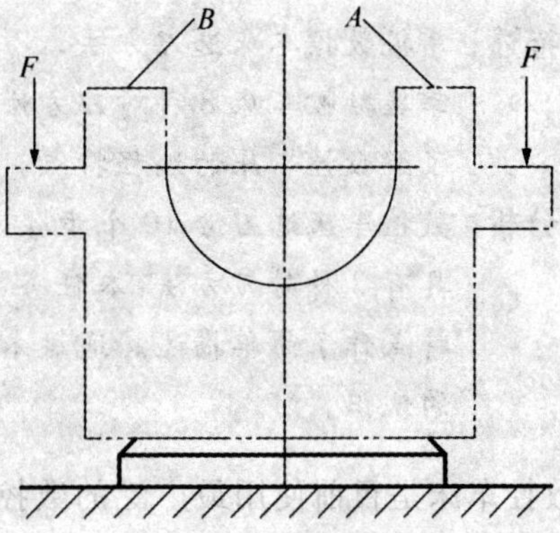

图 2-10　习题图 2

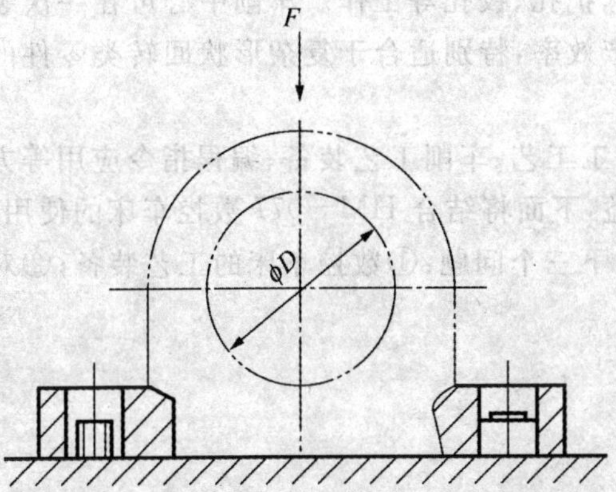

图 2-11　习题图 3

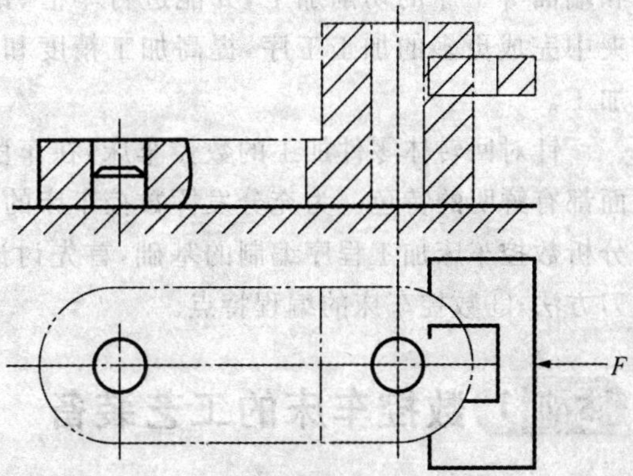

图 2-12　习题图 4

10. 确定走刀路线时应考虑哪些问题？
11. 简要说明切削用量三要素选择的原则。
12. 在数控机床上加工时定位基准和夹紧方案的选择应考虑哪些问题？

项目 3 数控车床的程序编制

任务1 数控车床程序编制的基础

任务描述： 掌握数控车床选刀方法；
掌握数控车床3种对刀方法；
了解数控车床的编程特点。

任务分析： 数控车床选刀分10个步骤，本任务对每一步骤都作了详细说明。数控车床刀具有3种对刀方法，本任务也都作了介绍。本任务最后还对数控车床的编程特点作了简单描述。通过本任务的学习，能够对数控车床的工艺装备有基本的认识。

数控车床是目前使用最广泛的数控机床之一。数控车床主要用于加工轴类、盘类等回转体零件。通过数控加工程序的运行，可自动完成内外圆柱面、圆锥面、成形表面、螺纹和端面等工序的切削加工，并能进行车槽、钻孔、扩孔、铰孔等工作。车削中心可在一次装夹中完成更多的加工工序，提高加工精度和生产效率，特别适合于复杂形状回转类零件的加工。

针对回转体零件加工的数控车床，在车削加工工艺、车削工艺装备、编程指令应用等方面都有鲜明的特色。为充分发挥数控车床的效益，下面将结合 HM－077 数控车床的使用，分析数控车床加工程序编制的基础，首先讨论以下三个问题：①数控车床的工艺装备；②对刀方法；③数控车床的编程特点。

活动 1 数控车床的工艺装备

由于数控车床的加工对象多为回转体，一般使用通用三爪卡盘夹具，因而在工艺装备中，将以 WALTER 系列车削刀具为例，重点讨论车削刀具的选用及使用问题。

1. 数控车床可转位刀具特点

数控车床所采用的可转位车刀与通用车床相比其基本结构、功能特点是相同的，但由于数控车床的加工工序是自动完成的，因此可转位车刀又具有其独特性，如表 3-1 所示。

表 3-1 可转位车刀特点

要求	特点	目的
精度高	采用 M 级或更高精度等级的刀片； 多采用精密级的刀杆； 用带微调装置的刀杆在机外预调好	保证刀片重复定位精度，方便坐标设定，保证刀尖位置精度
可靠性高	采用断屑可靠性高的断屑槽型或有断屑台和断屑器的车刀； 采用结构可靠的车刀，采用复合式夹紧结构和夹紧可靠的其他结构	断屑稳定，不能有紊乱和带状切屑； 适应刀架快速移动和换位以及整个自动切削过程中夹紧不得有松动的要求
换刀迅速	采用车削工具系统； 采用快换小刀夹	迅速更换不同形式的切削部件，完成多种切削加工，提高生产效率
刀片材料	刀片较多采用涂层刀片	满足生产节拍要求，提高加工效率
刀杆截形	刀杆较多采用正方形刀杆，但因刀架系统结构差异大，有的需采用专用刀杆	刀杆与刀架系统匹配

2. 数控车床刀具的选刀过程

数控车床刀具的选刀过程如图 3-1 所示。

从对被加工零件图样的分析开始，到选定刀具，共须经过十个基本步骤，以图 3-1 所示的十个图标来表示。选刀工作过程从第 1 图标“零件图样”开始，经箭头所示的两条路径，共同到达最后一个图标“选定刀具”，以完成选刀工作。其中，第一条路线为零件图样、机床影响因素、选择刀杆、刀片夹紧系统、选择刀片形状，主要考虑机床和刀具的情况；第二条路线为工件影响因素、选择工件材料代码、确定刀片的断屑槽型代码或 ISO 断屑范围代码、选择加工条件脸谱，这条路线主要考虑工件的情况。综合这两条路线的结果，才能确定所选用的刀具。下面将讨论每一图标的内容及选择办法。

(1)机床影响因素

“机床影响因素”图标如图 3-2 所示。为保证加工方案的可行性、经济性，获得最佳加工方案，在刀具选择前必须确定与机床有关的如下因素。

1)机床类型：数控车床、车削中心。

2)刀具附件：刀柄的形状和直径，左切和右切刀柄。

3)主轴功率。

4)工件夹持方式。

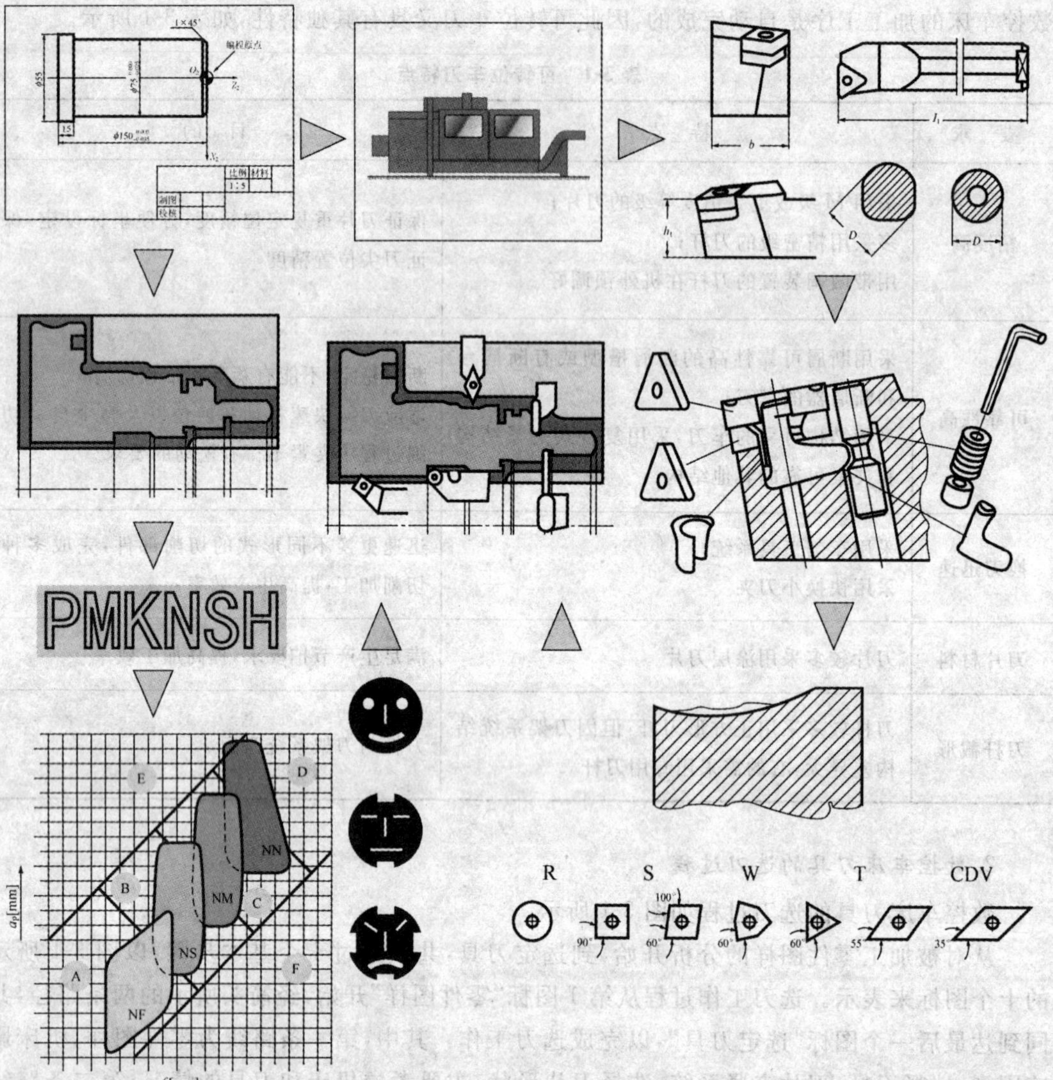

图 3-1 数控车床刀具的选刀过程

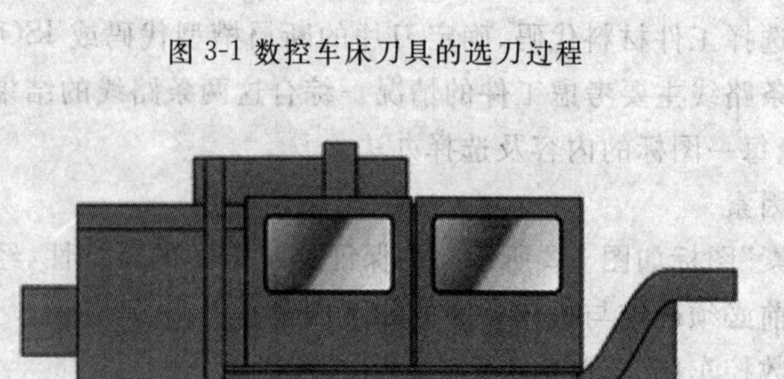

图 3-2　机床影响因素

(2)选择刀杆

“选择刀杆”图标如图 3-3 所示。其中,刀杆类型尺寸见表 3-2。

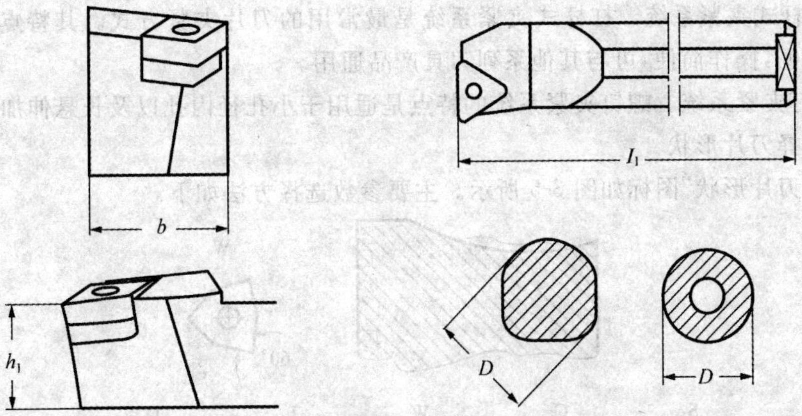

图 3-3　选择刀杆

表 3-2　刀杆类型尺寸

刀杆类型	外圆加工刀杆
	内孔加工刀杆
	柄部截面形状
刀杆尺寸	柄部直径 D
	柄部长度 l_1
	主偏角

选用刀杆时，首先应选用尺寸尽可能大的刀杆，同时要考虑以下几个因素。

1)夹持方式。

2)切削层截面形状，即切削深度和进给量。

3)刀柄的悬伸。

(3)刀片夹紧系统

刀片夹紧系统常用杠杆式夹紧系统，“杠杆式夹紧系统”图标如图 3-4 所示。

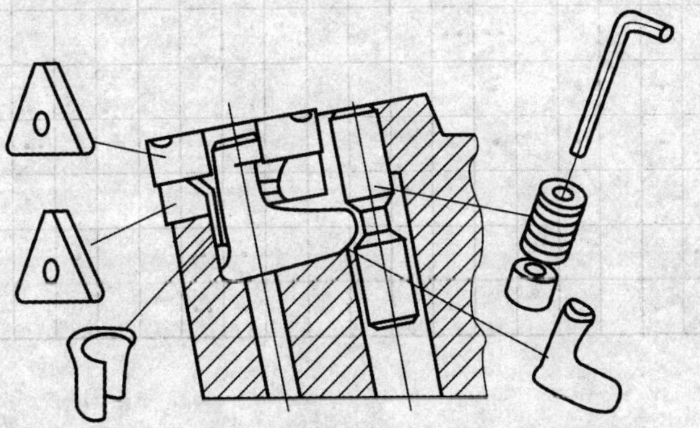

图 3-4　杠杆式夹紧系统

1）杠杆式夹紧系统。杠杆式夹紧系统是最常用的刀片夹紧方式。其特点是定位精度高，切屑流畅，操作简便，可与其他系列刀具产品通用。

2）螺钉夹紧系统。螺钉夹紧系统的特点是适用于小孔径内孔以及长悬伸加工。

（4）选择刀片形状

“选择刀片形状”图标如图 3-5 所示。主要参数选择方法如下。

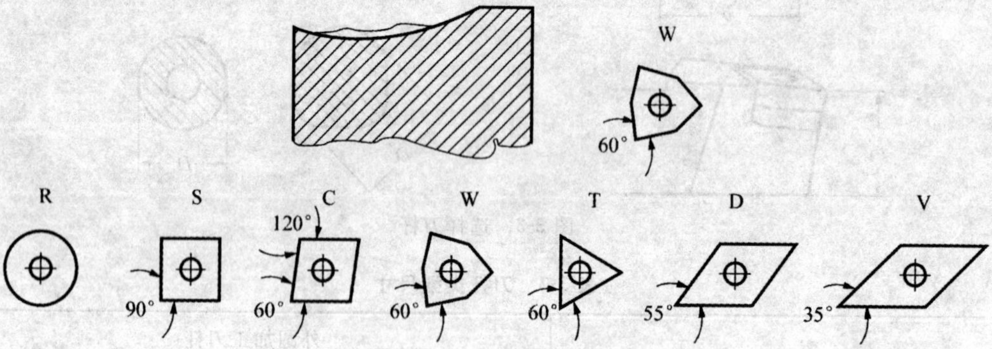

图 3-5 选择刀片形状

1）刀尖角。刀尖角的大小决定了刀片的强度。在工件结构形状和系统刚性允许的前提下，应选择尽可能大的刀尖角。通常这个角度在 35°到 90°之间。

如图 3-5 所示 R 型圆刀片，在重切削时具有较好的稳定性，但易产生较大的径向力。

表 3-3 刀片形状适用场合

机加工类型		内孔加工												外圆加工											
		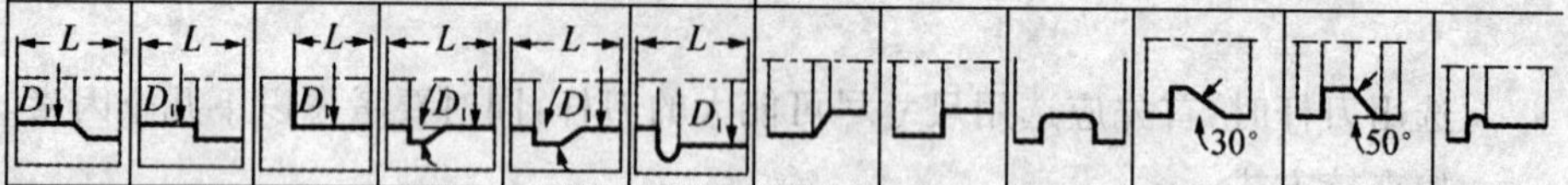																							
可转位刀片类型		L 2.5	D 4	L 2.5	D 4	L 2.5	D 4	L 2.5	D 4	L 2.5	D 4	L 2.5	D 4	不稳定	稳定	不稳定	稳定	不稳定	稳定	不稳定	稳定	不稳定	稳定	不稳定	稳定
60°	正型	••	••	••	••	••	••							••	•	••	•								
	负型	•		•		•								•	••	•	••								
55°	正型							••	••											••	•				
	负型	•		•		•		•												•	••				
圆形	正型	•		•		•		•											••						
	负型																								
95°	正型	••	••											•	•										
	负型	•												•	••										

续表

	正型	•	•	•	•	••	••									••	•								
	负型			•		•										•	••								
	正型									••	••	••	••									••	••	••	••
	负型																								
	正型			••	••	••	••							••	•	••	•								
	负型	•		•		•								•	••	•	••								

注：• 一首选；•• 一次选。

2）刀片基本类型。刀片可分为正型和负型两种基本类型。正型刀片：对于内轮廓加工，小型机床加工，工艺系统刚性较差和工件结构形状较复杂应优先选择正型刀片。负型刀片：对于外圆加工，金属切除率高和加工条件较差时应优先选择负型刀片。选择方法见表3-3。

(5)工件影响因素

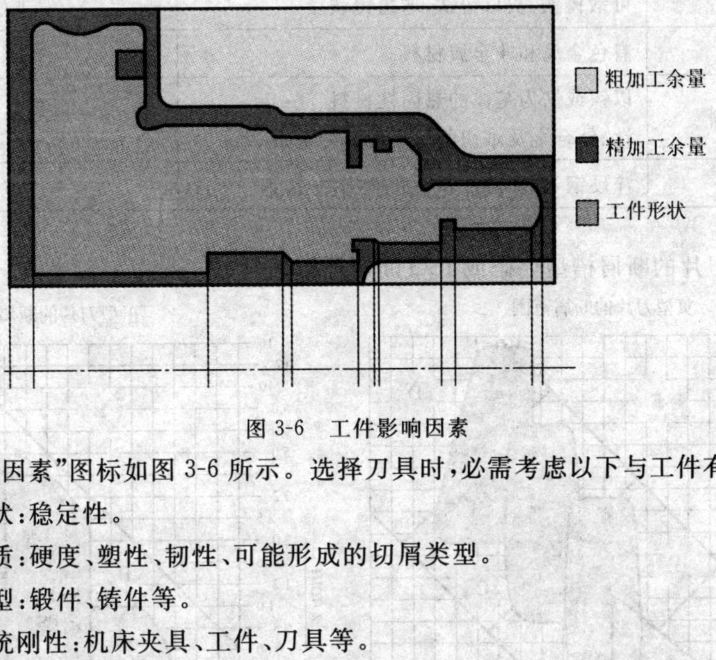

图 3-6　工件影响因素

“工件影响因素”图标如图 3-6 所示。选择刀具时，必需考虑以下与工件有关的因素。

1)工件形状：稳定性。

2)工件材质：硬度、塑性、韧性、可能形成的切屑类型。

3)毛坯类型：锻件、铸件等。

4)工艺系统刚性：机床夹具、工件、刀具等。

5)表面质量。

6)加工精度。

7)切削深度。

8)进给量。

9)刀具耐用度。

(6)选择工件材料代码

“选择工件材料代码”图标如图 3-7 所示。

图 3-7　选择工件材料代码

按照不同的机加工性能，加工材料分成六个工件材料组，它们分别和一个字母和一种颜色对应，以确定被加工工件的材料组符号代码，见表 3-4。

表 3-4　选择工件材料代码

加工材料组		代码
钢	非合金和合金钢 高合金钢 不锈钢，铁素体，马氏体	P(蓝)
不锈钢和铸钢	奥氏体 铁素体-奥氏体	M(黄)
铸铁	可锻铸铁，灰口铸铁，球墨铸铁	K(红)
NF 金属	有色金属和非金属材料	N(绿)
难切削材料	以镍或钴为基体的热固性材料 钛、钛合金及难切削加工的高合金钢	S(棕)
硬材料	淬硬钢，淬硬铸件和冷硬模铸件，锰钢	H(白)

(7)确定刀片的断屑槽型代码或 ISO 断屑范围代码

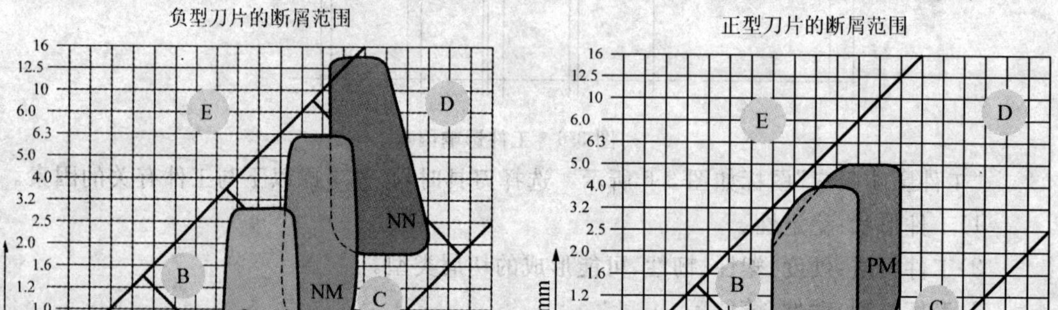

图 3-8　确定刀片断屑槽代码

“确定刀片的断屑槽型代码或ISO断屑范围代码”图标如图3-8所示。ISO标准按切削深度a_P和进给量的大小将断屑范围分为A,B,C,D,E,F共6个区,其中A,B,C,D为常用区域,WALTER标准将断屑范围分为图中各色块表示的区域,ISO标准和WALTER标准可结合使用,如图3-8所示。根据选用标准,按加工的切削深度和合适的进给量来确定刀片的WALTER断屑槽型代码或ISO分类范围。

(8)选择加工条件脸谱

“选择加工条件脸谱”图标如图3-9所示,3类脸谱代表了不同的加工条件:很好、好、不足。

图3-9 加工条件脸谱

表3-5表示加工条件取决于机床的稳定性、刀具夹持方式和工件加工表面。

表3-5 选择加工条件

机床，夹具和工件系统的稳定性 加工方式	很好	好	不足
无断续切削加工表面已经过粗加工			
带铸件或锻件硬表层,不断变换切深轻微的断续切削			
中等断续切屑			
严重断续切削			

(9)选定刀具

“选定刀具”图标如图3-10所示。选定工作分以下两方面。

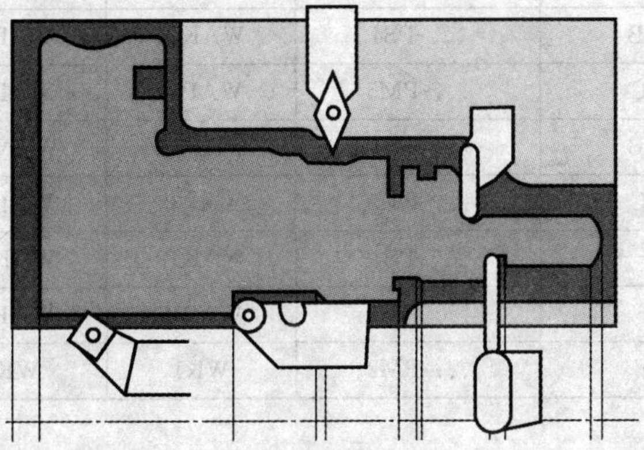

图3-10 选定刀具

1)选定刀片材料。根据被加工工件的材料组符号标记、WALTER 槽型、加工条件脸谱，就可得出 WALTER 推荐刀片材料代号，见表 3-6 和表 3-7。

2)选定刀具。根据工件加工表面轮廓，从刀杆订货页码中选择刀杆。根据选择好的刀杆，从刀片订货页码中选择刀片。

表 3-6　选定刀片材料(选择负型刀片)

工件材料组	ISO 分类范围	WALTER 槽代码			
P(蓝)	AB	...-NS4	WAK10	WAP20	WAM20
	B	...-NS8	WAP10	WAP20	WAP30B
	C	...-NM4	WAP10	WAP20	WAP30
	C	...-NM7	WAP10	WAP20	WAP30
	CD	...-NR7	WAP10	WAP20	WAP30
M(黄)	AB	...-NS4	WAM20	WAM20	WAM20
	BC	...-NM4	WAP30	WAM20	WAM20
	CD	...-NR7	WAP30	WAP30	WAP30
K(红)	—	...-NS4	WAK10	WAP20	WAP20
	—	...-NS8	WAK10	WAP20	WAP30
	—	...-NM4	WAK10	WAK10	WAP30
	—	.NMA	WAK10	WAK10	—

表 3-7　选定刀片材料(选择正型刀片)

工件材料组	ISO 分类范围	WALTER 槽代码			
P(蓝)	AB	...-PS4	WAK10	WAP20	WAM20
	BC	...-PM5	WAP10	WAP20	WAP30
M(黄)	AB	...-PS4	WAM20	WAM20	WAM20
	BC	...-PM5	WAP30	WAP30	WAP30
K(红)	—	...-PS4	WAK10	WAK20	WAP20
	—	...-PM5	WAP10	WAP20	WAP30
N(绿)	—	...-PM2	WK1	WK1	WK1

活动2 对刀

在数控车削加工中，应首先确定零件的加工原点，以建立准确的加工坐标系，同时考虑刀具的不同尺寸对加工的影响。这些都需要通过对刀来解决。

1. 一般对刀

一般对刀是指在机床上使用相对位置检测手动对刀。下面以 Z 向对刀为例说明对刀方法，如图 3-11 所示。

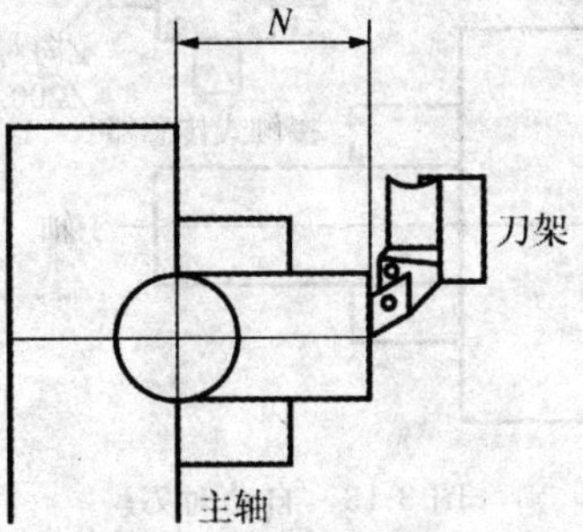

图 3-11 相对位置检测对刀

在刀具安装以后，先移动刀具手动切削工件右端面，再沿 X 向退刀，将右端面与加工原点距离 N 输入数控系统，即完成了这把刀具的 Z 向对刀过程。

手动对刀是基本对刀方法，但它还是没跳出传统车床的“试切—测量—调整”的对刀模式，有较多的机床占用时间。此方法较为落后。

2. 机外对刀仪对刀

机外对刀的本质是测量出刀具假想刀尖点到刀具台基准之间 X 及 Z 方向的距离。利用机外对刀仪可将刀具预先在机床外校对好，以便装上机床后将对刀长度输入相应刀具补偿号即可以使用，如图 3-12 所示。

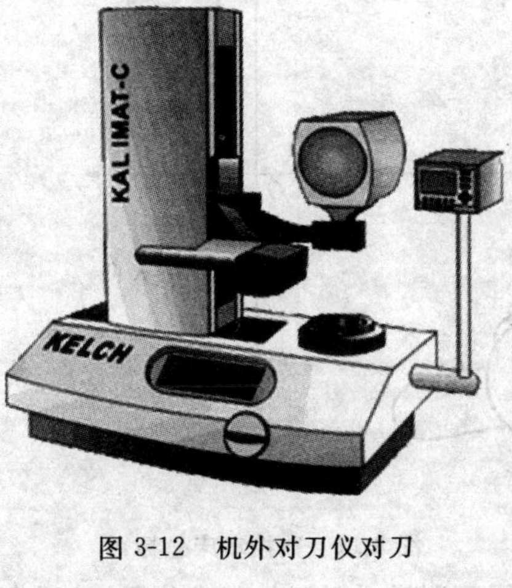

图 3-12 机外对刀仪对刀

3. 自动对刀

自动对刀是通过刀尖检测系统实现的，刀尖以设定的速度向接触式传感器接近，当刀尖与传感器接触并发出信号，数控系统立即记下该瞬间的坐标值，并自动修正刀具补偿值。自动对刀过程如图 3-13 所示。

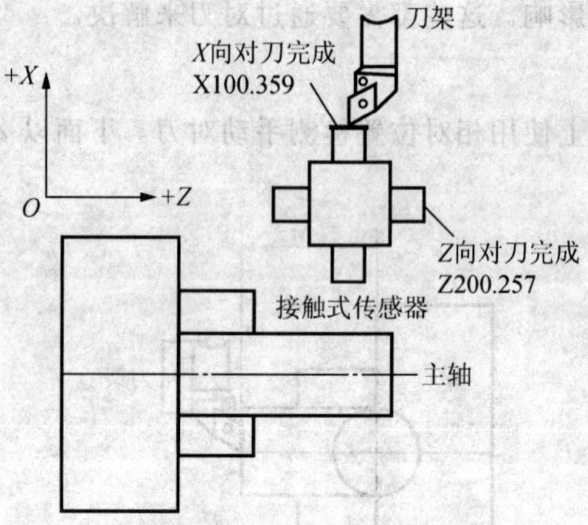

图 3-13　自动对刀

活动 3 数控车床的编程特点

1. 加工坐标系

加工坐标系应与机床坐标系的坐标方向一致，X 轴对应径向，Z 轴对应轴向，C 轴（主轴）的运动方向则以从机床尾架向主轴看，逆时针为 $+C$ 向，顺时针为 $-C$ 向，如图 3-14 所示。

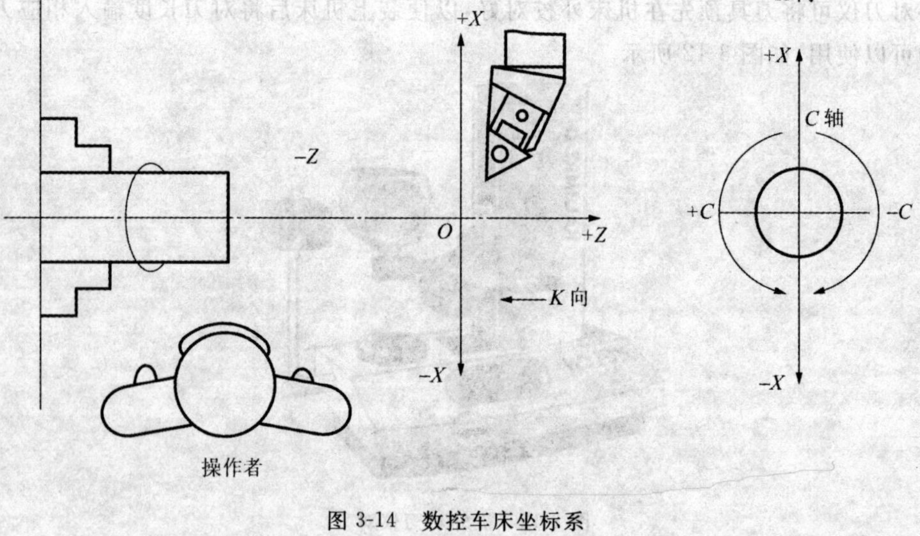

图 3-14　数控车床坐标系

加工坐标系的原点选在便于测量或对刀的基准位置，一般在工件的右端面或左端面上。

2. 直径编程方式

在车削加工的数控程序中，X 轴的坐标值取为零件图样上的直径值，如图 3-15 所示，图中 A 点的坐标值为(30,80)，B 点的坐标值为(40,60)。采用直径尺寸编程与零件图样中的尺寸标注一致，这样可避免尺寸换算过程中可能造成的错误，给编程带来很大方便。

3. 进刀和退刀方式

对于车削加工，进刀时采用快速走刀接近工件切削起点附近的某个点，再改用切削进给，以减少空走刀的时间，提高加工效率。切削起点的确定与工件毛坯余量大小有关，应以刀具快速走到该点时刀尖不与工件发生碰撞为原则，如图 3-16 所示。

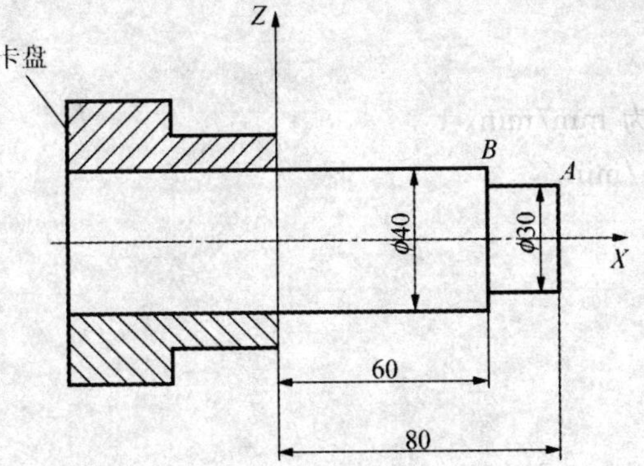

图 3-15 直径编程

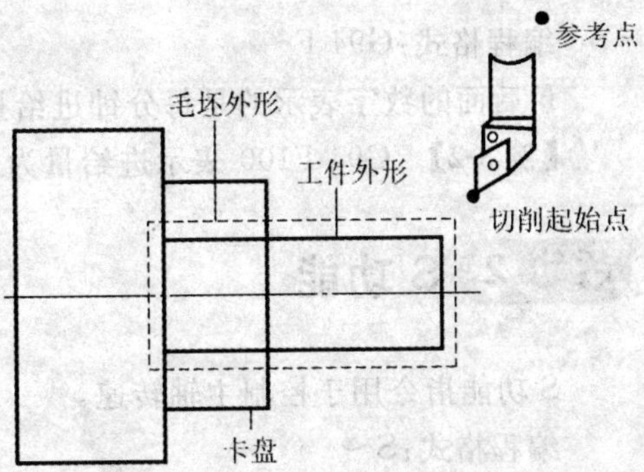

图 3-16 切削起始点的确定

任务 2 数控车床的基本编程方法

任务描述： 了解数控车床 F 功能指令、S 功能指令、T 功能指令和 M 功能指令的功能及编程格式；

学会在数控车床上设置加工坐标系；

掌握倒圆、倒角、刀尖圆弧自动补偿编程方法；

掌握 5 种循环加工方法的编程格式。

任务分析： 本任务介绍了数控车床基本编程方法，具体分为 F 指令编程、S 指令编程、T 指令编程、M 指令编程及 G 指令编程。学会本任务内容，要熟练掌握住这些指令的功能及格式。

数控车削加工包括内外圆柱面的车削加工、端面车削加工、钻孔加工、螺纹加工、复杂外形轮廓回转面的车削加工等，在分析了数控车床工艺装备和数控车床编程特点的基础上，下面将结合配置 FANUC－OT 数控系统的 HM－077 数控车床重点讨论数控车床基本编程方法。

活动 1 F 功能

F 功能指令用于控制切削进给量。在程序中有两种使用方法。

1. 每转进给量

编程格式：G95 F~

F 后面的数字表示的是主轴每转进给量，单位为 mm/r。

【例 3-1】 G95 F0.2 表示进给量为 0.2 mm/r。

2. 每分钟进给量

编程格式：G94 F~

F 后面的数字表示的是每分钟进给量，单位为 mm/min。

【例 3-2】 G94 F100 表示进给量为 100 mm/min。

活动 2 S 功能

S 功能指令用于控制主轴转速。

编程格式：S~

S 后面的数字表示主轴转速，单位为 r/min。在具有恒线速功能的机床上，S 功能指令还有如下作用。

1. 最高转速限制

编程格式：G50 S~

S 后面的数字表示的是最高转速，单位为 r/min。

【例 3-3】 G50 S3000 表示最高转速限制为 3000 r/min。

2. 恒线速控制

编程格式：G96 S~

S 后面的数字表示的是恒定的线速度，单位为 m/min。

【例 3-4】 G96 S150 表示切削点线速度控制在 150 m/min。

对图 3-17 中所示的零件，为保持 A,B,C 各点的线速度在 150 m/min，则各点在加工时的主轴转速分别为

A：$n=1000\times150\div(\pi\times40)=1193$ r/min

B：$n=1000\times150\div(\pi\times60)=795$ r/min

C：$n=1000\times150\div(\pi\times70)=682$ r/min

3. 恒线速取消

编程格式：G97 S~

S 后面的数字表示恒线速度控制取消后的主轴转速，如 S 未指定，将保留 G96 的最终值。

【例 3-5】 G97 S3000 表示恒线速控制取消后主轴转速为 3000 r/min。

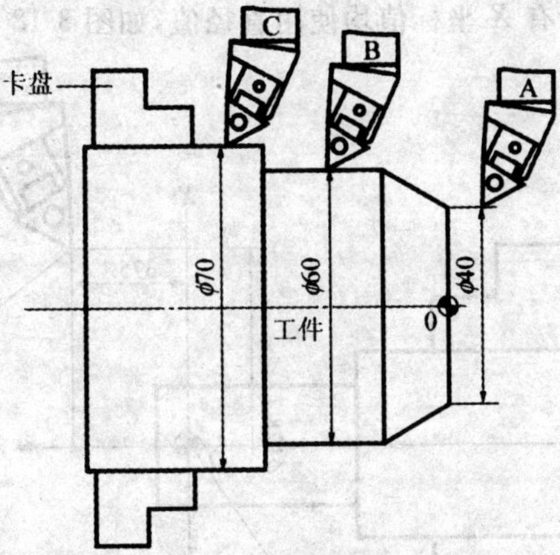

图 3-17　恒线速切削方式

活动③ T 功能

T 功能指令用于选择加工所用刀具。

编程格式：T~

T 后面通常用两位数表示所选择的刀具号码。但也有 T 后面用四位数字，前两位是刀具号，后两位是刀具长度补偿号，又是刀尖圆弧半径补偿号。

【例 3-6】　T0303 表示选用 3 号刀及 3 号刀具长度补偿值和刀尖圆弧半径补偿值。T0300 表示取消刀具补偿。

活动④ M 功能

M00：程序暂停，可用 NC 启动命令(CYCLE START)使程序继续运行。

M01：计划暂停，与 M00 作用相似，但 M01 可以用机床"任选停止按钮"选择是否有效。

M03：主轴顺时针旋转。

M04：主轴逆时针旋转。

M05：主轴旋转停止。

M08：冷却液开。

M09：冷却液关。

M30：程序停止，程序复位到起始位置。

活动⑤ 加工坐标系设置

编程格式：G50 X~ Z~

式中：X，Z 的值是起刀点相对于加工原点的位置。G50 使用方法与 G92 类似。

在数控车床编程时，所有 X 坐标值均使用直径值，如图 3-18 所示。

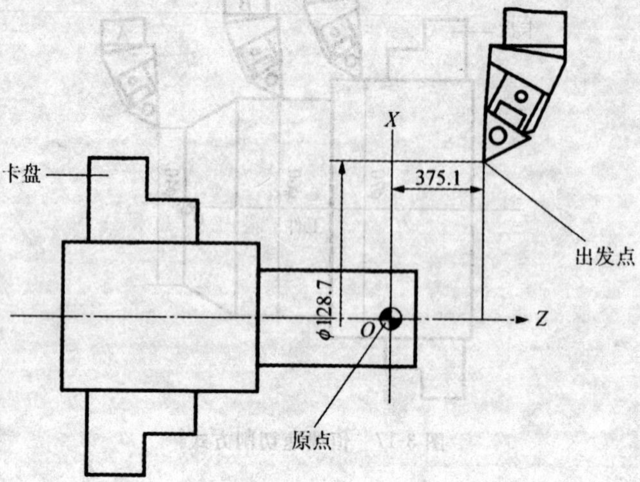

3-18　设定加工坐标系

【例 3-7】 按图 3-18 所示设置加工坐标的程序。

加工程序为

G50 X128.7 Z375.1

活动 6 倒角、倒圆编程

1. 45°倒角

由轴向切削向端面切削倒角，即由 Z 轴向 X 轴倒角，i 的正负根据倒角是向 X 轴正向还是负向判断，如图 3-19(a)所示。其编程格式为 G01 Z(W)～I±i。

由端面切削向轴向切削倒角，即由 X 轴向 Z 轴倒角，k 的正负根据倒角是向 Z 轴正向还是负向判断，如图 3-19(b)所示。编程格式为 G01 X(U)～K±k。

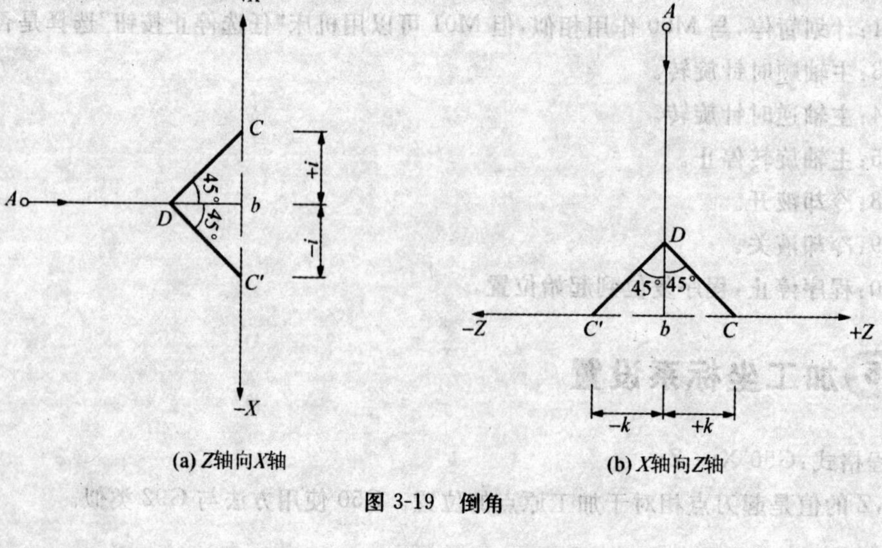

图 3-19　倒角

2.任意角度倒角

在直线进给程序段尾部加上 C～,可自动插入任意角度的倒角。C 的数值是从假设没有倒角的拐角交点距倒角始点或与终点之间的距离,如图 3-20 所示。

【例 3-8】 试编制如图 3-20 所示数控加工程序。

加工程序为

G01 X50 C10

X100 Z－100

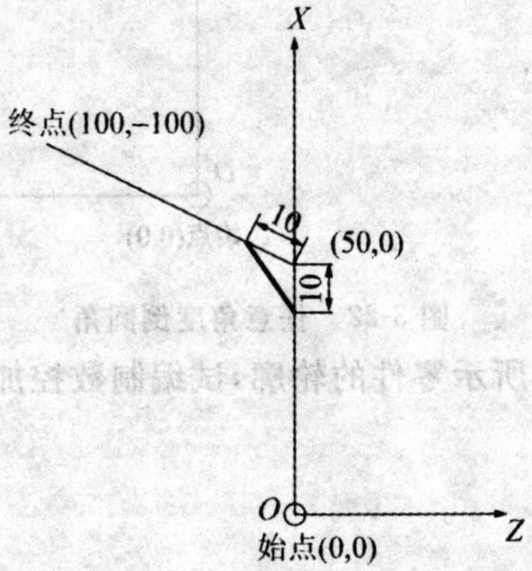

图 3-20 任意角度倒角

3.倒圆角

当编程格式为 G01 Z(W)～R±r 时,圆弧倒角情况如图 3-21(a)所示。

当编程格式为 G01 X(U)～R±r 时,圆弧倒角情况如图 3-21(b)所示。

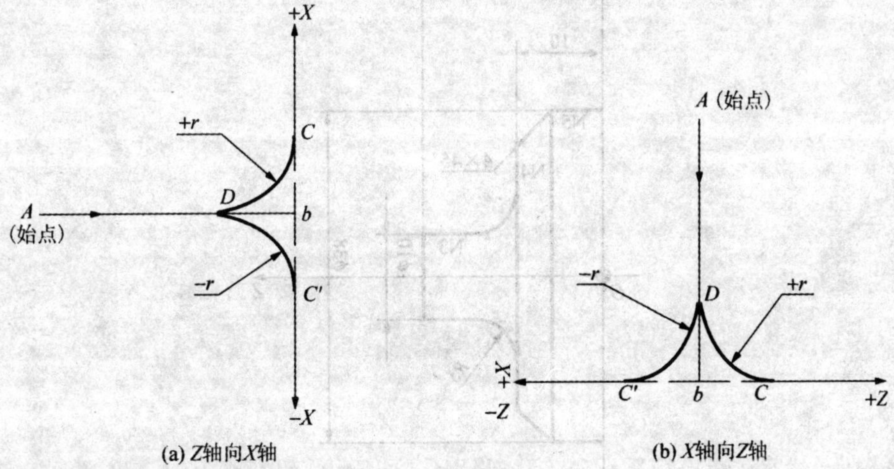

图 3-21 倒圆角

4.任意角度倒圆角

若程序为 G01 X50 R10 F0.2

X100 Z－100

则加工情况如图 3-22 所示。

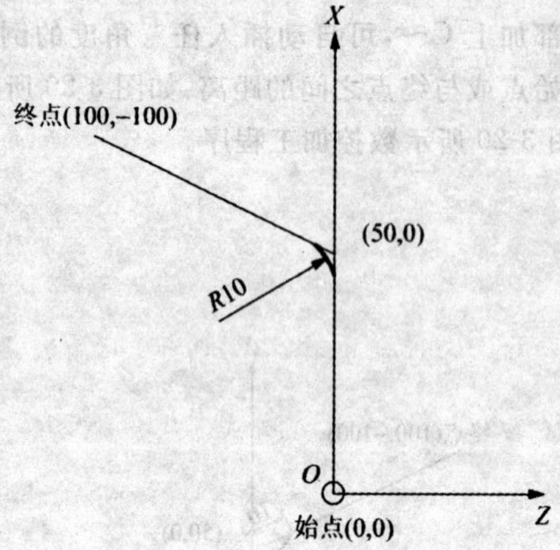

图 3-22　任意角度倒圆角

【例 3-9】 加工如图 3-23 所示零件的轮廓，试编制数控加工程序。

程序如下：

```
G00 X10 Z22
G01 Z10 R5 F0.2
X38 K-4
Z0
```

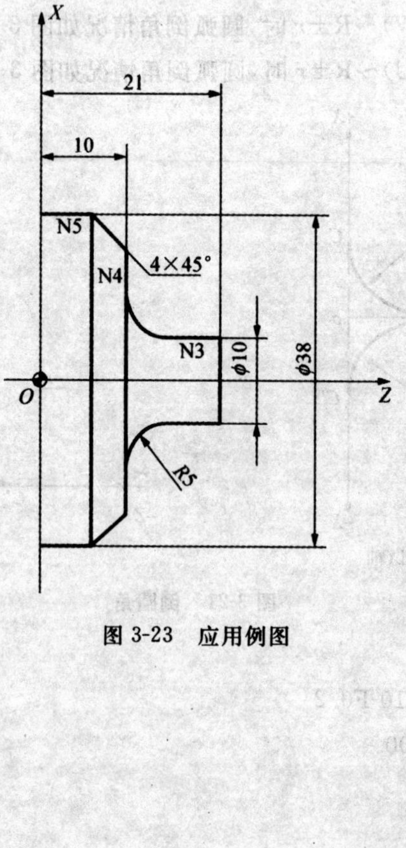

图 3-23　应用例图

活动 7 刀尖圆弧自动补偿功能

当编程时，通常都将车刀刀尖作为一点来考虑，但实际上刀尖处存在圆角，如图 3-24 所示。当用按理论刀尖点编出的程序进行端面、外径、内径等与轴线平行或垂直的表面加工时，是不会产生误差的。但在进行倒角、锥面及圆弧切削时，则会产生少切或过切现象，如图 3-25 所示。具有刀尖圆弧自动补偿功能的数控系统能根据刀尖圆弧半径计算出补偿量，避免少切或过切现象的产生。

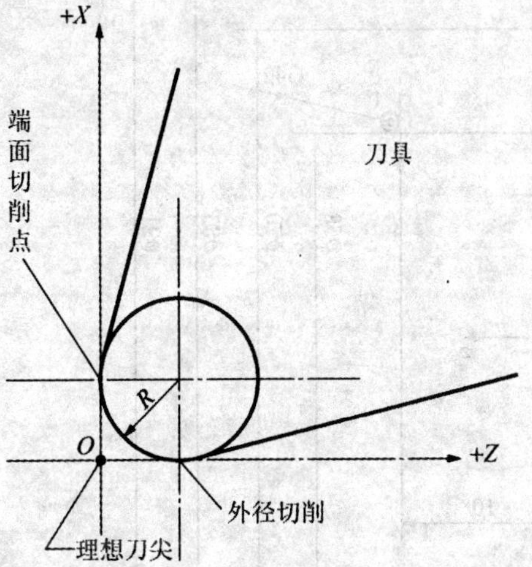

图 3-24　刀尖圆角 R

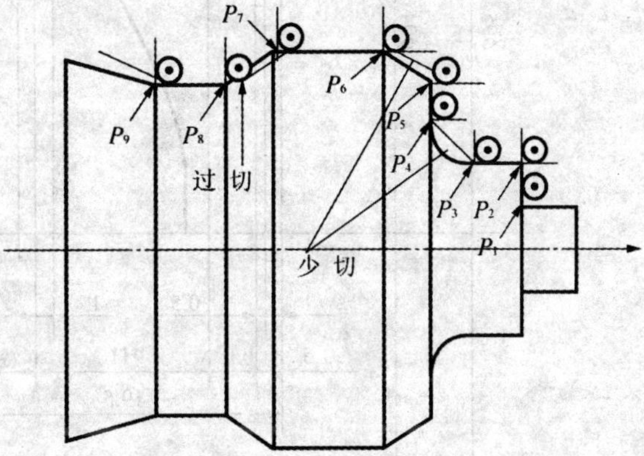

图 3-25　刀尖圆角 R 造成的少切与过切

G40 取消刀具半径补偿，按程序路径进给。

G41 左偏刀具半径补偿，按程序路径前进方向刀具偏在零件左侧进给。

G42 右偏刀具半径补偿，按程序路径前进方向刀具偏在零件右侧进给。

当设置刀尖圆弧自动补偿值时，还要设置刀尖圆弧位置编码，指定编码值的方法如图 3-26 所示。

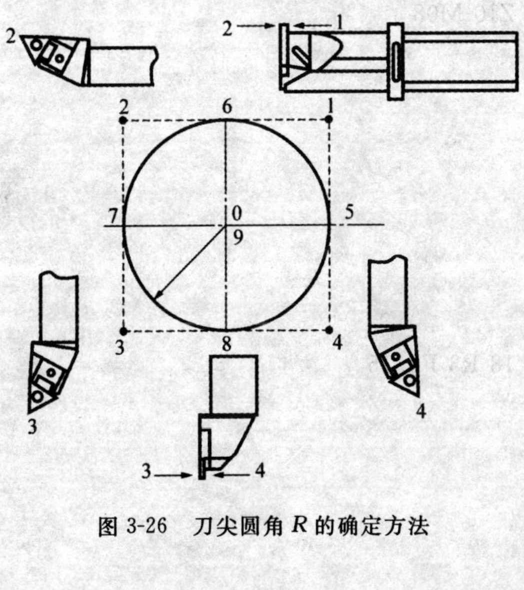

图 3-26　刀尖圆角 R 的确定方法

【例 3-10】 应用刀尖圆弧自动补偿功能加工图 3-27 所示的零件。

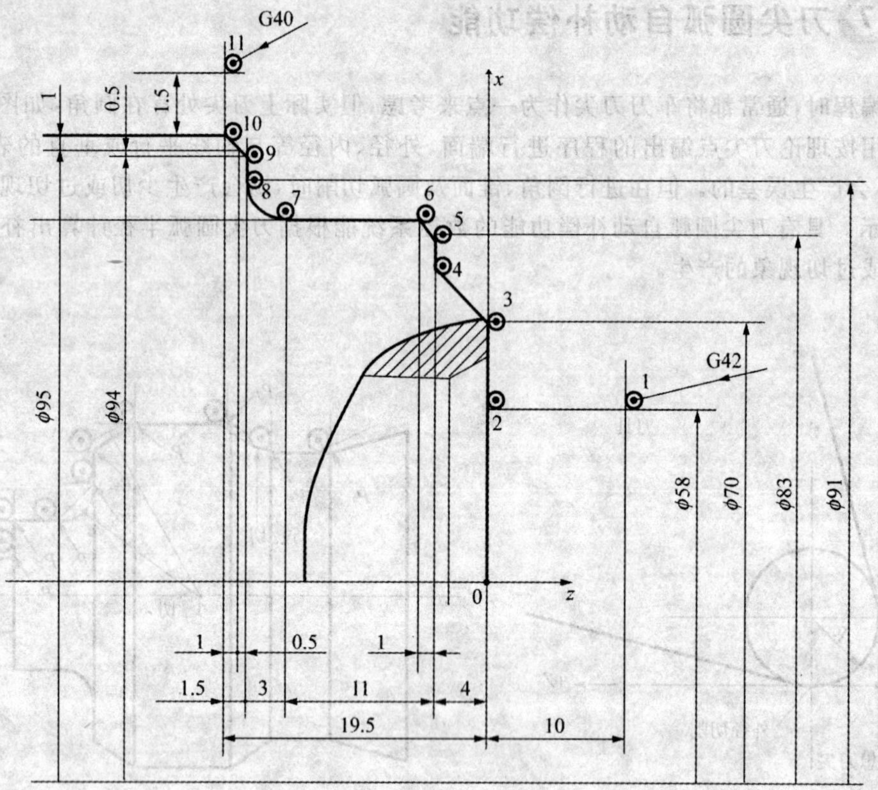

图 3-27 刀具补偿编程

刀尖位置编码:3

数控加工程序如下:

```
N10 G50 X200 Z175 T0101
N20 M03 S1500
N30 G00 G42 X58 Z10 M08
N40 G96 S200
N50 G01 Z0 F1.5
N60 X70 F0.2
N70 X78 Z-4
N80 X83
N90 X85 Z-5
N100 Z-15
N110 G02 X91 Z-18 R3 F0.15
N120 G01 X94
N130 X97 Z-19.5
N140 X100
```

N150 G00 G40 G97 X200 Z175 S1000

N160 M30

活动 8 单一固定循环

单一固定循环可以将一系列连续加工动作,如"切入—切削—退刀—返回",用一个循环指令完成,从而简化程序。

1. 圆柱面或圆锥面切削循环

圆柱面或圆锥面切削循环是一种单一固定循环,圆柱面单一固定循环如图 3-28 所示,圆锥面单一固定循环如图 3-30 所示。

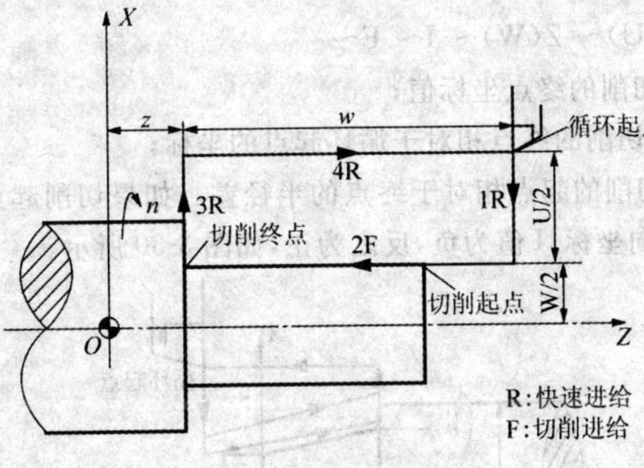

图 3-28 圆柱面切削循环

(1)圆柱面切削循环

编程格式:G90 X(U)～ Z(W)～ F～

式中:X,Z——圆柱面切削的终点坐标值;

U,W——圆柱面切削的终点相对于循环起点坐标分量。

【例 3-11】 应用圆柱面切削循环功能加工如图 3-29 所示的零件。

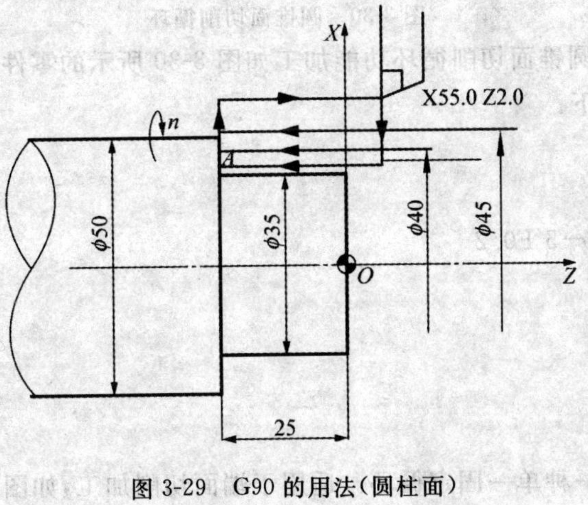

图 3-29 G90 的用法(圆柱面)

编制数控加工程序如下：

N10 G50 X200 Z200 T0101

N20 M03 S1000

N30 G00 X55 Z4 M08

N40 G01 G96 Z2 F2.5 S150

N50 G90 X45 Z－25 F0.2

N60 X40

N70 X35

N80 G00 X200 Z200

N90 M30

(2)圆锥面切削循环

编程格式：G90 X(U)～ Z(W)～ I～ F～

式中：X,Z——圆锥面切削的终点坐标值；

U,W——圆柱面切削的终点相对于循环起点的坐标；

I——圆锥面切削的起点相对于终点的半径差。如果切削起点的 X 向坐标小于终点的 X 向坐标，I 值为负，反之为正，如图 3-30 所示。

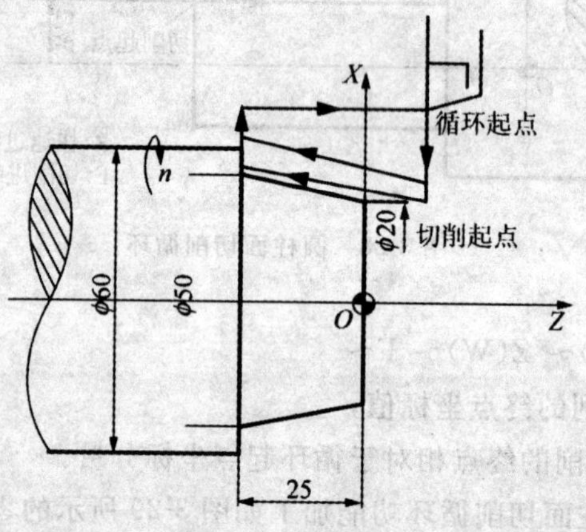

图 3-30　圆锥面切削循环

【例 3-12】 应用圆锥面切削循环功能加工如图 3-30 所示的零件。

编制加工程序如下：

……

G01 X65 Z2

G90 X60 Z－35 I－5 F0.2

X50

G00 X100 Z200

……

2. 端面切削循环

端面切削循环是一种单一固定循环。适用于端面切削加工，如图 3-31 所示。

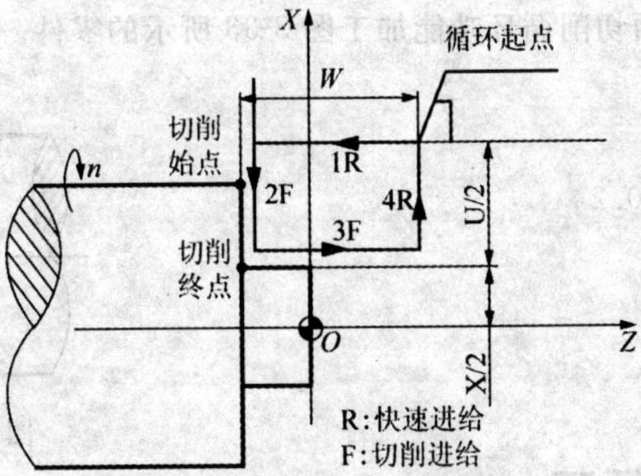

图 3-31　端面切削循环

(1)平面端面切削循环

编程格式:G94 X(U)～ Z(W)～ F～

式中:X,Z——端面切削的终点坐标值;

U,W——端面切削的终点相对于循环起点的坐标。

【例 3-13】 应用端面切削循环功能加工如图 3-31 所示的零件。

编制加工程序如下:

```
……
G00 X85 Z5
G94 X30 Z-5 F0.2
Z-10
Z-15
……
```

(2)锥面端面切削循环

编程格式:G94 X(U)～ Z(W)～ K～ F～

式中:X,Z——端面切削的终点坐标值;

U,W——端面切削的终点相对于循环起点的坐标;

K——端面切削的起点相对于终点在 Z 轴方向的坐标分量。当起点 Z 向坐标小于终点 Z 向坐标时 K 为负,反之为正,如图 3-32 所示。

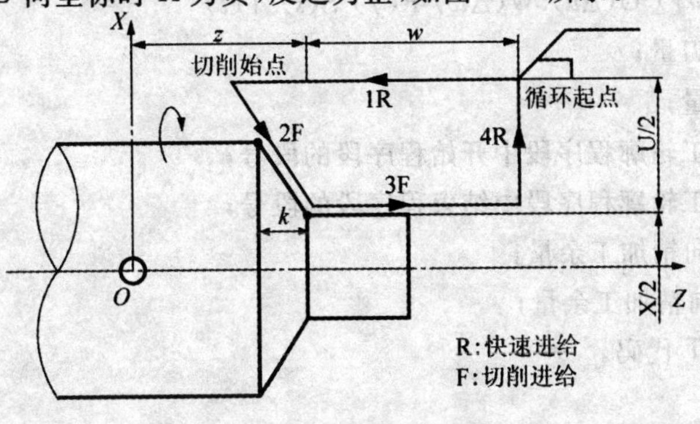

图 3-32　锥面端面切削循环

【例 3-14】 应用端面切削循环功能加工图 3-33 所示的零件。

编制加工程序如下：

……

G94 X20 Z0 K－5 F0.2

Z－5

Z－10

……

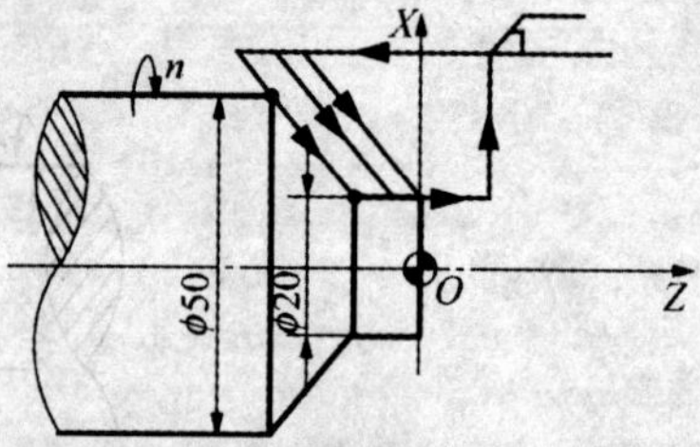

图 3-33 G94 的用法(锥面)

活动 9 复合固定循环

在复合固定循环中，对零件的轮廓定义之后，即可完成从粗加工到精加工的全过程，使程序得到进一步简化。

1. 外圆粗切循环

外圆粗切循环是一种复合固定循环，适用于外圆柱面需多次走刀才能完成的粗加工，如图 3-34 所示。

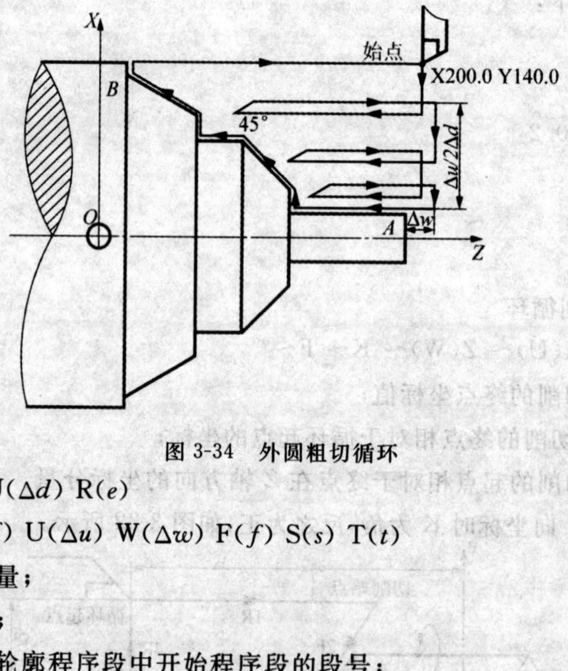

图 3-34 外圆粗切循环

编程格式：G71 U(Δ*d*) R(*e*)

G71 P(*ns*) Q(*nf*) U(Δ*u*) W(Δ*w*) F(*f*) S(*s*) T(*t*)

式中：Δ*d* ——背吃刀量；

e ——退刀量；

ns ——精加工轮廓程序段中开始程序段的段号；

nf ——精加工轮廓程序段中结束程序段的段号；

Δ*u* ——X 轴向精加工余量；

Δ*w* ——Z 轴向精加工余量；

f,*s*,*t* ——F,S,T 代码。

注意：

(1)$ns \rightarrow nf$ 程序段中的 F,S,T 功能,即使被指定也对粗车循环无效。

(2)零件轮廓必须符合 X 轴、Z 轴方向同时单调增大或单调减小;X 轴、Z 轴方向非单调时,$ns \rightarrow nf$ 程序段中第一条指令必须在 X,Z 向同时有运动。

【例 3-15】 按图 3-35 所示尺寸编写外圆粗切循环加工程序。

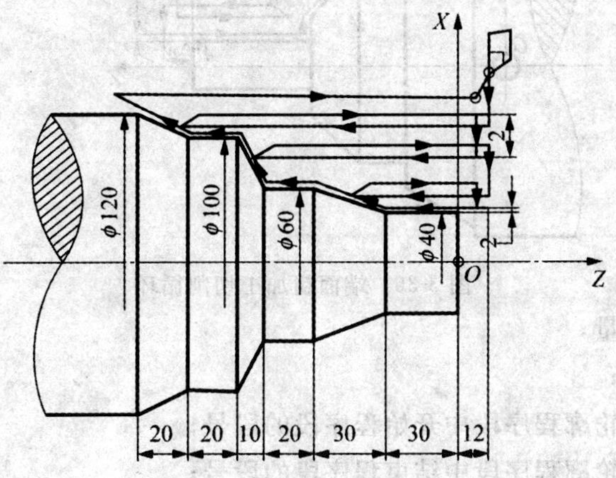

图 3-35 G71 程序例图

编制数控加工程序如下:

```
N10 G50 X200 Z140 T0101
N20 G00 G42 X120 Z10 M08
N30 G96 S120
N40 G71 U2 R0.5
N50 G71 P60 Q120 U2 W2 F0.25
N60 G00 X40                     //ns
N70 G01 Z−30 F0.15
N80 X60 Z−60
N90 Z−80
N100 X100 Z−90
N110 Z−110
N120 X120 Z−130                 //nf
N130 G00 X125
N140 X200 Z140
N150 M02
```

2. 端面粗切循环

端面粗切循环是一种复合固定循环。端面粗切循环适于 Z 向余量小,X 向余量大的棒料粗加工,如图 3-36 所示。

编程格式:G72 U(Δd) R(e)

G72 P(ns) Q(nf) U(Δu) W(Δw) F(f) S(s) T(t)

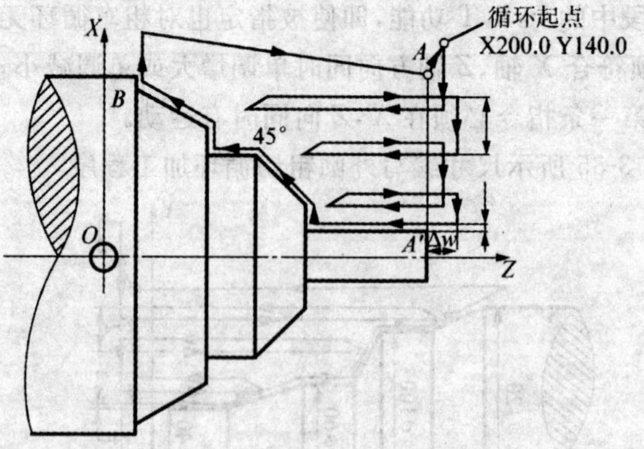

图 3-36　端面粗加工切削循环

式中：Δd ——背吃刀量；

e ——退刀量；

ns ——精加工轮廓程序段中开始程序段的段号；

nf ——精加工轮廓程序段中结束程序段的段号；

Δu ——X 轴向精加工余量；

Δw ——Z 轴向精加工余量；

f,s,t ——F,S,T 代码。

注意：

(1)$ns \rightarrow nf$ 程序段中的 F,S,T 功能，即使被指定也对粗切循环无效。

(2)零件轮廓必须符合 X 轴、Z 轴方向同时单调增大或单调减小。

【例 3-16】 按图 3-37 所示尺寸编写端面粗切循加工程序。

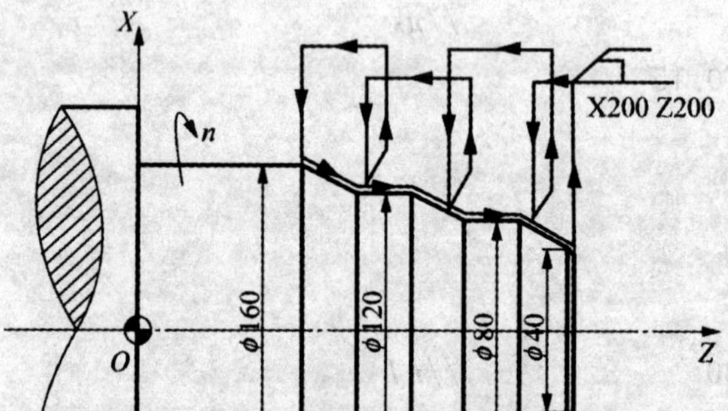

图 3-37　G72 程序例图

编制数控加工程序如下：

N10 G50 X200 Z200 T0101

N20 M03 S800

N30 G90 G00 G41 X176 Z2 M08

N40 G96 S120

N50 G72 U3 R0.5

N60 G72 P70 Q120 U2 W0.5 F0.2

N70 G00 X160 Z60　　　　　　　　　　//*ns*

N80 G01 X120 Z70 F0.15

N90 Z80

N100 X80 Z90

N110 Z110

N120 X36 Z132　　　　　　　　　　　//*nf*

N130 G00 G40 X200 Z200

N140 M30

3. 封闭切削循环

封闭切削循环是一种复合固定循环，如图 3-38 所示。封闭切削循环适于对铸、锻毛坯切削，对零件轮廓的单调性则没有要求。

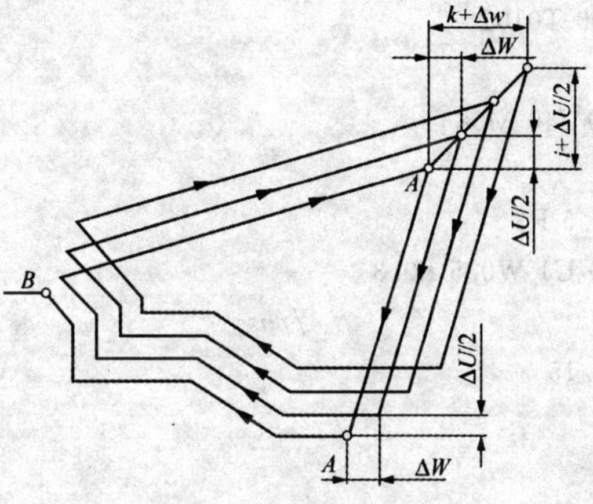

图 3-38　封闭切削循环

编程格式：G73 U(i) W(k) R(d)

G73 P(ns) Q(nf) U(Δu) W(Δw) F(f) S(s) T(t)

式中：i ——X 轴向总退刀量；

k——Z 轴向总退刀量(半径值)；

d——重复加工次数；

ns ——精加工轮廓程序段中开始程序段的段号；

nf——精加工轮廓程序段中结束程序段的段号；

Δu——X 轴向精加工余量；

Δw——Z 轴向精加工余量；

f,s,t ——F,S,T 代码。

【例 3-17】 按图 3-39 所示尺寸编写封闭切削循环加工程序。

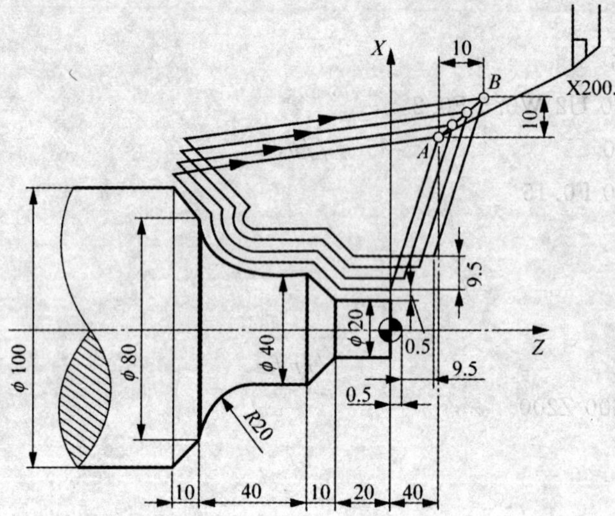

图 3-39 G73 程序例图

编制数控加工程序:

N01 G50 X200 Z200 T0101

N20 M03 S2000

N30 G00 G42 X140 Z40 M08

N40 G96 S150

N50 G73 U9.5 W9.5 R3

N60 G73 P70 Q130 U1 W0.5 F0.3

N70 G00 X20 Z0 //*ns*

N80 G01 Z−20 F0.15

N90 X40 Z−30

N100 Z−50

N110 G02 X80 Z−70 R20

N120 G01 X100 Z−80

N130 X105 //*nf*

N140 G00 X200 Z200 G40

N150 M30

4. 精加工循环

由 G71,G72,G73 完成粗加工后,可以用 G70 进行精加工。精加工时,G71,G72,G73 程序段中的 F,S,T 指令无效,只有在 *ns*→*nf* 程序段中的 F,S,T 才有效。

编程格式:G70 P(*ns*) Q(*nf*)

式中:*ns*——精加工轮廓程序段中开始程序段的段号;

nf——精加工轮廓程序段中结束程序段的段号。

在G71,G72,G73程序应用例中的 *nf* 程序段后再加上“G70 P(*ns*) Q(*nf*)”程序段,并在 *ns*→*nf* 程序段中加上精加工适用的F,S,T,就可以完成从粗加工到精加工的全过程。

活动10　深孔钻循环

深孔钻循环功能适用于深孔钻削加工,如图3-40所示。

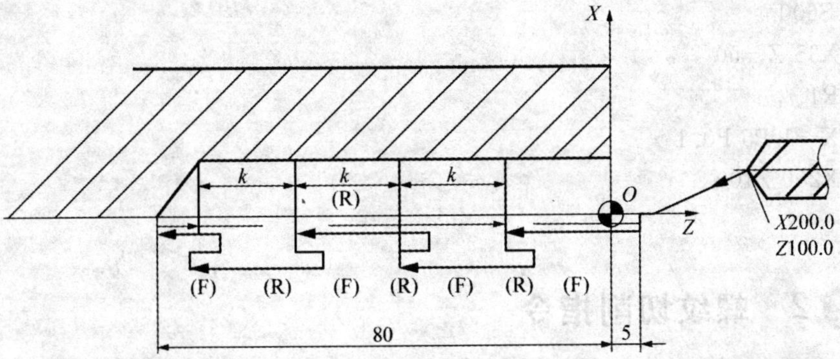

图3-40　深孔钻削循环

编程格式:G74 R(*e*)

G74 Z(W) Q(Δ*k*)F

式中: *e*——退刀量;

Z(W)——钻削深度;

k——每次钻削长度(不加符号)。

【例3-18】 采用深孔钻削循环功能加工如图3-40所示的深孔,试编写加工程序。其中 $e=1,k=20$,F=0.1。

```
N10 G50 X200 Z100 T0202
N20 M03 S600
N30 G00 X0 Z1
N40 G74 R1
N50 G74 Z-80 Q20 F0.1
N60 G00 X200 Z100
N70 M30
```

活动11　外径切槽循环

外径切削循环功能适合于在外圆面上切削沟槽或切断加工,如图3-41所示。

图3-41　切槽加工

编程格式:G75 R(*e*)

G75 X(U)P(Δ*i*)F～

式中：e——退刀量；

X(U)——槽深；

Δi——每次循环切削量。

【例 3-19】 试编写进行图 3-41 所示零件切断加工的程序。

编写数控加工程序如下：

```
G50 X200 Z100 T0202
M03 S600
G00 X35 Z-50
G75 R1
G75 X-1 P5 F0.1
G00 X200 Z100
M30
```

活动 12 螺纹切削指令

该指令用于螺纹切削加工。

1. 基本螺纹切削指令

基本螺纹切削方法如图 3-42 所示。

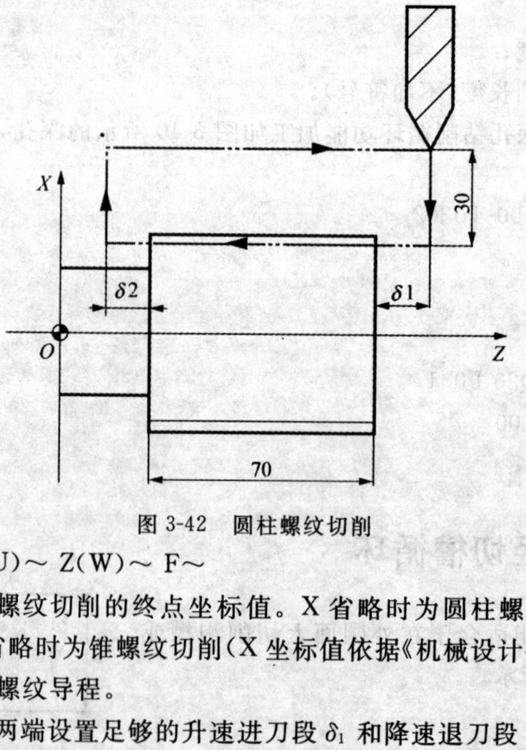

图 3-42 圆柱螺纹切削

编程格式：G32 X(U)～ Z(W)～ F～

式中：X(U)，Z(W)——螺纹切削的终点坐标值。X 省略时为圆柱螺纹切削，Z 省略时为端面螺纹切削；X，Z 均不省略时为锥螺纹切削（X 坐标值依据《机械设计手册》查表确定）。

F——螺纹导程。

螺纹切削应注意在两端设置足够的升速进刀段 δ_1 和降速退刀段 δ_2。

【例 3-20】 试编写如图 3-42 所示螺纹的加工程序。螺纹导程 4，升速进刀段 $\delta_1=3$，降

速退刀段 $\delta_2=1.5$,螺纹深度为 2.165。

编写数控加工程序如下:

```
……
G00 U－62
G32 W－74.5 F4
G00 U62
W74.5
U－64
G32 W－74.5
G00 U64
W74.5
……
```

【例 3-21】 试编写如图 3-43 所示圆锥螺纹的加工程序。螺纹导程为 3.5,升速进刀段 $\delta_1=2$,降速退刀段 $\delta_2=1$,螺纹深度为 1.0825。

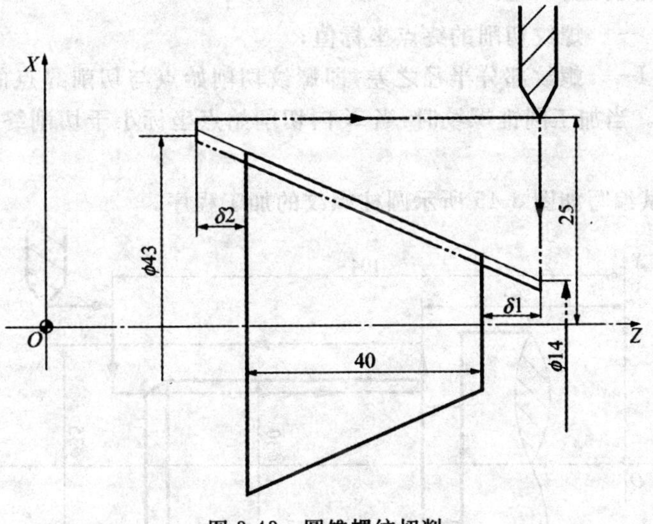

图 3-43　圆锥螺纹切削

编写数控加工程序如下:

```
G00 X12
G32 X41 W－43 F3.5
G00 X50
W43
X10
G32 X39 W－43
G00 X50
W43
```

2. 螺纹切削循环指令

螺纹切削循环指令把“切入→螺纹切削→退刀→返回”4 个动作作为一个循环(见图 3-

44)用一个程序段来指令。

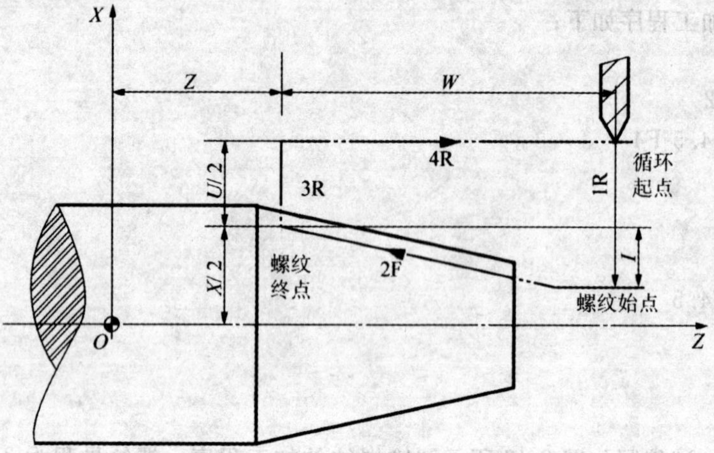

图 3-44 螺纹切削循环

编程格式：G92 X(U)～ Z(W)～ I～ F～

式中：X(U)，Z(W)——螺纹切削的终点坐标值；

I——螺纹部分半径之差，即螺纹切削始点与切削终点的半径差。当加工圆柱螺纹时，I＝0。当加工圆锥螺纹时，当 *X* 向切削始点坐标小于切削终点坐标时，I 为负，反之为正。

【例 3-22】 试编写如图 3-45 所示圆柱螺纹的加工程序。

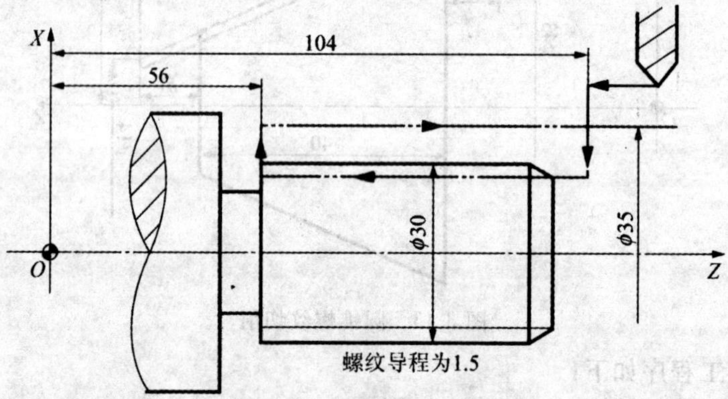

图 3-45 圆柱螺纹切削循环

编写数控加工程序如下：

```
……
G00 X35 Z104
G92 X29.2 Z53 F1.5
X28.6
X28.2
X28.04
G00 X200 Z200
```

……

【例 3-23】 试编写如图 3-46 所示圆锥螺纹的加工程序。

编写数据加工程序如下：

```
……
G00 X80 Z62
G92 X49.6 Z12 I−5 F2
X48.7
X48.1
X47.5
X47
G00 X200 Z200
……
```

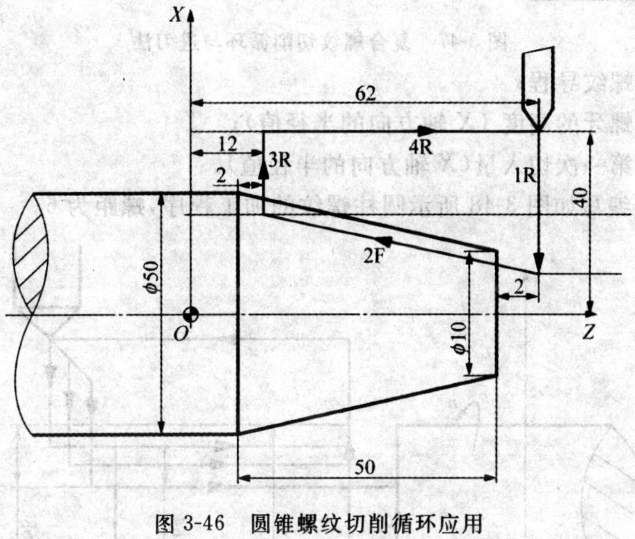

图 3-46 圆锥螺纹切削循环应用

3. 复合螺纹切削循环指令

复合螺纹切削循环指令可以完成一个螺纹段的全部加工任务。它的进刀方法有利于改善刀具的切削条件，在编程中应优先考虑应用该指令，如图 3-47 所示。

编程格式：G76 P (m) (r) (α) Q(Δd_{min}) R(d)

G76 X(U) Z(W) R(I) F(f) P(k) Q(Δd)

式中：m ——精加工重复次数；

r ——倒角量；

α ——刀尖角；

Δd_{min} ——最小切入量；

d ——精加工余量；

X(U)，Z(W)——终点坐标；

I ——螺纹部分半径之差，即螺纹切削始点与切削终点的半径差。加工圆柱螺纹时，I=0。加工圆锥螺纹时，当 X 向切削始点坐标小于切削终点坐标时，I 为负，反之为正。

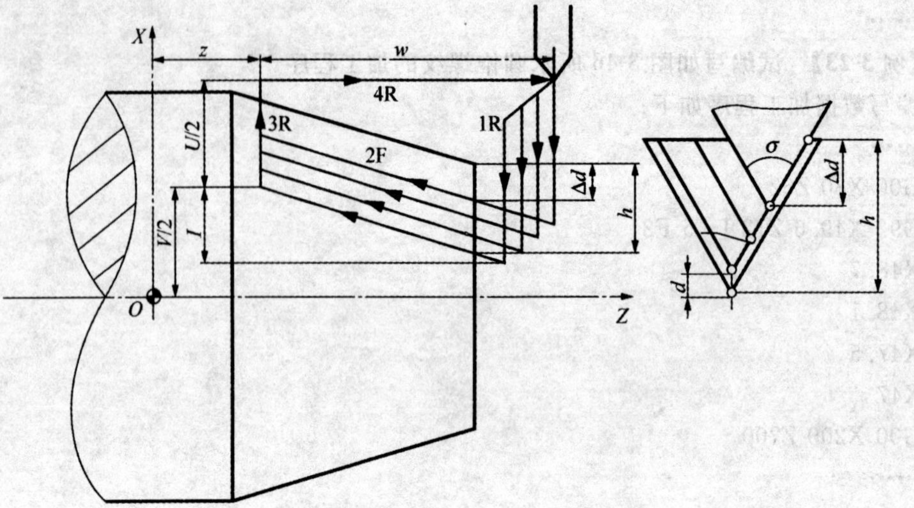

图 3-47　复合螺纹切削循环与进刀法

f——螺纹导程；

k ——螺牙的高度（X 轴方向的半径值）；

Δd ——第一次切入量（X 轴方向的半径值）。

【例 3-24】 试编写如图 3-48 所示圆柱螺纹的加工程序，螺距为 6。

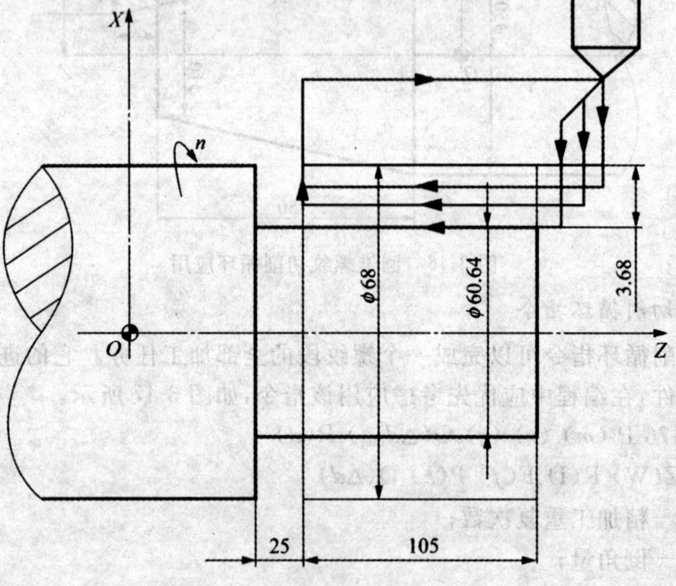

图 3-48　复合螺纹切削循环应用

编制数控加工程序如下：

```
G76 P 02 12 60 Q0.1 R0.1
G76 X60.64 Z23 R0 F6 P3.68 Q1.8
```

任务3　数控车削加工综合举例

任务描述：学习如何确定装夹方法；
学习如何选择刀具，如何决定切削用量；
了解数控加工程序的编制。

任务分析：本任务从一个具体的零件图入手，进行了采用何种装夹方式、选择什么刀具及如何确定切削用量的分析，最后给出了数控加工程序。通过本任务的学习，能够对数控车床加工零件有一个具体的认识。

下面以图3-49所示的零件来分析数控车削工艺制定和加工程序的编制。

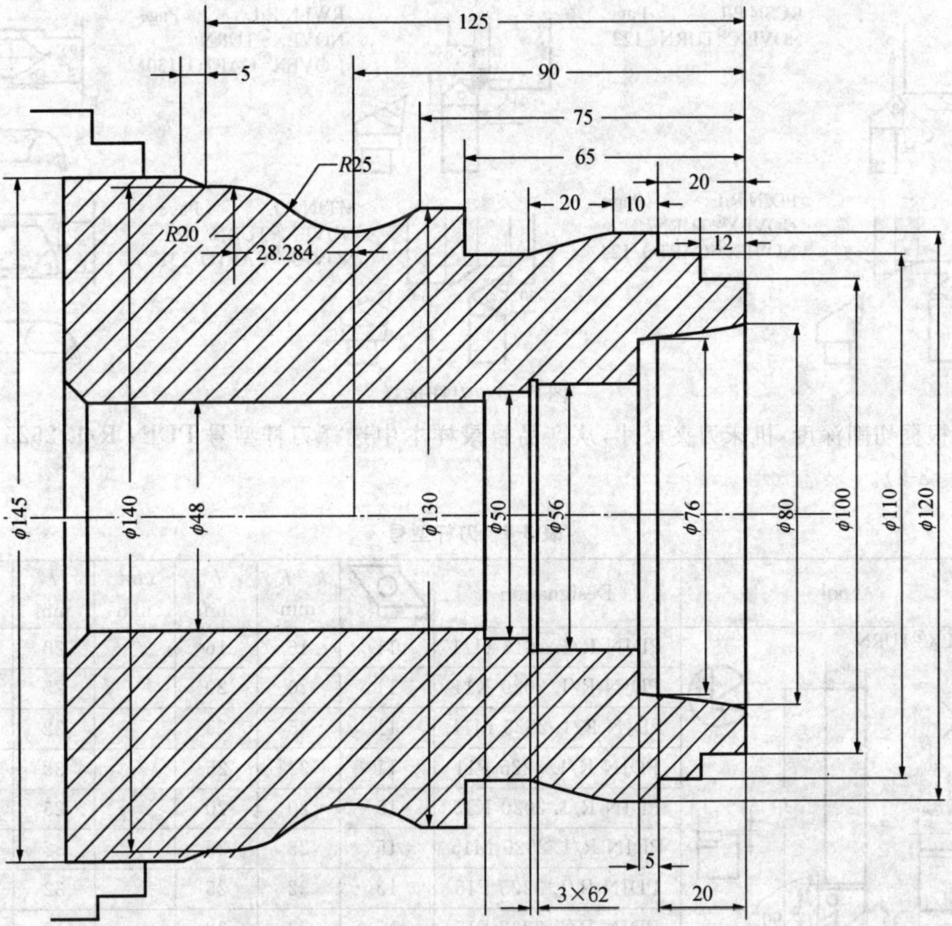

图3-49　典型零件图

活动 1 确定工序和装夹方式

如图 3-49 所示零件毛坯是直径为 $\phi 145$ 的棒料，分粗、精加工两道工序完成加工，夹紧方式采用通用三爪卡盘。

根据零件的尺寸标注特点及基准统一的原则，将编程原点选择零件左端面。

活动 2 设计和选择工艺装备

1. 选择刀具

以选用 WALTER 的刀具为例。

(1)刀杆选择

根据零件轮廓选择图示刀杆类型(见图 3-50)。

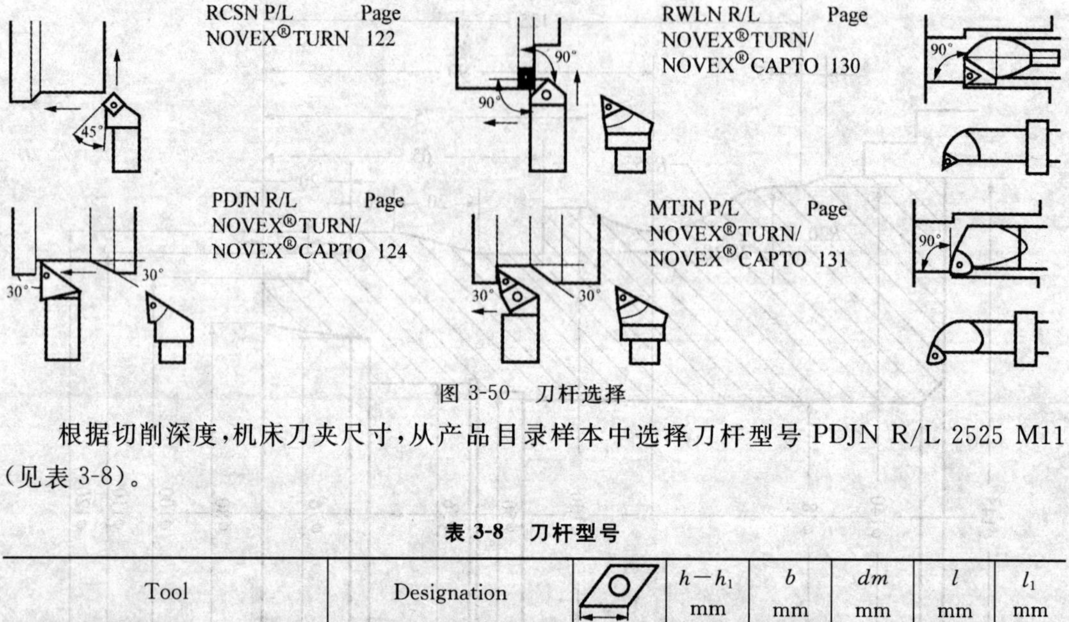

图 3-50 刀杆选择

根据切削深度，机床刀夹尺寸，从产品目录样本中选择刀杆型号 PDJN R/L 2525 M11(见表 3-8)。

表 3-8 刀杆型号

Tool	Designation		h−h₁ mm	b mm	dm mm	l mm	l₁ mm
NOVEX®TURN k=93° 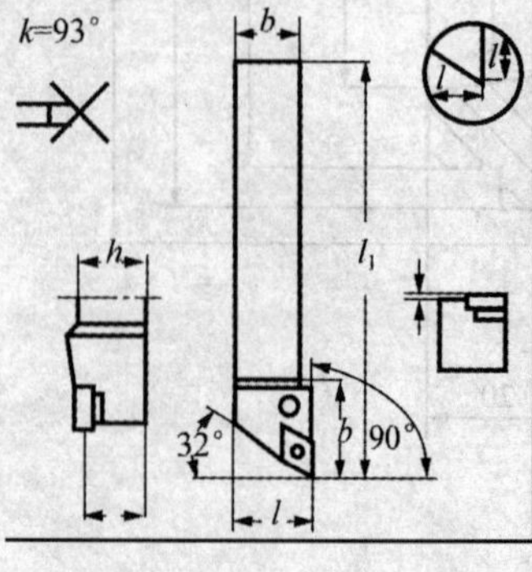	PDJN R/L 1616 H11	11	16	16		20	100
	PDJN R/L 2020 K11	11	20	20		25	125
	PDJN R/L 2525 M11	11	25	25		32	150
	PDJN R/L 3225 P11	11	32	25		32	170
	PDJN R/L 2020 K15	15	20	20		25	125
	PDJN R/L 2525 M15	15	25	25		32	150
	PDJN R/L 3225 P15	15	32	25		32	170
	PDJN R/L 3232 P15	15	32	32		40	170

续表

Tool	Designation		$h-h_1$ mm	b mm	dm mm	l mm	l_1 mm
NOVEX®TURN k=93° 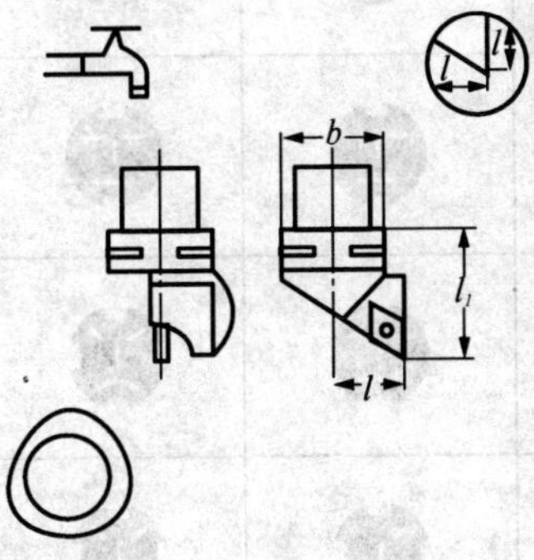	C4-PDJN R/L-27050-11	11			40	27	50
	C5-PDJN R/L-35060-11	11			50	35	60
	C6-PDJN R/L-45065-11	11			63	45	65
	C4-PDJN R/L-27050-15	15			40	27	50
	C5-PDJN R/L-35060-15	15			50	35	60
	C6-PDJN R/L-45065-15	15			63	45	65

(2)工件材料 45 钢

选择工件材料组 P，如表 3-9 所示。

表 3-9　工件材料组

工件材料组		代码
钢	非合金和合金钢 高合金钢 不锈钢，铁素体，马氏体	P(蓝)
不锈钢和铸钢	奥氏体 铁素体——奥氏体	M(黄)
铸铁	可锻铸铁，灰口铸铁，球墨铸铁	K(红)
NF 金属	有色金属和非金属材料	N(绿)
难切削材料	以镍或钴为基体的热固性材料 钛，钛合金及难切削加工的高合金钢	S(棕)
硬材料	淬硬钢，淬硬铸件和冷硬模铸件，锰钢	H(白)

(3)加工条件

加工条件如表 3-10 所示。

表 3-10　加工条件

加工方式 \ 机床，夹具和工件系统的稳定性	很好	好	不足
无断续切削加工表面已经过粗加工			
带铸件或锻件硬表层，不断变换切深轻微的断续切削			
中等断续切屑			
严重断续切削			

(4)断屑槽型

断屑槽型选择如图 3-51 所示。

根据粗加工切削深度为 3，进给量为 0.4mm/r，选择负型刀片 NM7 槽型。根据精加工切削深度为 0.5，进给量为 0.1mm/r，选择正型刀片 NS4 槽型。

根据需要加工的切深和进给量，来确定槽型代码及相应的 ISO 分类范围。

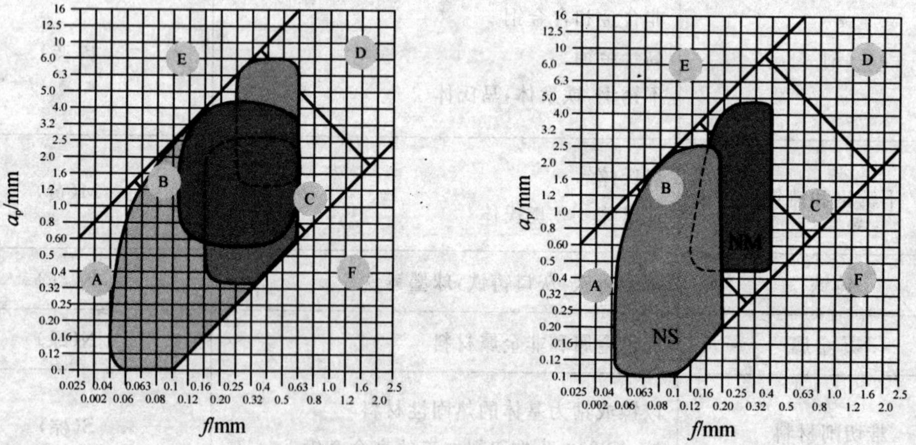

图 3-51　断屑槽型

(5)刀具材料

粗加工材料为 WAP10，精加工材料为 WAK10，如表 3-11 所示。

表 3-11　刀具材料

(a)

工件材料组	ISO 分类范围	WALTER 槽代码			
P(蓝)	AB	…－NS4	WAK10	WAP20	WAM20
	B	…－NS8	WAP10	WAP20	WAP30
	BC	…－NM4	WAP10	WAP20	WAP30
	C	…－NM7	WAP10	WAP20	WAP30
	CD	…－NR7	WAP10	WAP20	WAP30
M(黄)	AB	…－NS4	WAM20	WAM20	WAM20
	BC	…－NM4	WAP30	WAM20	WAM20
	CD	…－NR7	WAP30	WAP30	WAP30
K(红)	—	…－NS4	WAK10	WAP20	WAP20
	—	…－NS8	WAK10	WAP20	WAP30
	—	…－NM4	WAK10	WAK10	WAP30

(b)

工件材料组	ISO 分类范围	WALTER 槽代码			
P(蓝)	AB	…－PS4	WAK10	WAP20	WAM20
	BC	…－PM5	WAP10	WAP20	WAP30
M(黄)	AB	…－PS4	WAM20	WAM20	WAM20
	BC	…－PM5	WAP30	WAP30	WAP30
K(红)	—	…－PS4	WAK10	WAK20	WAP20
	—	…－PM5	WAP10	WAP20	WAP30
N(绿)	—	…－PM2	WK1	WK1	WK1

(6)刀片选择

粗加工，从产品目录样本中选择 DNMG 110408－NM7；精加工，从产品目录样本中选择 DNMG 110408－NS4，如表 3-12 所示。

表 3-12 刀片选择

	DNMG 110408-NM7	9525	11.6	4.76	0.8						△	△	△										
	DNMG 110412-NM7	9525	11.6	4.76	1.2						△	△	△										
	DNMG 150608-NM7	12.7	15.5	6.35	0.8						△	△	△										
	DNMG 150612-NM7	12.7	15.5	6.35	1.2						△	△	△										
	DNMG 110404-NS4	9525	11.6	4.76	0.4			△		△		△											
	DNMG 110408-NS4	9525	11.6	4.76	0.8			△		△		△											
	DNMG 110412-NS4	9525	11.6	4.76	1.2			△		△		△											
	DNMG 150604-NS4	12.7	15.5	6.35	0.4			△		△		△											
	DNMG 150608-NS4	12.7	15.5	6.35	0.8			△		△		△											
	DNMG 150612-NS4	12.7	15.5	6.35	1.2			△		△		△											

2. 决定切削用量

材料的切削性能、毛坯余量、零件精度等如表 3-13 所示。

根据粗加工切削深度为 3，进给量为 0.4 mm/r，查 WALTER（所选刀具的供应商）加工数据得切削速度为 320 m/min。

根据精加工切削深度为 0.5，进给量为 0.1 mm/r，查 WALTER 加工数据得切削速度为 400 m/min。

表 3-13 切削用量

材料组	工件材料		布尔硬度	加工组	切削速度 v_C/m·min^{-1}								
					WAP10			WAP20			WAP30		
					F/mm			F/mm			F/mm		
					0.1	0.4	0.6	0.1	0.4	0.6	0.1	0.4	0.6
P	非合金钢	大约 0.15%C 退火	125	1	520	390	300	480	350	280	450	300	250
		大约 0.45%C 退火	190	2	440	320	260	400	280	220	380	250	200
		大约 0.45%C 回火	250	3	320	240	200	280	220	170	250	200	150
		大约 0.75%C 退火	270	4	350	280	240	310	250	210	270	220	180
		大约 0.75%C 退火	300	5	270	200	180	240	170	150	210	150	120

活动3 程序编制

编制数控加工程序如下：

```
G50 X200 Z150 T0101
M03 S600
G00 X101 Z0
G95 G01 Z32 F0.1
G71 U1.5 R1
G71 P10 Q20
N10 G00 X99 Z0.1
G01 X100 Z−0.4 F0.1
Z−10
X109
X110 Z−10.5
Z−20
X119
X120 Z−20.5
Z−30
X110 Z−50
Z−65
X129
X130 Z−65.5
Z−75
G02 X131.111 Z−105.714 R25 (I20 K−15)
G03 X140 Z−118.284 R20 (I−15.555 K−12.571)
G01 Z−125
X145 Z−130
N20 X150 F0.35
G00 U80 W218
T0202
G70 P10 Q20
G00 U80 W218
M30
```

课题测试

一、判断题

1.(　　)数控车床与普通车床用的可转位车刀，一般有本质的区别，其基本结构、功能特点都是不相同的。

2.(　　)选择数控车床用的可转位车刀时，钢和不锈钢属于同一工件材料组。

3.(　　)使用 G71 粗加工时，在 *ns*→*nf* 程序段中的 F，S，T 是有效的。

4.(　　)45°倒角指令中不会同时出现 X 和 Z 坐标。

5.(　　)刀尖点编出的程序在进行倒角、锥面及圆弧切削时，则会产生少切或过切现象。

二、选择题

1. G96 S150 表示切削点线速度控制在________。

A. 150 m/min　　B. 150 r/min　　C. 150 mm/min　　D. 150 mm/r

2. 程序停止，程序复位到起始位置的指令________。

A. M00　　B. M01　　C. M02　　D. M30

3. 圆锥切削循环的指令是________。

A. G90　　B. G92　　C. G94　　D. G96

4. 90°外圆车刀的刀尖位置编号________。

A. 1　　B. 2　　C. G3　　D. 4

5. 从提高刀具耐用度的角度考虑，螺纹加工应优先选用________。

A. G32　　B. G92　　C. G76　　D. G85

三、简答题

1. 试分析数控车床 *X* 方向的手动对刀过程。

2. 选择加工如图 3-52、图 3-53、图 3-54 所示零件所需刀具，编制数控加工程序。

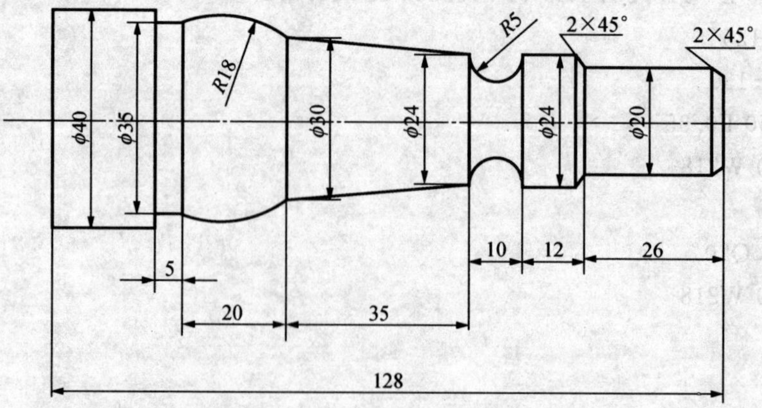

图 3-52　习题图 1

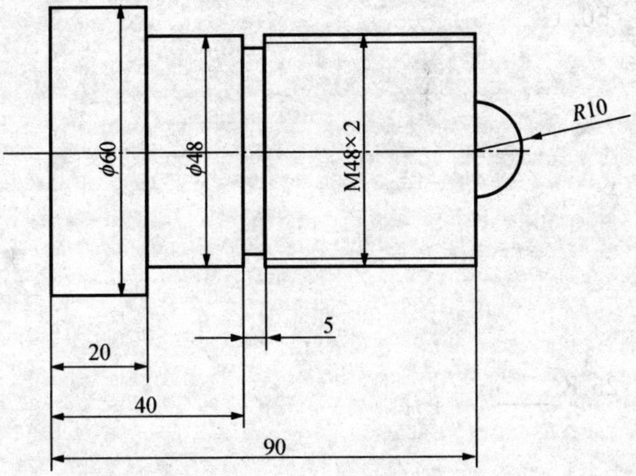

图 3-53　习题图 2

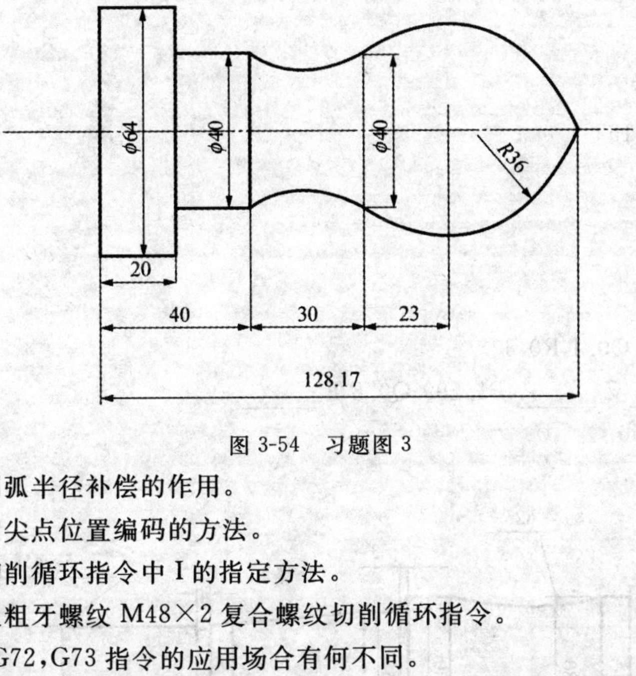

图 3-54　习题图 3

3. 简述刀尖圆弧半径补偿的作用。

4. 设置假设刀尖点位置编码的方法。

5. 简述圆锥切削循环指令中 I 的指定方法。

6. 试写出普通粗牙螺纹 M48×2 复合螺纹切削循环指令。

7. 简述 G71,G72,G73 指令的应用场合有何不同。

8. 用固定循环指令加工如图 3-55 所示的零件,试分析下述程序并填充完成该加工程序。

G50 X200 Z350 T0101

M03 S1000

G00 X60 Z2

G73 U9.5 W0 R4

____P10 Q20 U1

W0.5 F0.2

______ G00 X41.9 Z292 M08

```
G01 X47.9 ____ F0.1
Z227
X50
X62 W____
Z155
____
X80 W-1
W-19
G02 ______ I63.25 K____
G01 Z65
______ X90
G00 X200 Z350
T0202
M03 S315
G00 X51 Z227
G01 ____ F0.15
G00 X51
X200 Z350
T0303
G00 ____ ____
G76 P01 2 60 Q0.1 R0.1
____ X______ Z______ P1.299 Q0.8 F______
G00 X200 Z350
M30
```

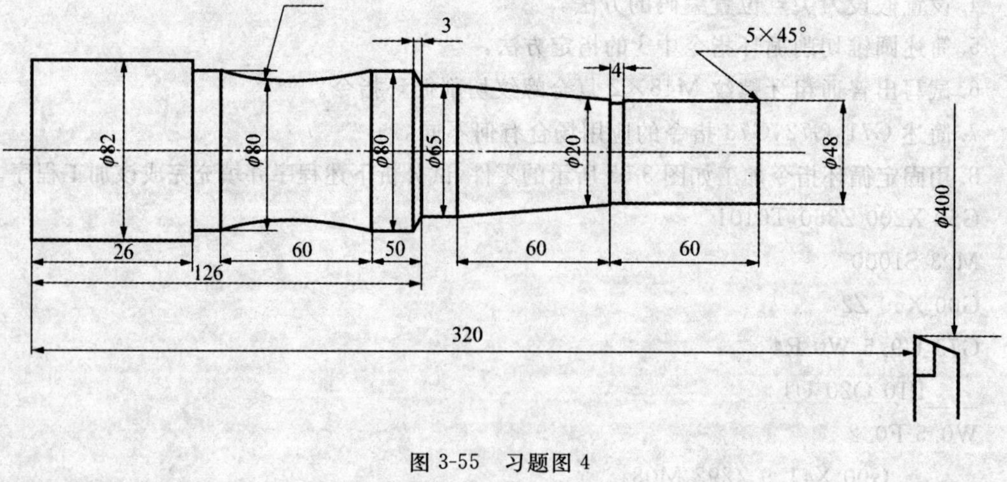

图 3-55　习题图 4

项目 4 数控铣床的程序编制

任务 1　数控铣床程序编制的基础

任务描述： 了解数控铣床的主要功能；
了解数控铣床的加工范围；
了解数控铣床的夹具和刀具；
学会分析数控铣削的工艺性。

任务分析： 在利用数控铣床进行加工前要对它有一个认识，了解它的功能、加工范围及其工艺装备。本任务除对上述内容作了介绍外，还讲解了数控铣削工艺性的分析方法。

数控铣床是机床设备中应用非常广泛的加工机床，它可以进行平面铣削、平面型腔铣削、外形轮廓铣削、三维及三维以上复杂型面铣削，还可进行钻削、镗削、螺纹切削等孔加工。加工中心、柔性制造单元等都是在数控铣床的基础上产生和发展起来的。

数控铣床具有丰富的加工功能和较宽的加工工艺范围，面对的工艺性问题也较多。在开始编制铣削加工程序前，一定要仔细分析数控铣削加工工艺性，掌握铣削加工工艺装备的特点，以保证充分发挥数控铣床的加工功能。

活动 1 数控铣床的主要功能

各种类型数控铣床所配置的数控系统虽然各有不同，但各种数控系统，除一些特殊功能不尽相同外，主要功能基本相同。

(1)点位控制功能

此功能可以实现对相互位置精度要求很高的孔系加工。

(2)连续轮廓控制功能

此功能可以实现直线、圆弧的插补功能及非圆曲线的加工。

(3)刀具半径补偿功能

此功能可以根据零件图样的标注尺寸来编程，而不必考虑所用刀具的实际半径尺寸，从而减少编程时的复杂数值计算。

(4)刀具长度补偿功能

此功能可以自动补偿刀具的长短，以适应加工中对刀具长度尺寸调整的要求。

(5)比例及镜像加工功能

比例功能可将编好的加工程序按指定比例改变坐标值来执行。镜像加工又称轴对称加工，如果一个零件的形状关于坐标轴对称，那么只要编出一个或两个象限的程序，而其余象限的轮廓就可以通过镜像加工来实现。

(6)旋转功能

该功能可将编好的加工程序在加工平面内旋转任意角度来执行。

(7)子程序调用功能

有些零件需要在不同的位置上重复加工同样的轮廓形状，将这一轮廓形状的加工程序作为子程序，在需要的位置上重复调用，就可以完成对该零件的加工。

(8)宏程序功能

该功能可用一个总指令代表实现某一功能的一系列指令，并能对变量进行运算，使程序更具灵活性和方便性。

活动 2 数控铣床的加工工艺范围

铣削加工是机械加工中最常用的加工方法之一，主要包括平面铣削和轮廓铣削，也可以对零件进行钻、扩、铰、镗、锪加工及螺纹加工等。数控铣削主要适合于下列几类零件的加工。

1. 平面类零件

平面类零件是指加工面平行或垂直于水平面，以及加工面与水平面的夹角为一定值的零件，这类加工面可展开为平面。

如图 4-1 所示的 3 个零件均为平面类零件，其中，曲线轮廓面 A 垂直于水平面，可采用圆柱立铣刀加工。凸台侧面 B 与水平面成一定角度，这类加工面可以采用专用的角度成型铣刀来加工。对于斜面 C，当工件尺寸不大时，可用斜板垫平后加工；当工件尺寸很大，斜面坡度又较小时，也常用行切加工法加工，这时会在加工面上留下进刀时的刀锋残留痕迹，要用钳修方法加以清除。

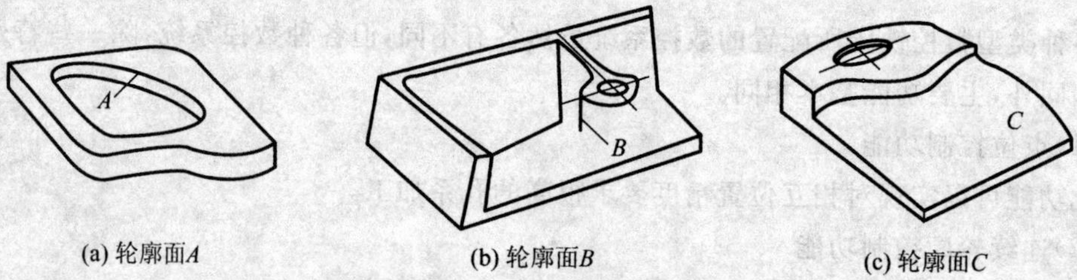

(a) 轮廓面A　(b) 轮廓面B　(c) 轮廓面C

图 4-1　平面类零件

2. 直纹曲面类零件

直纹曲面类零件是指由直线依某种规律移动所产生的曲面类零件。如图 4-2 所示零件的加工面就是一种直纹曲面，当直纹曲面从截面(1)至截面(2)变化时，其与水平面间的夹角从 3°10′均匀变化为 2°30′，从截面(2)到截面(3)时，又均匀变化为 1°20′，最后到截面(4)，斜角均匀变化为 0°。直纹曲面类零件的加工面不能展开为平面。

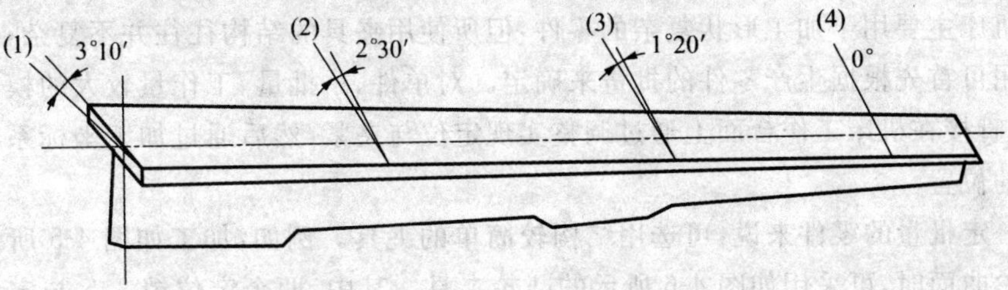

图 4-2　直纹曲面

当采用四坐标或五坐标数控铣床加工直纹曲面类零件时，加工面与铣刀圆周接触的瞬间为一条直线。这类零件也可在三坐标数控铣床上采用行切加工法实现近似加工。

3. 立体曲面类零件

加工面为空间曲面的零件称为立体曲面类零件。这类零件的加工面不能展开成平面，一般使用球头铣刀切削，加工面与铣刀始终为点接触，若采用其他刀具加工，易产生干涉而铣伤邻近表面。加工立体曲面类零件一般使用三坐标数控铣床，采用以下两种加工方法。

(1)行切加工法

采用三坐标数控铣床进行二轴半坐标控制加工，即行切加工法。如图 4-3 所示，球头铣刀沿 XY 平面的曲线进行直线插补加工，当一段曲线加工完后，沿 X 方向进给 ΔX 再加工相邻的另一曲线，如此依次用平面曲线来逼近整个曲面。相邻两曲线间的距离 ΔX 应根据表面粗糙度的要求及球头铣刀的半径选取。球头铣刀的球半径应尽可能选得大一些，以增加刀具刚度，提高散热性，降低表面粗糙度值。加工凹圆弧时的铣刀球头半径必须小于被加工曲面的最小曲率半径。

(2)三坐标联动加工

采用三坐标数控铣床三轴联动加工，即进行空间直线插补。如半球形，可用行切加工法加工，也可用三坐标联动的方法加工。这时，数控铣床用 X，Y，Z 三坐标联动的空间直线插补，实现球面加工，如图 4-4 所示。

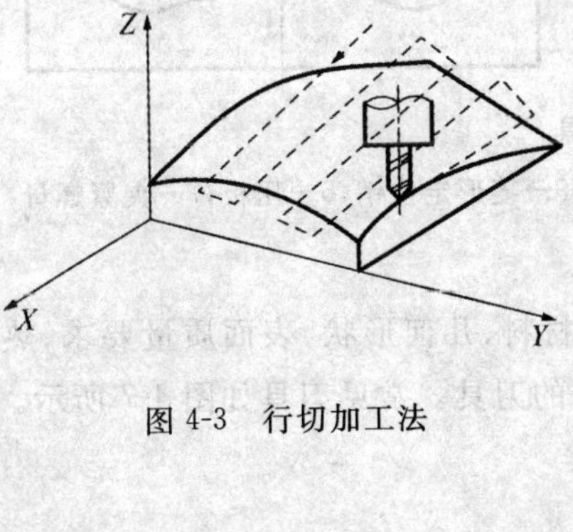

图 4-3　行切加工法

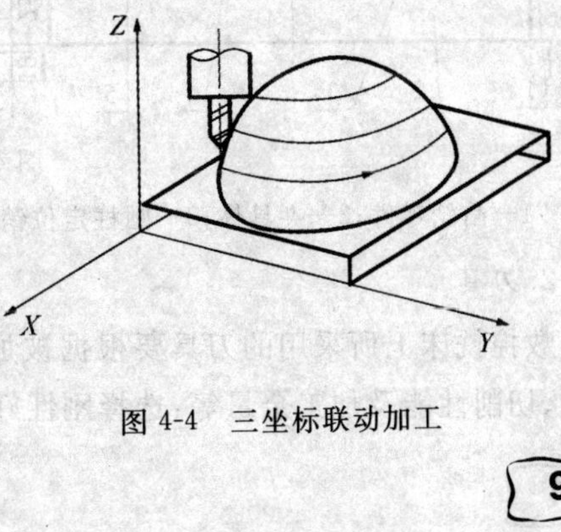

图 4-4　三坐标联动加工

活动 3 数控铣床的工艺装备

数控铣床的工艺装备较多，这里主要分析夹具和刀具。

1. 夹具

数控机床主要用于加工形状复杂的零件，但所使用夹具的结构往往并不复杂，数控铣床夹具的选用可首先根据生产零件的批量来确定。对单件、小批量、工作量较大的模具加工来说，一般可直接在机床工作台面上通过调整实现定位与夹紧，然后通过加工坐标系的设定来确定零件的位置。

对有一定批量的零件来说，可选用结构较简单的夹具。例如，加工如图 4-5 所示的凸轮零件的凸轮曲面时，可采用如图 4-6 所示的凸轮夹具。其中，两个定位销 3,5 与定位块 4 组成一面两销的六点定位，压板 6 与夹紧螺母 7 实现夹紧。

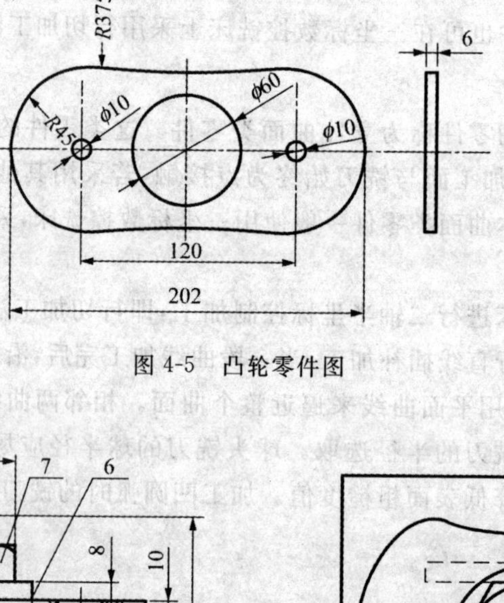

图 4-5　凸轮零件图

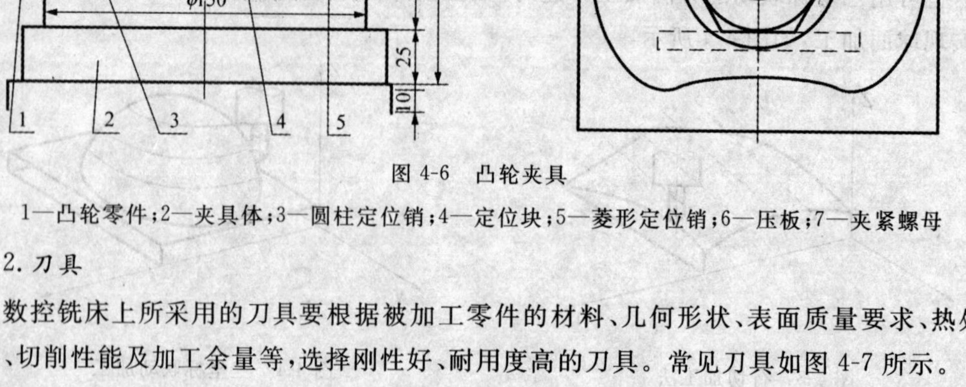

图 4-6　凸轮夹具

1—凸轮零件；2—夹具体；3—圆柱定位销；4—定位块；5—菱形定位销；6—压板；7—夹紧螺母

2. 刀具

数控铣床上所采用的刀具要根据被加工零件的材料、几何形状、表面质量要求、热处理状态、切削性能及加工余量等，选择刚性好、耐用度高的刀具。常见刀具如图 4-7 所示。

图 4-7　常见刀具

(1)铣刀类型选择

被加工零件的几何形状是选择刀具类型的主要依据。

1)加工曲面类零件时，为了保证刀具切削刃与加工轮廓在切削点相切，而避免刀刃与工件轮廓发生干涉，一般采用球头刀，粗加工用两刃铣刀，半精加工和精加工用四刃铣刀，如图 4-8 所示。

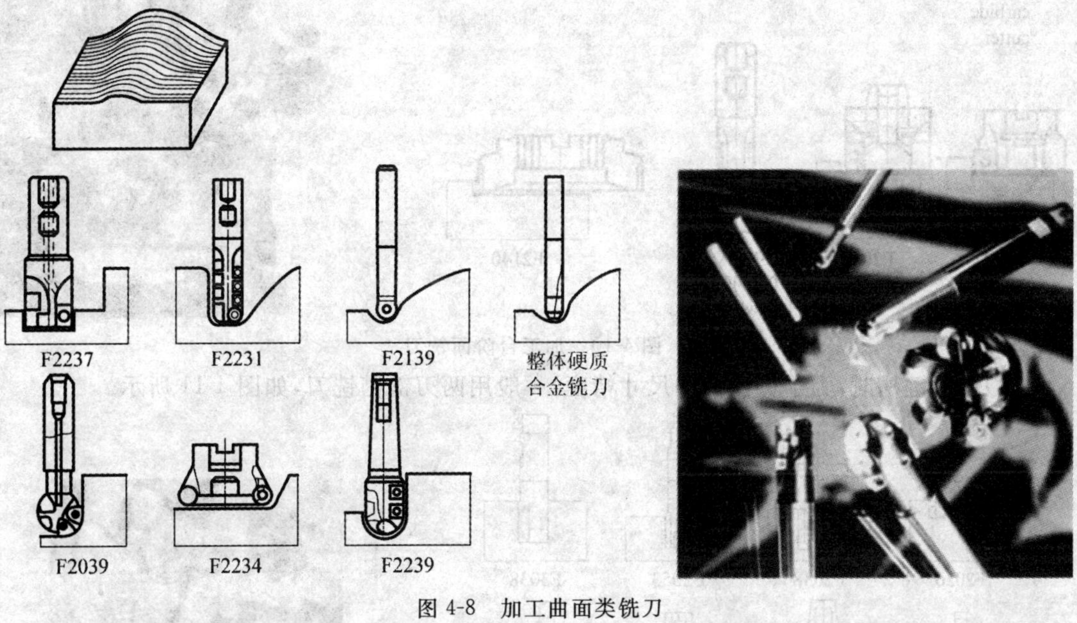

图 4-8　加工曲面类铣刀

2)当铣较大平面时，为了提高生产效率和提高加工表面粗糙度，一般采用刀片镶嵌式盘形铣刀，如图 4-9 所示。

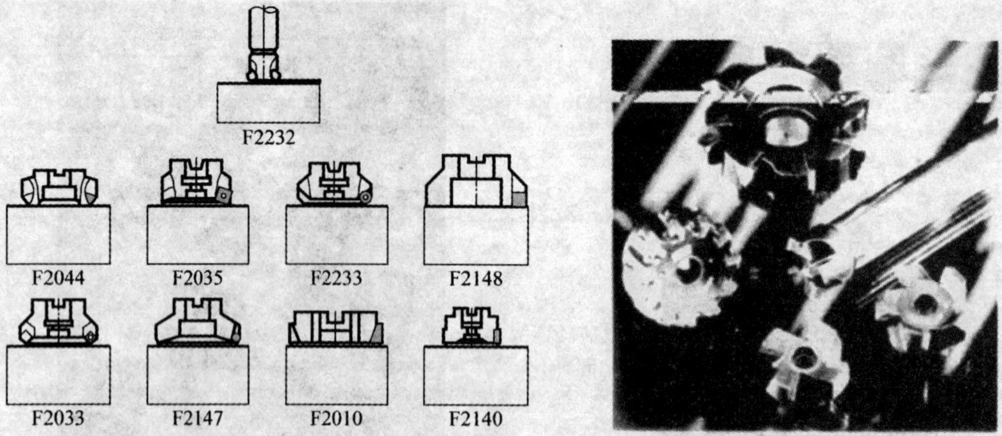

图 4-9　加工大平面铣刀

3）当铣小平面或台阶面时，一般采用通用铣刀，如图 4-10 所示。

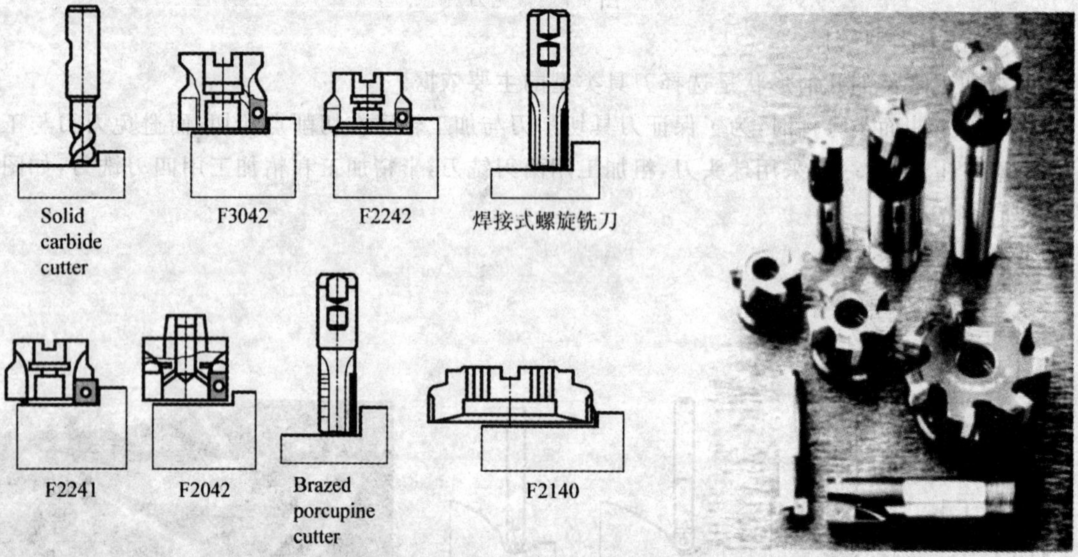

图 4-10　加工台阶面铣刀

4）当铣键槽时，为了保证槽的尺寸精度，一般用两刃键槽铣刀，如图 4-11 所示。

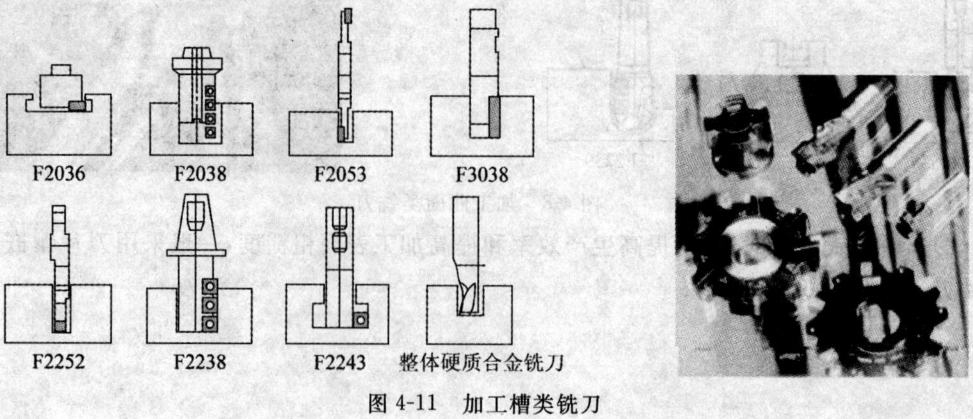

图 4-11　加工槽类铣刀

5)孔加工时,可采用钻头、镗刀等孔加工类刀具,如图 4-12 所示。

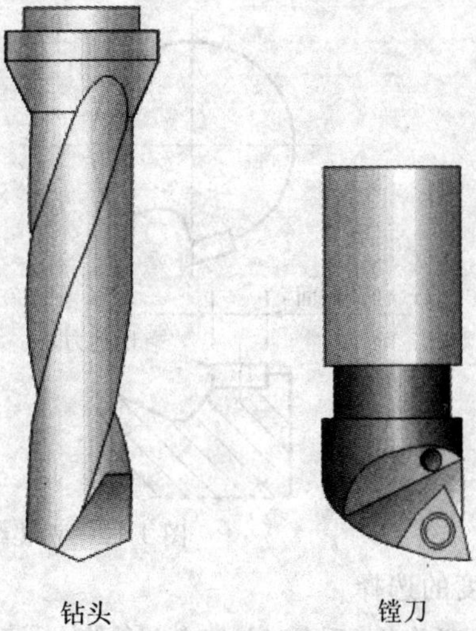

图 4-12　孔加工刀具

(2)铣刀结构选择

铣刀一般由刀片、定位元件、夹紧元件和刀体组成。由于刀片在刀体上有多种定位与夹紧方式,刀片定位元件的结构又有不同类型,因此铣刀的结构形式有多种,分类方法也较多。选用时,主要可根据刀片排列方式。刀片排列方式可分为平装结构和立装结构两大类。

1)平装结构(刀片径向排列)。平装结构铣刀(见图 4-13)的刀体结构工艺性好,容易加工,并可采用无孔刀片(刀片价格较低,可重磨)。由于需要夹紧元件,刀片的一部分被覆盖,容屑空间较小,且在切削力方向上的硬质合金截面较小,故平装结构的铣刀一般用于轻型和中量型的铣削加工。

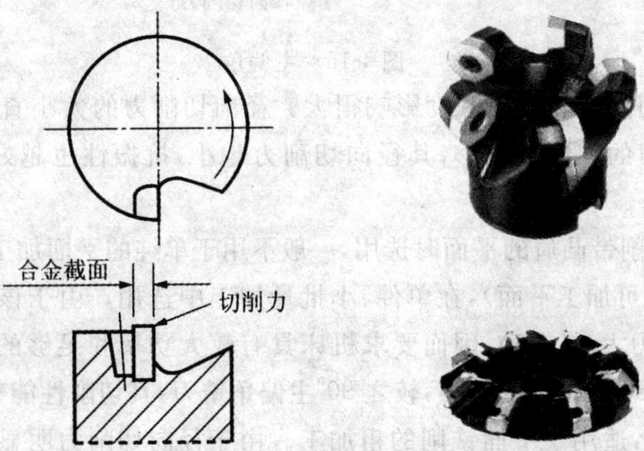

图 4-13　平装结构铣刀

2)立装结构(刀片切向排列)。立装结构铣刀(见图 4-14)的刀片只用一个螺钉固定在刀槽上,结构简单,转位方便。虽然刀具零件较少,但刀体的加工难度较大,一般需用五坐标加工中心进行加工。由于刀片采用切削力夹紧,夹紧力随切削力的增大而增大,因此可省去夹紧元件,增大了容屑空间。由于刀片切向安装,在切削力方向的硬质合金截面较大,因而可进行大切深、大走刀量切削，这种铣刀适用于重型和中量型的铣削加工。

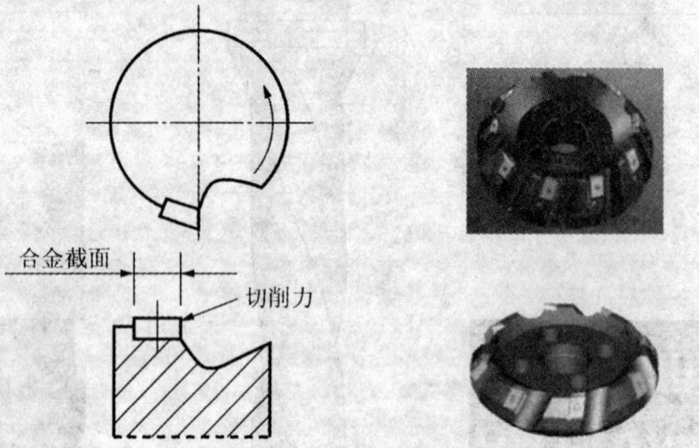

图 4-14　立装结构铣刀

(3)铣刀角度的选择

铣刀的角度有前角、后角、主偏角、副偏角、刃倾角等。为满足不同的加工需要，有多种角度组合形式。各种角度中最主要的是主偏角和前角(制造厂的产品样本中对刀具的主偏角和前角一般都有明确说明)。

1)主偏角 K_r。主偏角为切削刃与切削平面的夹角，如图 4-15 所示。铣刀的主偏角有 90°,88°,75°,70°,60°,45°等几种。

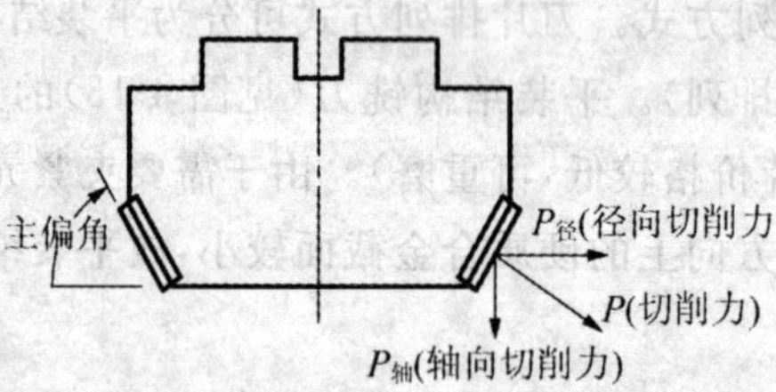

图 4-15　主偏角

主偏角对径向切削力和切削深度影响很大。径向切削力的大小直接影响切削效率和刀具的抗振性能。铣刀的主偏角越小，其径向切削力越小，抗振性也越好，但切削深度也随之减小。

90°主偏角，在铣削带凸肩的平面时选用，一般不用于单纯的平面加工。该类刀具通用性好(既可加工台阶面，又可加工平面)，在单件、小批量加工中选用。由于该类刀具的径向切削力等于切削力，进给抗力大，易振动，因而要求机床具有较大功率和足够的刚性。在加工带凸肩的平面时，也可选用 88°主偏角的铣刀，较之 90°主偏角铣刀，其切削性能有一定改善。

60°～75°主偏角，适用于平面铣削的粗加工。由于径向切削力明显减小(特别是 60°时)，其抗振性有较大改善，切削平稳、轻快，在平面加工中应优先选用。75°主偏角铣刀为通用型刀具，适用范围较广；60°主偏角铣刀主要用于镗铣床、加工中心上的粗铣和半精铣加工。

45°主偏角，此类铣刀的径向切削力大幅度减小，约等于轴向切削力，切削载荷分布在较长的切削刃上，具有很好的抗振性，适用于镗铣床主轴悬伸较长的加工场合。用该类刀具加工平面时，刀片破损率低，耐用度高；在加工铸铁件时，工件边缘不易产生崩刃。

2)前角 γ。铣刀的前角可分解为径向前角 γ_f(见图 4-16(a))和轴向前角 γ_p(见图 4-16(b))。径向前角 γ_f 主要影响切削效率;轴向前角 γ_p 则影响切屑的形成和轴向力的方向,当 γ_p 为正值时切屑即飞离加工面。径向前角 γ_f 和轴向前角 γ_p 正负的判别如图 4-16 所示。常用的前角组合形式如下。

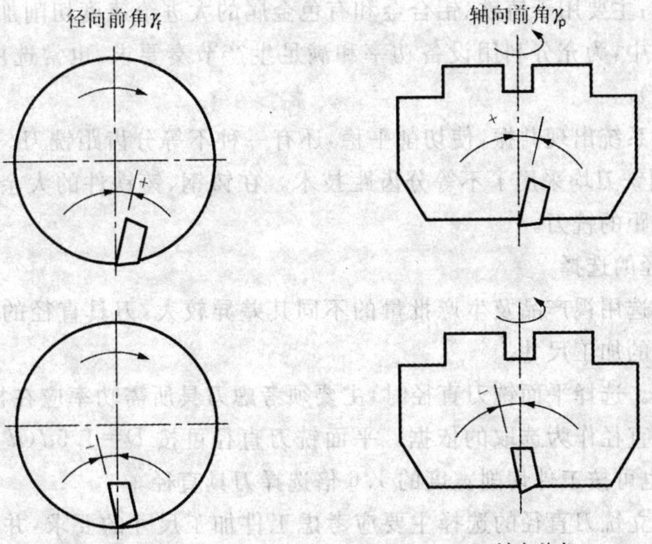

(a) 径向前角　　(b) 轴向前角

图 4-16　前角

a. 双负前角。双负前角的铣刀通常采用方形(或长方形)无后角的刀片,刀具切削刃多(一般为 8 个),且强度高、抗冲击性好,适用于铸钢、铸铁的粗加工。由于切屑收缩比大,需要较大的切削力,因此要求机床具有较大功率和较高刚性。由于轴向前角为负值,切屑不能自动流出,当切削韧性材料时易出现积屑瘤和刀具振动。

凡能采用双负前角刀具加工就优先选用双负前角铣刀,以便充分利用和节省刀片。当采用双正前角铣刀产生崩刃(即冲击载荷大)时,在机床允许的条件下亦应优先选用双负前角铣刀。

b. 双正前角。双正前角铣刀采用带有后角的刀片,这种铣刀楔角小,具有锋利的切削刃。由于切屑收缩比小,所耗切削功率较小,切屑成螺旋状排出,不易形成积屑瘤。这种铣刀最宜用于软材料和不锈钢、耐热钢等材料的切削加工。对于刚性差(如主轴悬伸较长的镗铣床)、功率小的机床和加工焊接结构件时,也应优先选用双正前角铣刀。

c. 正负前角(轴向正前角、径向负前角)。这种铣刀综合了双正前角和双负前角铣刀的优点,轴向正前角有利于切屑的形成和排出;径向负前角可提高刀刃强度,改善抗冲击性能。此种铣刀切削平稳,排屑顺利,金属切除率高,适用于大余量铣削加工。WALTER 公司的切向布齿重切削铣刀 F2265 就是采用轴向正前角、径向负前角结构的铣刀。

(4)铣刀的齿数(齿距)选择

铣刀齿数多,可提高生产效率,但受容屑空间、刀齿强度、机床功率及刚性等的限制,不同直径的铣刀的齿数均有相应规定。为满足不同用户的需要,同一直径的铣刀一般有粗齿、中齿、密齿 3 种类型。

1)粗齿铣刀:适用于普通机床的大余量粗加工和软材料或切削宽度较大的铣削加工。当机床功率较小时,为使切削稳定,也常选用粗齿铣刀。

2)中齿铣刀:系通用系列,使用范围广泛,具有较高的金属切除率和切削稳定性。

3)密齿铣刀:主要用于铸铁、铝合金和有色金属的大进给速度切削加工。在专业化生产(如流水线加工)中,为充分利用设备功率和满足生产节奏要求,也常选用密齿铣刀(此时多为专用非标铣刀)。

为防止工艺系统出现共振,使切削平稳,还有一种不等分齿距铣刀。如 WALTER 公司的 NOVEX 系列铣刀均采用了不等分齿距技术。在铸钢、铸铁件的大余量粗加工中建议优先选用不等分齿距的铣刀。

(5)铣刀直径的选择

铣刀直径的选用视产品及生产批量的不同其差异较大,刀具直径的选用主要取决于设备的规格和工件的加工尺寸。

1)平面铣刀。选择平面铣刀直径时,主要须考虑刀具所需功率应在机床功率范围之内,也可将机床主轴直径作为选取的依据。平面铣刀直径可按 $D=1.5d$(d 为主轴直径)选取。当批量生产时,也可按工件切削宽度的 1.6 倍选择刀具直径。

2)立铣刀。立铣刀直径的选择主要应考虑工件加工尺寸的要求,并保证刀具所需功率在机床额定功率范围以内。如系小直径立铣刀,则应主要考虑机床的最高转数能否达到刀具的最低切削速度(60m/min)。

3)槽铣刀。槽铣刀的直径和宽度应根据加工工件尺寸选择,并保证其切削功率在机床允许的功率范围之内。

(6)铣刀的最大切削深度

不同系列的可转位面铣刀有不同的最大切削深度。最大切削深度越大的刀具所用刀片的尺寸越大,价格也越高,因此从节约费用、降低成本的角度考虑,选择刀具时一般应按加工的最大余量和刀具的最大切削深度选择合适的规格。当然,还需要考虑机床的额定功率和刚性应能满足刀具使用最大切削深度时的需要。

(7)刀片牌号的选择

合理选择刀片硬质合金牌号的主要依据是被加工材料的性能和硬质合金的性能。一般选用铣刀时,可按刀具制造厂提供加工的材料及加工条件,来配备相应牌号的硬质合金刀片。

由于各厂生产的同类用途硬质合金的成分及性能各不相同,硬质合金牌号的表示方法也不同,为方便用户,国际标准化组织规定,切削加工用硬质合金按其排屑类型和被加工材料分为 3 大类:P 类、M 类和 K 类。根据被加工材料及适用的加工条件,每大类中又分为若干组,用两位阿拉伯数字表示,每类中数字越大,其耐磨性越低、韧性越高。

P 类合金(包括金属陶瓷)用于加工产生长切屑的金属材料,如钢、铸钢、可锻铸铁、不锈钢、耐热钢等。其中,组号越大,则可选用越大的进给量和切削深度,而切削速度则应越小。

M 类合金用于加工产生长切屑和短切屑的黑色金属或有色金属,如钢、铸钢、奥氏体不锈钢、耐热钢、可锻铸铁、合金铸铁等。其中,组号越大,则可选用越大的进给量和切削深度,而切削速度则应越小。

K类合金用于加工产生短切屑的黑色金属、有色金属及非金属材料，如铸铁、铝合金、铜合金、塑料、硬胶木等。其中，组号越大，则可选用越大的进给量和切削深度，而切削速度则应越小。

上述3类牌号的选择原则见表4-1。

表4-1　P,M,K类合金切削用量的选择

类型 / 硬质合金									
	P50	P01	P05	P10	P15	P20	P25	P30	P40
		M10	M20	M30	M40				
		K01	K10	K20	K30	K40			
进给量	→								
背吃刀量	→								
切削速度	←								

各厂生产的硬质合金虽然有各自编制的牌号，但都有对应国际标准的分类号，选用十分方便。

活动4　数控铣削的工艺性分析

数控铣削加工工艺性分析是编程前的重要工艺准备工作之一，根据加工实践，数控铣削加工工艺分析所要解决的主要问题大致可归纳为以下几个方面。

1. 选择并确定数控铣削加工部位及工序内容

当选择数控铣削加工内容时，应充分发挥数控铣床的优势和关键作用。主要选择的加工内容有以下几个方面。

1)工件上的曲线轮廓，特别是由数学表达式给出的非圆曲线与列表曲线等曲线轮廓，如图4-17所示为正弦曲线。

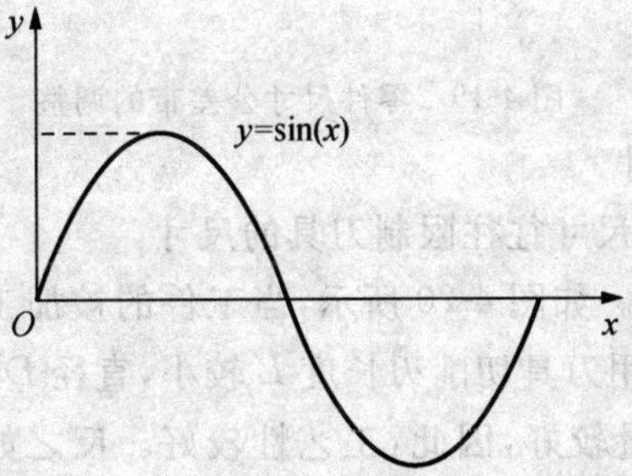

图4-17　正弦曲线

2)已给出数学模型的空间曲面，如图 4-18 所示为球面。

3)形状复杂、尺寸繁多、划线与检测困难的部位。

4)用通用铣床加工时难以观察、测量和控制进给的内外凹槽。

5)以尺寸协调的高精度孔和面。

6)能在一次安装中顺带铣出来的简单表面或形状。

7)用数控铣削方式加工后，能成倍提高生产率，极大地减轻劳动强度的一般加工内容。

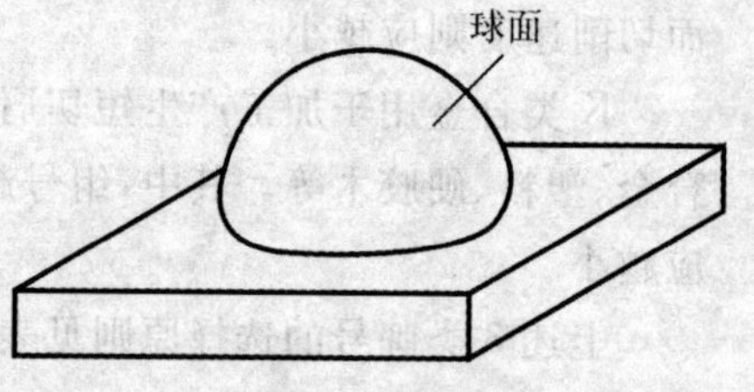

图 4-18　球面

2. 零件图样的工艺性分析

根据数控铣削加工的特点，对零件图样进行工艺性分析时，应主要分析与考虑以下一些问题。

(1)零件图样尺寸的正确标注

由于加工程序是以准确的坐标点来编制的，因此，各图形几何元素间的相互关系(如相切、相交、垂直和平行等)应明确，各种几何元素的条件要充分，应无引起矛盾的多余尺寸或者影响工序安排的封闭尺寸等。例如，零件在用同一把铣刀、同一个刀具半径补偿值编程加工时，由于零件轮廓各处尺寸公差带不同，如在图 4-19 中，就很难同时保证各处尺寸在尺寸公差范围内。这时一般采取的方法是兼顾各处尺寸公差，在编程计算时，改变轮廓尺寸并移动公差带，改为对称公差，采用同一把铣刀和同一个刀具半径补偿值加工，对图 4-19 中括号内的尺寸，其公差带均作了相应改变，计算与编程时用括号内尺寸来进行。

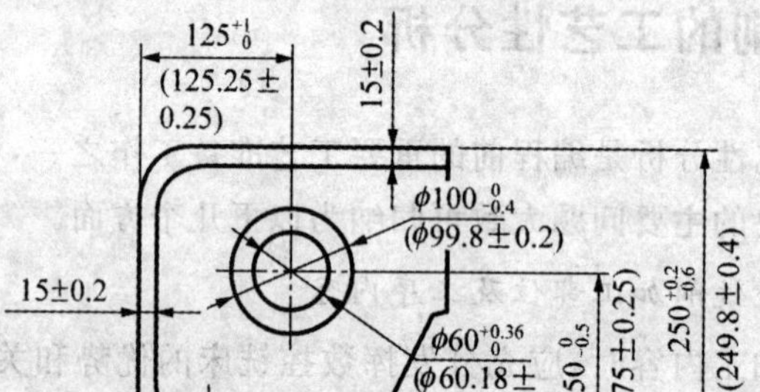

图 4-19　零件尺寸公差带的调整

(2)统一内壁圆弧的尺寸

加工轮廓上内壁圆弧的尺寸往往限制刀具的尺寸。

1)内壁转接圆弧半径 R。如图 4-20 所示，当工件的被加工轮廓高度 H 较小，内壁转接圆弧半径 R 较大时，则可采用刀具切削刃长度 L 较小，直径 D 较大的铣刀加工。这样，底面 A 的走刀次数较少，表面质量较好，因此，工艺性较好。反之如图 4-21 所示，铣削工艺性则较差。通常，当 $R<0.2H$ 时，则属工艺性较差。

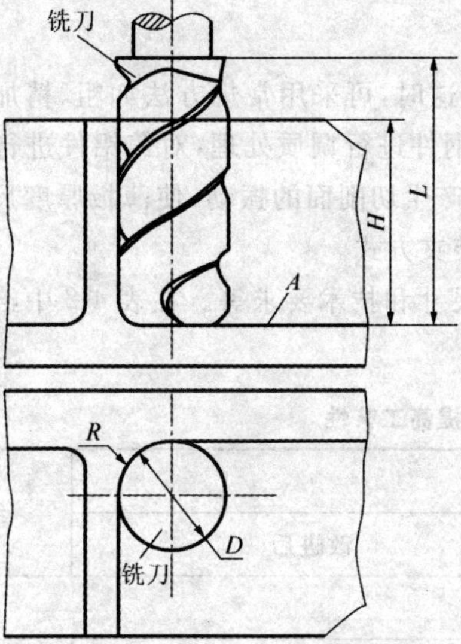

图 4-20 R 较大时

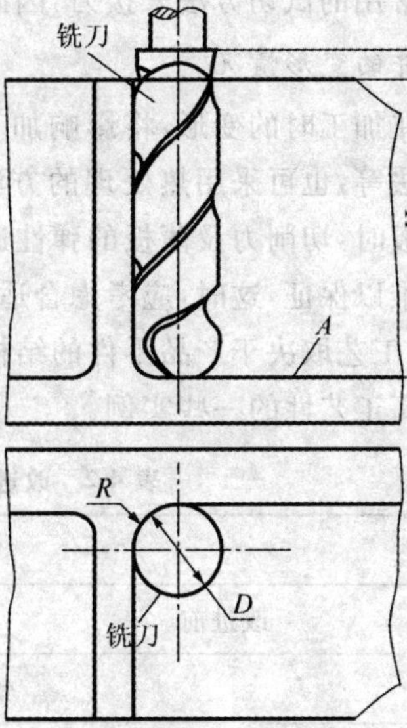

图 4-21 R 较小时

2)内壁与底面转接圆弧半径 r。如图 4-22 所示，铣刀直径 D 一定时，工件的内壁与底面转接圆弧半径 r 越小，铣刀与铣削平面接触的最大直径 $d=D-2r$ 也越大，铣刀端刃铣削平面的面积越大，则加工平面的能力越强，因而，铣削工艺性越好。反之，工艺性越差，如图 4-23 所示。

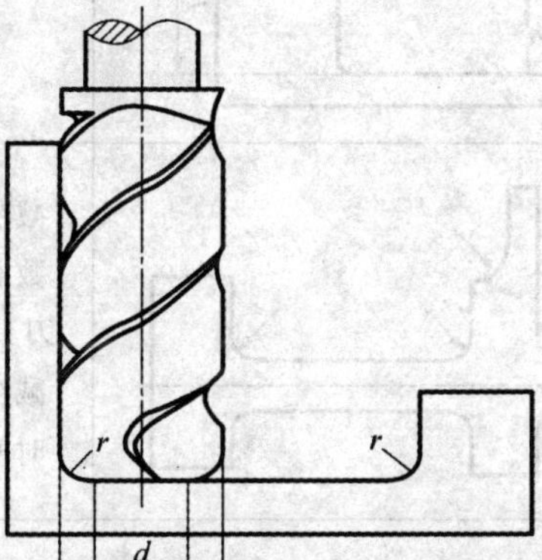

图 4-22 r 较小

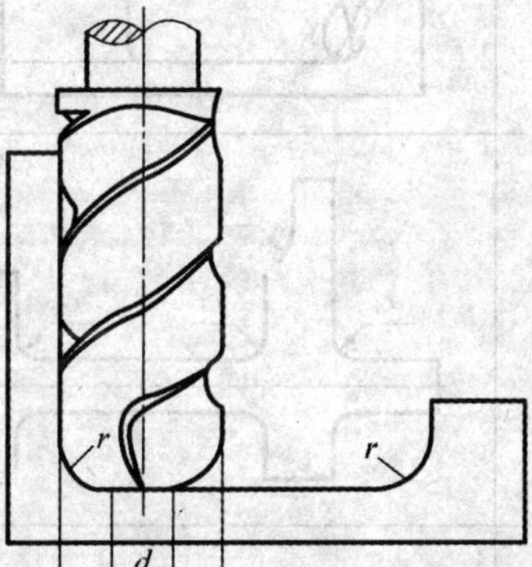

图 4-23 r 较大

当底面铣削面积大，转接圆弧半径 r 也较大时，只能先用一把 r 较小的铣刀加工，再用符合要求 r 的刀具加工，分两次完成切削。

总之，一个零件上内壁转接圆弧半径尺寸的大小和一致性，影响着加工能力、加工质量和换刀次数等。因此，转接圆弧半径尺寸大小要力求合理，半径尺寸尽可能一致，至少要力求半径尺寸分组靠拢，以改善铣削工艺性。

3. 保证基准统一的原则

有些工件需要在铣削完一面后，再重新安装铣削另一面，由于数控铣削时，不能使用通用铣床加工时常用的试切方法来接刀，因此，最好采用统一基准定位。

4.分析零件的变形情况

铣削工件在加工时的变形，将影响加工质量。这时，可采用常规方法如粗、精加工分开及对称去余量法等，也可采用热处理的方法，如对钢件进行调质处理，对铸铝件进行退火处理等。加工薄板时，切削力及薄板的弹性退让极易产生切削面的振动，使薄板厚度尺寸公差和表面粗糙度难以保证，这时，应考虑合适的工件装夹方式。

总之，加工工艺取决于产品零件的结构形状、尺寸和技术要求等。在表 4-2 中给出了改进零件结构提高工艺性的一些实例。

表 4-2　改进零件结构提高工艺性

提高工艺性方法	结构		结果
	改进前	改进后	
铣　加　工			
改进内壁形状	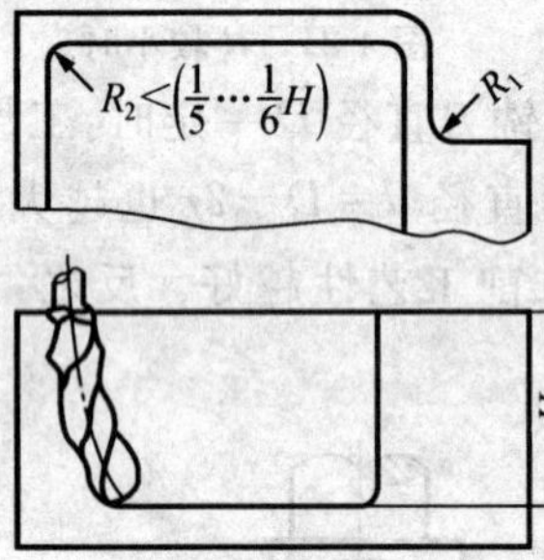	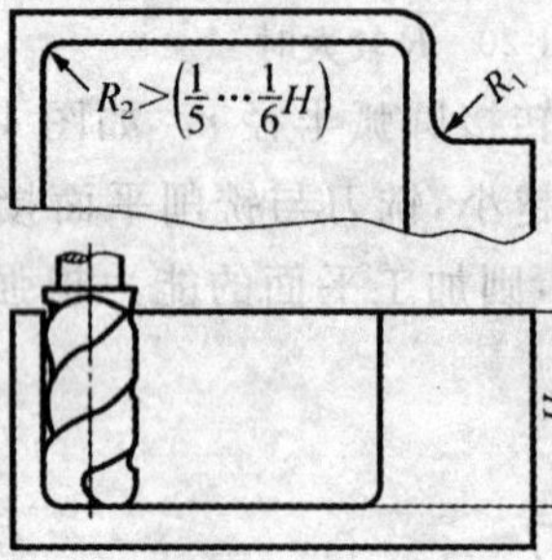	可采用较高刚性刀具
统一圆弧尺寸	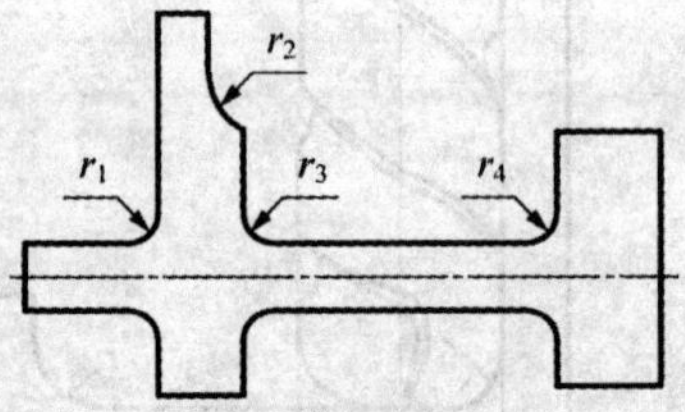	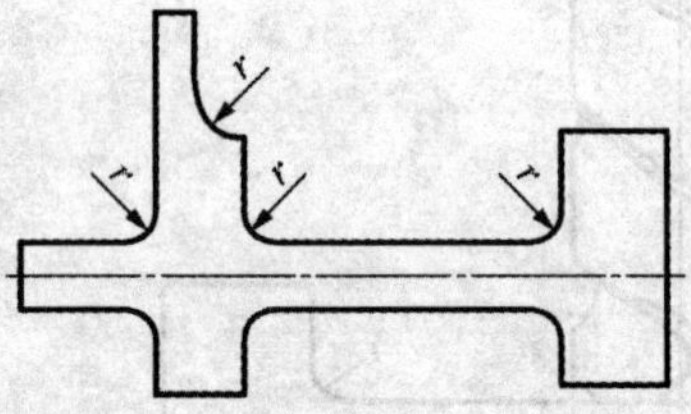	减少刀具数和更换刀具次数，减少辅助时间
选择合适的圆弧半径 R 和 r	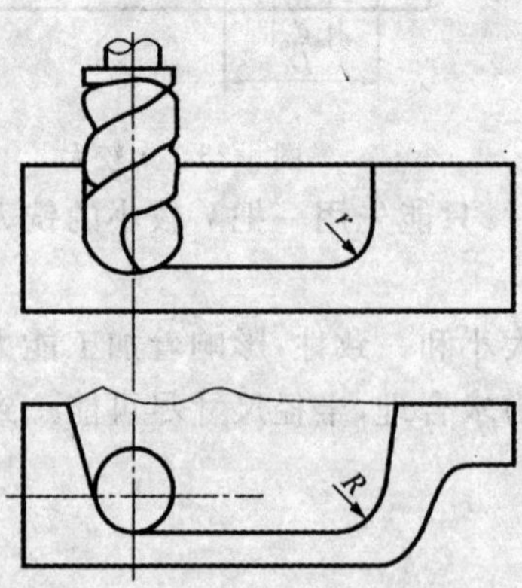	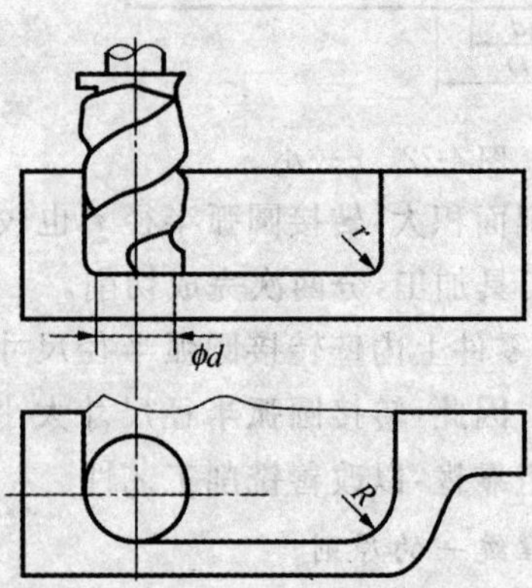	提高生产效率

续表

<table>
<tr><td rowspan="2">提高工艺性方法</td><td colspan="2">结构</td><td rowspan="2">结果</td></tr>
<tr><td>改进前</td><td>改进后</td></tr>
<tr><td colspan="4">铣　加　工</td></tr>
<tr><td>用两面对称结构</td><td>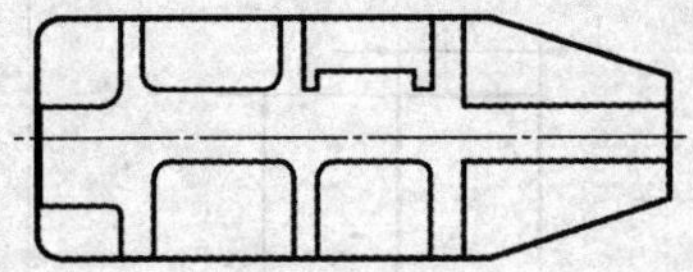</td><td>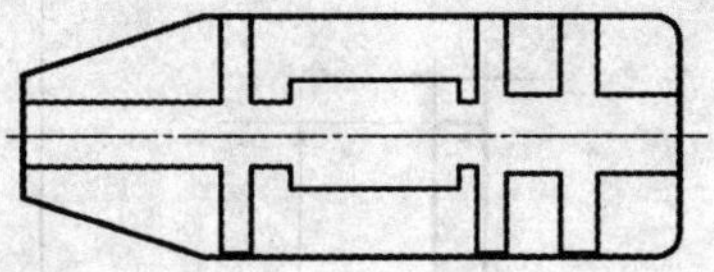</td><td>减少编程时间，简化编程</td></tr>
<tr><td rowspan="2">合理改进凸台分布</td><td rowspan="2">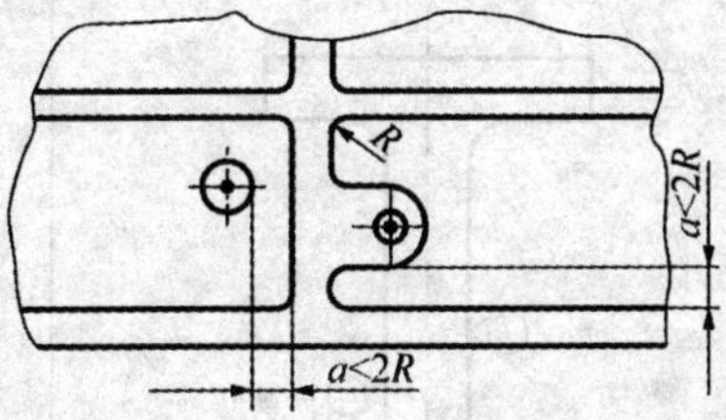</td><td>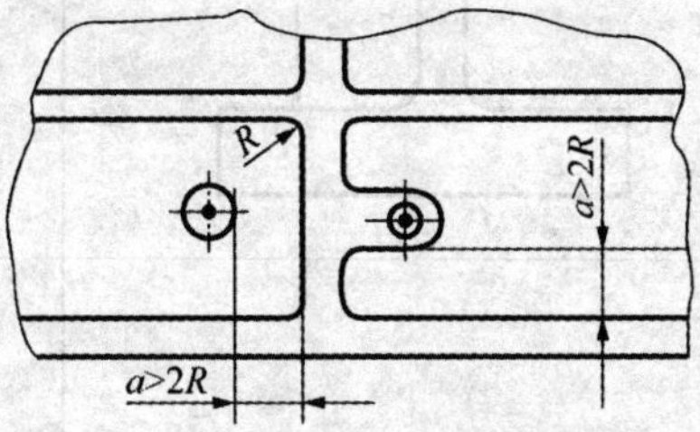</td><td rowspan="2">减少加工劳动量</td></tr>
<tr><td>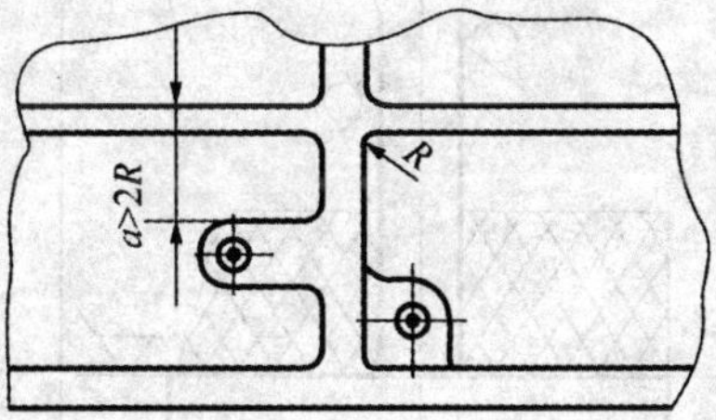</td></tr>
<tr><td rowspan="2">改进结构形状</td><td>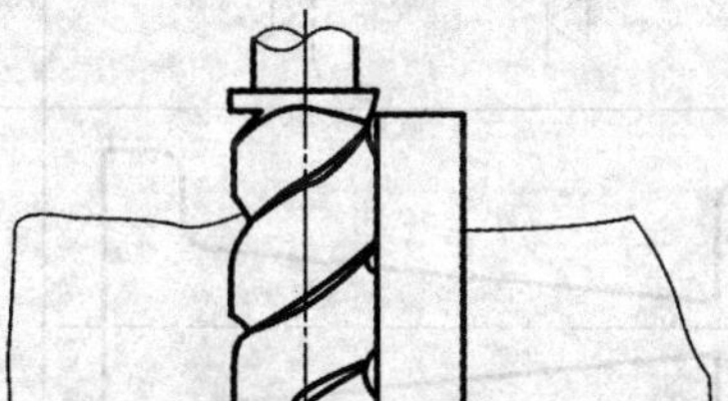</td><td></td><td rowspan="2">减少加工劳动量</td></tr>
<tr><td></td><td>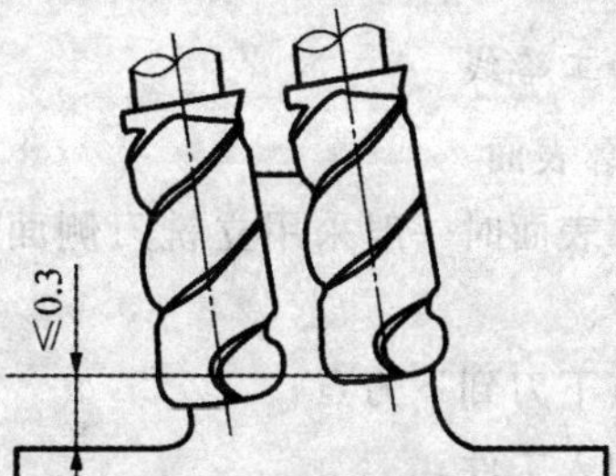</td></tr>
</table>

续表

提高工艺性方法	结构		结果
	改进前	改进后	
	铣　加　工		
改进尺寸比例	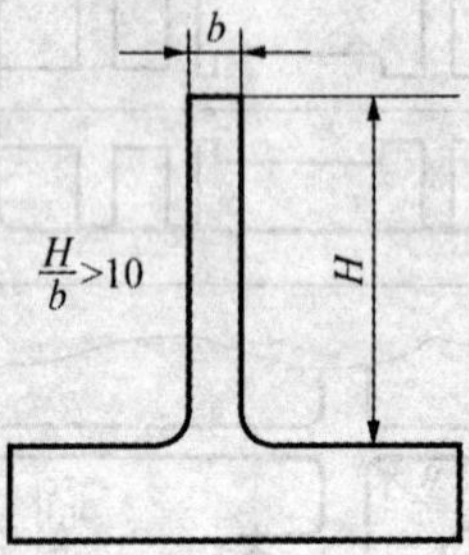	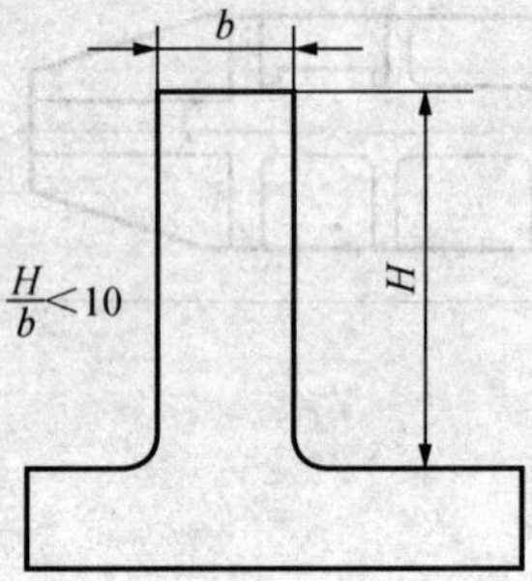	可用较高刚度刀具加工，提高生产率
在加工和不加工表面间加入过渡	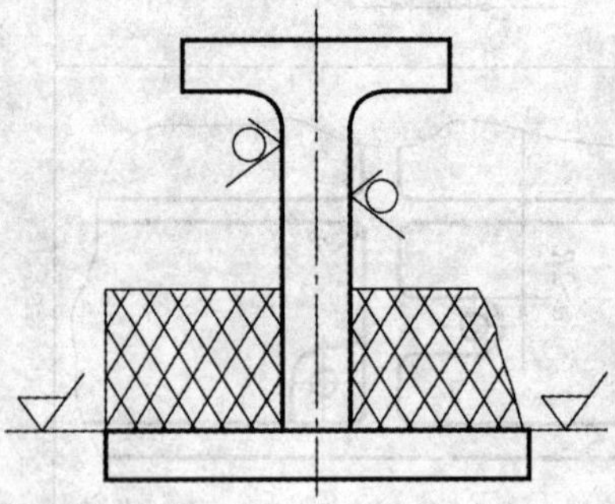	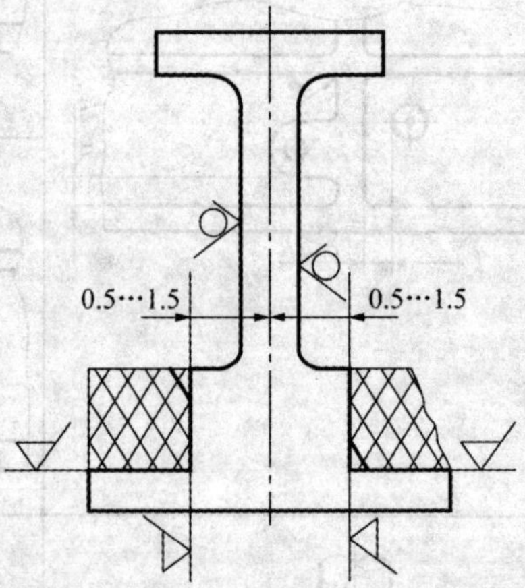	减少加工劳动量
改进零件几何形状	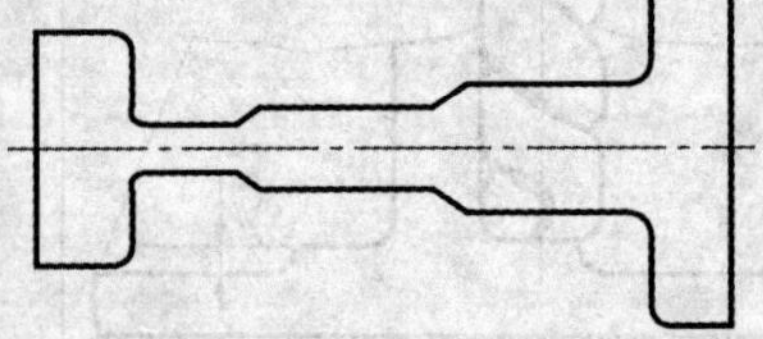	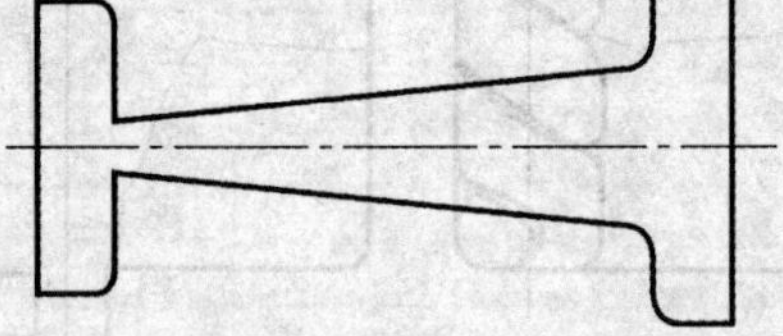	斜面筋代替阶梯筋，节约材料

5. 零件的加工路线

(1)铣削轮廓表面

在铣削轮廓表面时一般采用立铣刀侧面刃口进行切削。对于二维轮廓加工，通常采用的加工路线如下。

1)从起刀点下刀到下刀点；

2)沿切向切入工件；

3)轮廓切削；

4)刀具向上抬刀,退离工件;

5)返回起刀点。

(2)顺铣和逆铣对加工的影响

在铣削加工中,采用顺铣还是逆铣方式是影响加工表面粗糙度的重要因素之一。逆铣时切削力 F 的水平分力 F_X 的方向与进给运动 V_f 方向相反,顺铣时切削力 F 的水平分力 F_X 的方向与进给运动 V_f 的方向相同。铣削方式的选择应视零件图样的加工要求,工件材料的性质、特点以及机床、刀具等条件综合考虑。通常,由于数控机床传动采用滚珠丝杠结构,其进给传动间隙很小,顺铣的工艺性就优于逆铣。

如图 4-24(a)所示为采用顺铣切削方式精铣外轮廓,如图 4-24(b)所示为采用逆铣切削方式精铣型腔轮廓,如图 4-24(c)所示为顺、逆铣时的切削区域。

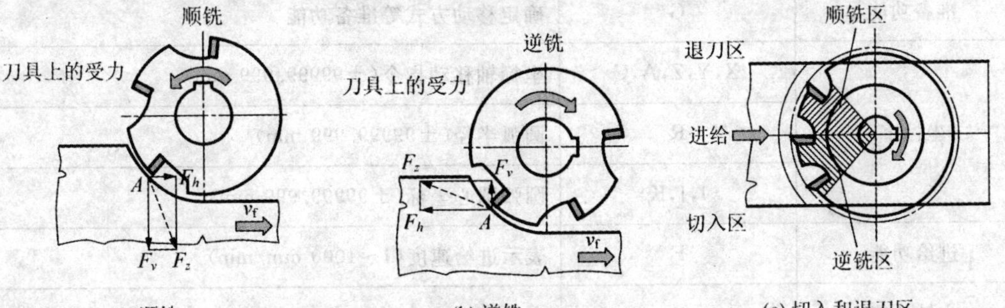

(a) 顺铣 (b) 逆铣 (c) 切入和退刀区

图 4-24 顺铣和逆铣切削方式

同时,为了降低表面粗糙度值,提高刀具耐用度,对于铝镁合金、钛合金和耐热合金等材料,尽量采用顺铣加工。但如果零件毛坯为黑色金属锻件或铸件,表皮硬而且余量一般较大,这时采用逆铣较为合理。

任务2 数控铣床程序编制的基本方法

任务描述: 了解坐标系的程序建立方法;
掌握刀具半径补偿功能指令;
掌握坐标系旋转功能指令;
了解子程序的调用;
掌握比例及镜像功能指令;
了解 A 类宏功能的应用方法。

任务分析: 本任务介绍了关于坐标系建立、刀具半径补偿、坐标系旋转、比例及镜像的 G 功能指令,介绍了子程序及其调用,最后详细说明了 A 类宏功能的应用方法,并举了几个例子。在学习本任务后,就掌握了数控铣床的主要应用方法。

在这一部分中，将以 XK5032 立式数控铣床为基础，介绍数控铣床程序编制的基本方法。XK5032 立式数控铣床所配置的是 FANUC－OMC 数控系统。该系统的主要特点是轴控制功能强，其基本可控制轴数为 *X*，*Y*，*Z* 三轴，扩展后可联动控制轴数为四轴；编程代码通用性强，编程方便，可靠性高。常用文字码及其含义见表 4-3。

表 4-3　常用文字码及其含义

功能	文字码	含义
程序号	O：ISO/：EIA	表示程序名代号(1～9999)
程序段号	N	表示程序段代号(1～9999)
准备功能	G	确定移动方式等准备功能
坐标字	X，Y，Z，A，C	坐标轴移动指令(±99999.999 mm)
	R	圆弧半径(±99999.999 mm)
	I，J，K	圆弧圆心坐标(±99999.999 mm)
进给功能	F	表示进给速度(1～1000 mm/min)
主轴功能	S	表示主轴转速(0～9999r/min)
刀具功能	T	表示刀具号(0～99)
辅助功能	M	冷却液开、关控制等辅助功能(0～99)
偏移号	H	表示偏移代号(0～99)
暂停	P，X	表示暂停时间(0～99999.999s)
子程序号及子程序调用次数	P	子程序的标定及子程序重复调用次数设定(1～9999)
宏程序变量	P，Q，R	变量代号

活动 5 加工坐标系的建立

1. G92 设置加工坐标系

编程格式：G92 X～ Y～ Z～

G92 指令是将加工原点设定在相对于刀具起始点的某一空间点上。若程序格式为

G92 X *a* Y *b* Z *c*

则将加工原点设定到距刀具起始点距离为 X＝－*a*，Y＝－*b*，Z＝－*c* 的位置上。

【例 4-1】 解释 G92 X20 Y10 Z10 的含义。

其确立的加工原点在距离刀具起始点 X＝－20,Y＝－10,Z＝－10 的位置上,如图 4-25 所示。

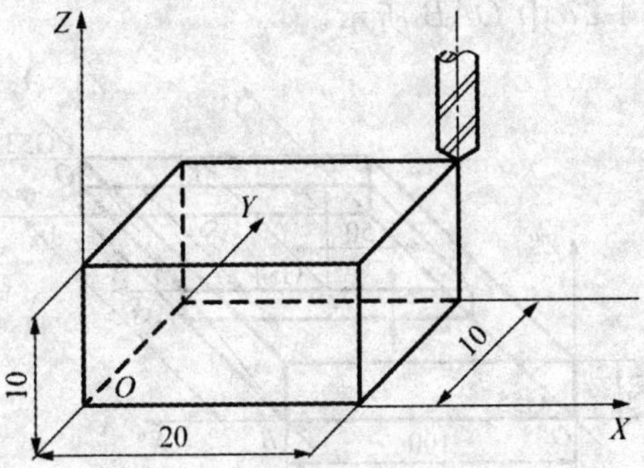

图 4-25　G92 设置加工坐标系

2. G53 选择机床坐标系

编程格式:G53 G90 X～ Y～ Z～

G53 指令使刀具快速定位到机床坐标系中的指定位置上,式中,X,Y,Z 后的值为机床坐标系中的坐标值,其尺寸均为负值。

【例 4-2】 解释 G53 G90 X－100 Y－100 Z－20 的含义。

执行后刀具在机床坐标系中的位置如图 4-26 所示。

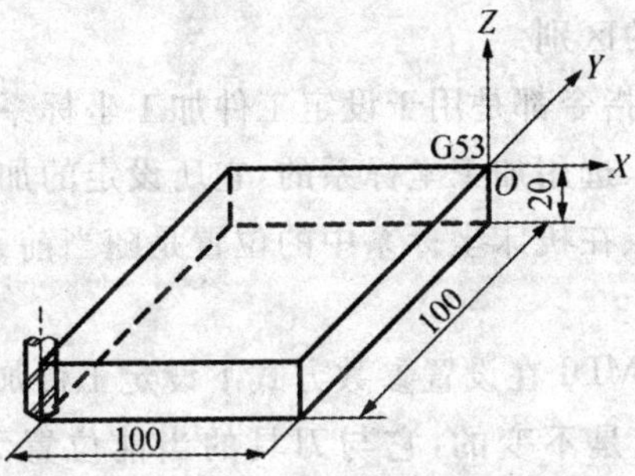

图 4-26　G53 选择机床坐标系

3. G54,G55,G56,G57,G58,G59 选择 1～6 号加工坐标系

这些指令可以分别用来选择相应的加工坐标系。

编程格式:G54 G90 G00 (G01) X～ Y～ Z～ (F～)

该指令执行后,所有坐标值指定的坐标尺寸都是选定的工件加工坐标系中的位置。1～6 号工件加工坐标系是通过 CRT/MDI 方式设置的。

【例 4-3】 在图 4-27 中,用 CRT/MDI 在参数设置方式下设置两个加工坐标系:

G54 X－50 Y－50 Z－10

G55 X－100 Y－100 Z－20

这时,建立了原点在 O' 的 G54 加工坐标系和原点在 O'' 的 G55 加工坐标系。若执行下述程序段:

N10 G53 G90 X0 Y0 Z0

N20 G54 G90 G01 X50 Y0 Z0 F100

N30 G55 G90 G01 X100 Y0 Z0 F100

则刀尖点的运动轨迹如图 4-27 中 *OAB* 所示。

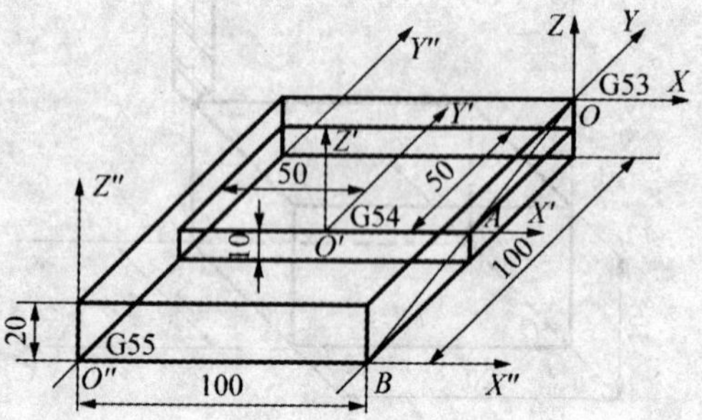

图 4-27　设置加工坐标系

4. 注意事项

(1)G54 与 G55～G59 的区别

G54～G59 设置加工坐标系的方法是一样的，但在实际情况下，机床厂家为了用户的不同需要，在使用中有以下区别：在利用 G54 设置机床原点的情况下，进行回参考点操作时机床坐标值显示为 G54 的设定值，且符号均为正；在利用 G55～G59 设置加工坐标系的情况下，进行回参考点操作时机床坐标值显示零值。

(2)G92 与 G54～G59 的区别

G92 指令与 G54～G59 指令都是用于设定工件加工坐标系的，但在使用中是有区别的。G92 指令是通过程序来设定、选用加工坐标系的，它所设定的加工坐标系原点与当前刀具所在的位置有关，这一加工原点在机床坐标系中的位置是随当前刀具位置的不同而改变的。

(3)G54～G59 的修改

G54～G59 指令是通过 MDI 在设置参数方式下设定工件加工坐标系的，一旦设定，加工原点在机床坐标系中的位置是不变的，它与刀具的当前位置无关，除非再通过 MDI 方式修改。

(4)应用范围

本课程所列加工坐标系的设置方法，仅是 FANUC 系统中常用的方法之一，其余不一一列举。其他数控系统的设置方法应按随机说明书执行。

5. 常见错误

当执行程序段“G92 X 10 Y 10”时，常会认为是刀具在运行程序后到达(X10，Y10)点上。其实，G92 指令程序段只是设定加工坐标系，并不产生任何动作，这时刀具已在加工坐标系中的(X10，Y10)点上。

G54～G59 指令程序段可以和 G00，G01 指令组合，如执行程序 G54 G90 G01 X10 Y10 时，运动部件在选定的加工坐标系中进行移动。程序段运行后，无论刀具当前点在哪里，它都会移动到加工坐标系中的(X10，Y10)点上。

活动 6 刀具半径补偿功能 G40,G41,G42

数控机床在实际加工过程中是通过控制刀具中心轨迹来实现切削加工任务的。在编程过程中,为了避免复杂的数值计算,一般按零件的实际轮廓来编写数控程序,但刀具具有一定的半径尺寸,如果不考虑刀具半径尺寸,那么加工出来的实际轮廓就会与图纸所要求的轮廓相差一个刀具半径值。因此,采用刀具半径补偿功能来解决这一问题。

1. 刀具半径补偿功能的定义及编程格式

刀具半径补偿功能的定义及编程格式在本课程前面已讨论过,这里不详述。在针对具体零件编程中,要注意正确选择 G41 、G42,以保证顺铣和逆铣的加工要求。

2. 刀具半径补偿设置方法

(1)参数设置

在机床控制面板上,按 OFFSET 键,进入 WEAR 界面,在所指定的寄存器号内输入刀具半径值即可。

(2)宏指令

用宏指令设定。以 $\phi 20$ 的刀具为例,其设定程序为:

G65 H01 P ♯100 Q10

G01 G41/ G42 X ～ Y ～ H ♯100 (D♯100) F ～

……

3. 应用举例

使用半径为 5 的刀具加工如图 4-28 所示的零件,加工深度为 5,加工程序编制如下:

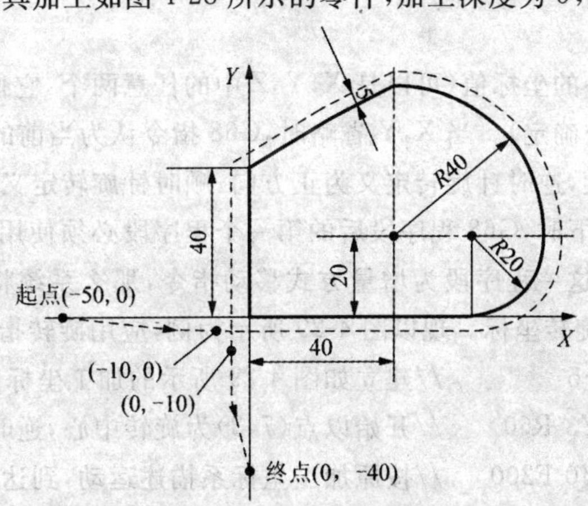

图 4-28 零件图样

O10

G55 G90 G01 Z40 F2000 //进入 2 号加工坐标系

M03 S500 //主轴启动

```
G01 X-50 Y0                 //到达 X,Y 坐标起始点
G01 Z-5 F100                //到达 Z 坐标起始点
G01 G42 X-10 Y0 H01         //建立右偏刀具半径补偿
G01 X60 Y0                  //切入轮廓
G03 X80 Y20 R20             //切削轮廓
G03 X40 Y60 R40             //切削轮廓
G01 X0 Y40                  //切削轮廓
G01 X0 Y-10                 //切出轮廓
G01 G40 X0 Y-40             //撤销刀具半径补偿
G01 Z40 F2000               //Z 坐标退刀
M05                         //主轴停
M30                         //程序停
```

设置 G55：X＝－400，Y＝－150，Z＝－50；H01＝5。

活动 7 坐标系旋转功能 G68，G69

该指令可使编程图形按照指定旋转中心及旋转方向旋转一定的角度，G68 表示开始坐标系旋转，G69 用于撤销旋转功能。

1. 基本编程方法

编程格式：G68 X ～ Y ～ R ～

……

G69

式中：X，Y——旋转中心的坐标值（可以是 X，Y，Z 中的任意两个，它们由当前平面选择指令 G17，G18，G19 中的一个确定）。当 X，Y 省略时，G68 指令认为当前的位置即为旋转中心。

R——旋转角度，逆时针旋转定义为正方向，顺时针旋转定义为负方向。

当程序在绝对方式下时，G68 程序段后的第一个程序段必须使用绝对方式移动指令，才能确定旋转中心。如果这一程序段为增量方式移动指令，那么系统将以当前位置为旋转中心，按 G68 给定的角度旋转坐标。现以图 4-29 所示为例，应用旋转指令的程序为：

```
N10 G92 X-5 Y-5             //建立如图 4-29 所示的加工坐标系
N20 G68 G90 X7 Y3 R60       //开始以点(7,3)为旋转中心，逆时针旋转 60°的旋转
N30 G90 G01 X0 Y0 F200      //按原加工坐标系描述运动，到达(0,0)点
(G91 X5 Y5)                 //若按括号内程序段运行，将以(-5,-5)的当前点为旋
                              转中心旋转 60°
N40 G91 X10                 //X 向进给到(10,0)
N50 G02 Y10 R10             //顺圆进给
N60 G03 X-10 I-5 J-5        //逆圆进给
```

N70 G01 Y－10　　　　　　//回到(0,0)点
N80 G69 G90 X－5 Y－5　　//撤销旋转功能,回到(－5,－5)点
M02　　　　　　　　　　　//结束

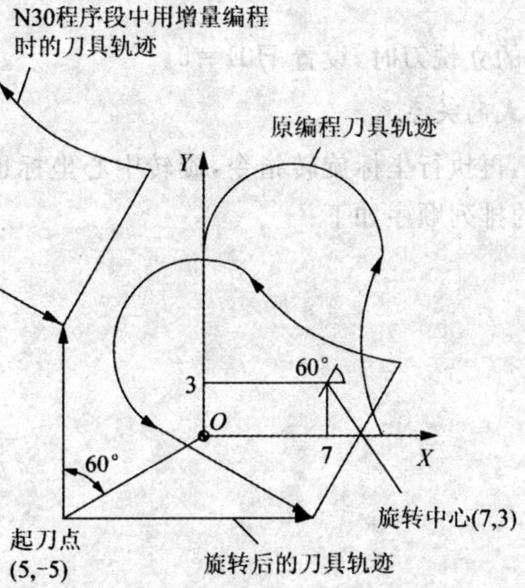

图 4-29　坐标系的旋转

2. 坐标系旋转功能与刀具半径补偿功能的关系

旋转平面一定要包含在刀具半径补偿平面内。以图 4-30 所示为例,程序编制如下。

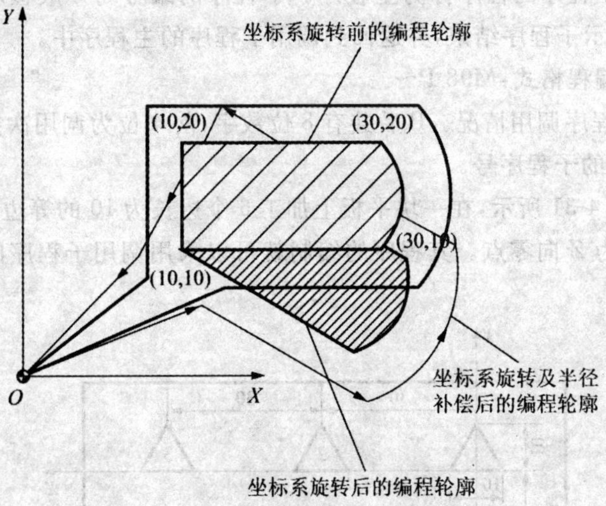

图 4-30　坐标旋转与刀具半径补偿

N10 G92 X0 Y0
N20 G68 G90 X10 Y10 R－30
N30 G90 G42 G00 X10 Y10 F100 H01
N40 G91 X20
N50 G03 Y10 I－10 J 5

N60 G01 X－20

N70 Y－10

N80 G40 G90 X0 Y0

N90 G69 M30

当选用半径为 5 的立铣刀时，设置 H01＝5。

3. 与比例编程方式的关系

当在比例模式时，再执行坐标旋转指令，旋转中心坐标也执行比例操作，但旋转角度不受影响，这时各指令的排列顺序如下：

G51… …

G68… …

G41/G42… …

G40… …

G69… …

G50… …

活动 8 子程序调用

编程时，为了简化程序的编制，当一个工件上有相同的加工内容时，常用调子程序的方法进行编程。调用子程序的程序称为主程序。子程序的编号与一般程序基本相同，只是程序结束字为 M99 表示子程序结束，并返回到调用子程序的主程序中。

调用子程序的编程格式：M98 P～

式中：P——表示子程序调用情况。P 后共有 8 位数字，前 4 位为调用次数，省略时为调用一次，后 4 位为所调用的子程序号。

【例 4-4】 如图 4-31 所示，在一块平板上加工 6 个边长为 10 的等边三角形，每边的槽深为－2，工件上表面为 Z 向零点。其程序的编制就可以采用调用子程序的方式来实现（编程时不考虑刀具补偿）。

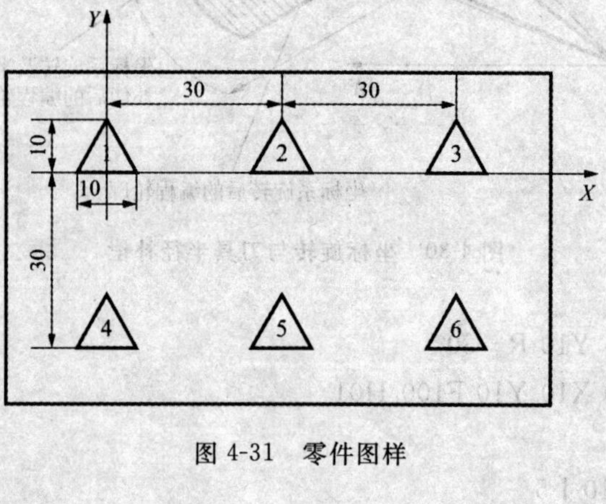

图 4-31 零件图样

主程序：

```
O10
N10 G54 G90 G01 Z40 F2000       //进入工件加工坐标系
N20 M03 S800                    //主轴启动
N30 G00 Z3                      //快进到工件表面上方
N40 G01 X 0 Y8.66               //到1#三角形上顶点
N50 M98 P20                     //调20号切削子程序切削三角形
N60 G90 G01 X30 Y8.66           //到2#三角形上顶点
N70 M98 P20                     //调20号切削子程序切削三角形
N80 G90 G01 X60 Y8.66           //到3#三角形上顶点
N90 M98 P20                     //调20号切削子程序切削三角形
N100 G90 G01 X 0 Y －21.34      //到4#三角形上顶点
N110 M98 P20                    //调20号切削子程序切削三角形
N120 G90 G01 X30 Y －21.34      //到5#三角形上顶点
N130 M98 P20                    //调20号切削子程序切削三角形
N140 G90 G01 X60 Y －21.34      //到6#三角形上顶点
N150 M98 P20                    //调20号切削子程序切削三角形
N160 G90 G01 Z40 F2000          //抬刀
N170 M05                        //主轴停
N180 M30                        //程序结束
```

子程序：

```
O20
N10 G91 G01 Z －2 F100          //在三角形上顶点切入(深)2
N20 G01 X －5 Y－8.66           //切削三角形
N30 G01 X 10 Y 0                //切削三角形
N40 G01 X 5 Y 8.66              //切削三角形
N50 G01 Z 5 F2000               //抬刀
N60 M99D                        //子程序结束
```

设置 G54:X=－400,Y=－100,Z=－50。

活动 9 比例及镜像功能

比例及镜像功能可使原编程尺寸按指定比例缩小或放大，也可让图形按指定规律产生镜像变换。

G51 为比例编程指令，G50 为撤销比例编程指令。G50，G51 均为模式 G 代码。

1. 各轴按相同比例编程

编程格式：G51 X～ Y～ Z～ P～

……

G50

式中：X，Y，Z——比例中心坐标（绝对方式）；

P——比例系数，最小输入量为 0.001，比例系数的范围为 0.001～999.999。该指令以后的移动指令，从比例中心点开始，实际移动量为原数值的 P 倍。P 值对偏移量无影响。

例如，如图 4-32 所示，$P_1P_2P_3P_4$ 为原编程图形，$P_1'P_2'P_3'P_4'$ 为比例编程后的图形，P_0 为比例中心。

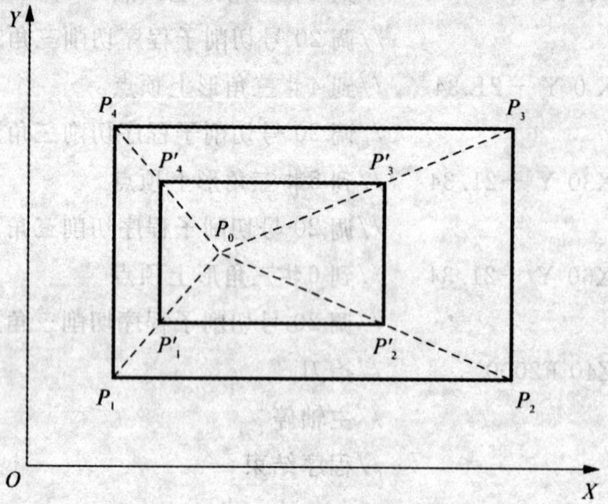

图 4-32 各轴按相同比例编程

2. 各轴以不同比例编程

各个轴可以按不同比例来缩小或放大，当给定的比例系数为 -1 时，可获得镜像加工功能。

编程格式：G51 X～ Y～Z～ I～ J～K～

……

G50

式中：X，Y，Z——比例中心坐标；

I，J，K——对应 X,Y,Z 轴的比例系数，在 0.001～9.999 范围内。本系统设定 I，J，K 不能带小数点，比例为 1 时，应输入 1000，并在程序中都应输入，不能省略。比例系数与图形的关系如图 4-33 所示，其中 b/a 为 X 轴系数；d/c 为 Y 轴系数；O 为比例中心。

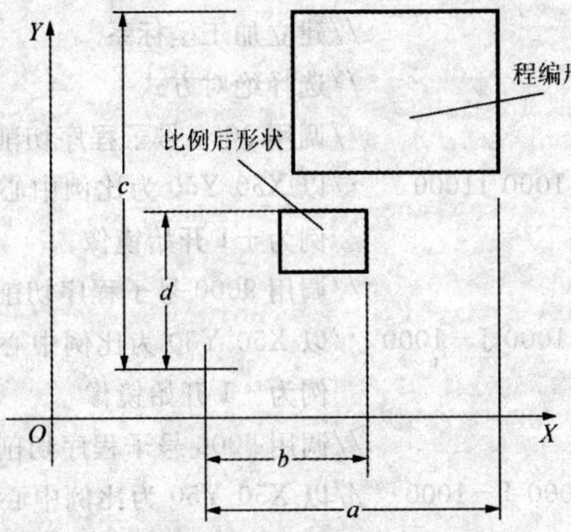

图 4-33　各轴以不同比例编程

3. 镜像功能

举例说明镜像功能的应用。如图 4-34 所示，其中槽深为 2，比例系数取为＋1000 或－1000。设刀具起始点在 *O* 点，程序如下：

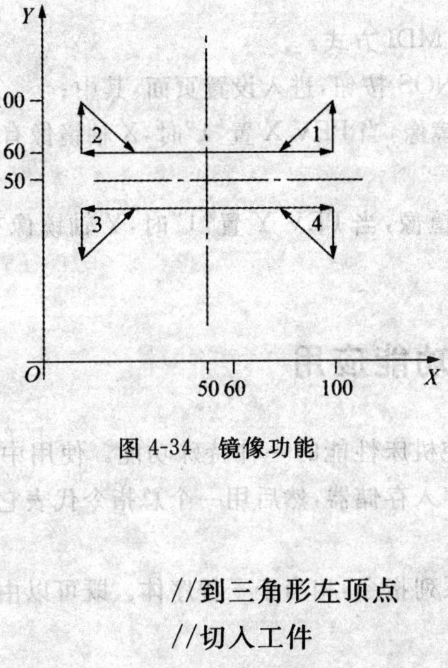

图 4-34　镜像功能

子程序：

O 9000

N10 G00 X60 Y60　　//到三角形左顶点

N20 G01 Z－2 F100　　//切入工件

N30 G01 X100 Y60　　//切削三角形一边

N40 X100 Y100　　//切削三角形第二边

N50 X60 Y60　　//切削三角形第三边

N60 G00 Z4　　//向上抬刀

N70 M99　　//子程序结束

主程序：

O 100

```
N10 G92 X0 Y0 Z10                  //建立加工坐标系
N20 G90                            //选择绝对方式
N30 M98 P9000                      //调用 9000 号子程序切削 1# 三角形
N40 G51 X50 Y50 I-1000 J1000       //以 X50 Y50 为比例中心,以 X 比例为-1、Y 比
                                     例为+1 开始镜像
N50 M98 P9000                      //调用 9000 号子程序切削 2# 三角形
N60 G51 X50 Y50 I-1000 J-1000      //以 X50 Y50 为比例中心,以 X 比例为-1、Y 比
                                     例为-1 开始镜像
N70 M98 P9000                      //调用 9000 号子程序切削 3# 三角形
N80 G51 X50 Y50 I 1000 J-1000      //以 X50 Y50 为比例中心,以 X 比例为+1、Y 比
                                     例为-1 开始镜像
N90 M98 P9000                      //调用 9000 号子程序切削 4# 三角形
N100 G50                           //取消镜像
N110 M30                           //程序结束
```

4. 设定比例方式参数

(1)在操作面板上选择 MDI 方式。

(2)按下 PARAM DGNOS 按钮,进入设置页面,其中:

PEV X——设定 X 轴镜像,当 PEV X 置“1”时,X 轴镜像有效;当 PEV X 置“0”时,X 轴镜像无效。

PEV Y——设定 Y 轴镜像,当 PEV Y 置“1”时,Y 轴镜像有效;当 PEV Y 置“0”时,Y 轴镜像无效。

活动 10 A 类宏功能应用

用户宏功能是提高数控机床性能的一种特殊功能。使用中,通常把能完成某一功能的一系列指令像子程序一样存入存储器,然后用一个总指令代表它们,使用时只须给出这个总指令就能执行其功能。

用户宏功能主体是一系列指令,相当于子程序体。既可以由机床生产厂提供,也可以由机床用户自己编制。

宏指令是代表一系列指令的总指令,相当于子程序调用指令。

用户宏功能的最大特点是,可以对变量进行运算,使程序应用更加灵活、方便。

用户宏功能有 A,B 两类。这里主要介绍 A 类宏功能,B 类宏功能请参见本课程的 B 类宏程序介绍。

1. 变量

在常规的主程序和子程序内,总是将一个具体的数值赋给一个地址。为了使程序更具通用性、更加灵活,在宏程序中设置了变量,即将变量赋给一个地址。

(1)变量的表示

变量可以用“#”号和跟随其后的变量序号来表示:#*i*(*i*=1,2,3,…)

【例 4-5】 #5,#109,#501。

(2)变量的引用

将跟随在一个地址后的数值用一个变量来代替,即引入了变量。

【例 4-6】 对于F#103,若#103=50时,则为F50;

对于Z-#110,若#110=100时,则Z为-100;

对于G#130,若#130=3时,则为G03。

(3)变量的类型

变量分为公共变量和系统变量两类。

1)公共变量。公共变量是在主程序和主程序调用的各用户宏程序内公用的变量。也就是说,在一个宏指令中的#*i*与在另一个宏指令中的#*i*是相同的。

公共变量的序号为#100~#131、#500~#531。其中#100~#131公共变量在电源断电后即清零,重新开机时被设置为“0”;#500~#531公共变量即使断电后,它们的值也保持不变,因此也称为保持型变量。

2)系统变量。系统变量定义为:有固定用途的变量,它的值决定系统的状态。系统变量包括刀具偏置变量、接口的输入/输出信号变量、位置信息变量等。

系统变量的序号与系统的某种状态有严格的对应关系。例如,刀具偏置变量序号为#01~#99,这些值可以用变量替换的方法加以改变,在序号1~99中,不用作刀偏量的变量可用作保持型公共变量#500~#531。

接口输入信号为#1000~#1015、#1032。通过阅读这些系统变量,可以知道各输入口的情况。当变量值为“1”时,说明接点闭合;当变量值为“0”时,表明接点断开。这些变量的数值不能被替换。阅读变量#1032,所有输入信号一次读入。

2.宏指令G65

宏指令G65可以实现丰富的宏功能,包括算术运算、逻辑运算等处理功能。

一般形式:G65 H*m* P#*i* Q#*j* R#*k*

式中 *m*——宏程序功能,数值范围为01~99;

#*i*——运算结果存放处的变量名;

#*j*——被操作的第一个变量,也可以是一个常数;

#*k*——被操作的第二个变量,也可以是一个常数。

例如,当程序功能为加法运算时:

程序 P#100 Q#101 R#102… 含义为#100=#101+#102;

程序 P#100 Q-#101 R#102… 含义为#100=-#101+#102;

程序 P#100 Q#101 R15… 含义为#100=#101+15。

3.宏功能指令

(1)算术运算指令(见表4-4)

表4-4 算术运算指令

G码	H码	功 能	定 义
G65	H01	定义,替换	#i=#j
G65	H02	加	#i=#j+#k
G65	H03	减	#i=#j-#k
G65	H04	乘	#i=#j×#k
G65	H05	除	#i=#j/#k
G65	H21	平方根	#i=√#j
G65	H22	绝对值	#i=|#j|
G65	H23	求余	#i=#j-trunc(#j/#k)·#k Trunc:丢弃小于1的分数部分
G65	H24	BCD码→二进制码	#i=BIN(#j)
G65	H25	二进制码→BCD码	#i=BCD(#j)
G65	H26	复合乘/除	#i=(#i×#j)÷#k
G65	H27	复合平方根1	#i=√#j2+#k2
G65	H28	复合平方根2	#i=√#j2-#k2

1)变量的定义和替换 #i=#j

编程格式:G65 H01 P#i Q#j

【例4-7】 G65 H01 P#101 Q1005(#101=1005)

G65 H01 P#101 Q-#112(#101=-#112)

2)加法 #i=#j+#k

编程格式:G65 H02 P#i Q#j R#k

【例4-8】 G65 H02 P#101 Q#102 R#103(#101=#102+#103)

3)减法 #i=#j-#k

编程格式:G65 H03 P#i Q#j R#k

【例4-9】 G65 H03 P#101 Q#102 R#103(#101=#102-#103)

4)乘法 #i=#j×#k

编程格式:G65 H04 P#i Q#j R#k

【例4-10】 G65 H04 P#101 Q#102 R#103(#101=#102×#103)

5)除法 #i=#j / #k

编程格式:G65 H05 P#i Q#j R#k

【例 4-11】　G65 H05 P＃101 Q＃102 R＃103（＃101＝＃102/＃103）

6)平方根 $\#i=\sqrt{\#j}$

编程格式:G65 H21 P＃*i* Q＃*j*

【例 4-12】　G65 H21 P＃101 Q＃102（$\#101=\sqrt{\#102}$）

7)绝对值 $\#i=|\#j|$

编程格式:G65 H22 P＃*i* Q＃*j*

【例 4-13】　G65 H22 P＃101 Q＃102（$\#101=|\#102|$）

8)复合平方根 1 $\#i=\sqrt{\#j^2+\#k^2}$

编程格式:G65 H27 P＃*i* Q＃*j* R＃*k*

【例 4-14】　G65 H27 P＃101 Q＃102 R＃103（$\#101=\sqrt{\#102^2+\#103^2}$

9)复合平方根 2 $\#i=\sqrt{\#j^2-\#k^2}$

编程格式:G65 H28 P＃*i* Q＃*j* R＃*k*

【例 4-15】　G65 H28 P＃101 Q＃102 R＃103($\#101=\sqrt{\#102^2-\#103^2}$

(2)逻辑运算指令(见表 4-5)

表 4-5　逻辑运算指令

G 码	H 码	功　能	定　义
G65	H11	逻辑“或”	＃*i*＝＃*j*・OR・＃*k*
G65	H12	逻辑“与”	＃*i*＝＃*j*・AND・＃*k*
G65	H13	逻辑“异或”	＃*i*＝＃*j*・XOR・＃*k*

1)逻辑“或”＃*i*＝＃*j* OR ＃*k*

编程格式:G65 H11 P＃*i* Q＃*j* R＃*k*

【例 4-16】　G65 H11 P＃101 Q＃102 R＃103（＃101＝＃102 OR ＃103）

2)逻辑“与” ＃*i*＝＃*j* AND ＃*k*

编程格式:G65 H12 P＃*i* Q＃*j* R＃*k*

【例 4-17】　G65 H12 P＃101 Q＃102 R＃103（＃101＝＃102 AND ＃103）

(3)三角函数指令（见表 4-6）

表 4-6　三角函数指令

G 码	H 码	功　能	定　义
G65	H31	正弦	＃*i*＝＃*j*・SIN（＃*k*）
G65	H32	余弦	＃*i*＝＃*j*・COS（＃*k*）
G65	H33	正切	＃*i*＝＃*j*・TAN（＃*k*）
G65	H34	反正切	＃*i*＝ATAN（＃*j*/＃*k*）

1)正弦函数 ＃i＝＃j・SIN(＃k)

编程格式:G65 H31 P＃i Q＃j R＃k（单位:°）

【例 4-18】 G65 H31 P＃101 Q＃102 R＃103（＃101＝＃102・SIN(＃103)）

2)余弦函数 ＃i＝＃j・COS(＃k)

编程格式:G65 H32 P＃i Q＃j R＃k（单位:°）

【例 4-19】 G65 H32 P＃101 Q＃102 R＃103（＃101＝＃102・COS(＃103)）

3)正切函数 ＃i＝＃j・TAN＃k

编程格式:G65 H33 P＃i Q＃j R＃k（单位:°）

【例 4-20】 G65 H33 P＃101 Q＃102 R＃103（＃101＝＃102・TAN(＃103)）

4)反正切 ＃i＝ATAN(＃j/＃k)

编程格式:G65 H34 P＃i Q＃j R＃k（单位:°,0°≤＃j≤360°）

【例 4-21】 G65 H34 P＃101 Q＃102 R＃103（＃101＝ATAN(＃102/＃103)）

(4)控制类指令(见表 4-7)

表 4-7 控制类指令

G 码	H 码	功 能	定 义
G65	H80	无条件转移	GOTO n
G65	H81	条件转移 1	IF ＃j＝＃k,GOTOn
G65	H82	条件转移 2	IF ＃j≠＃k,GOTOn
G65	H83	条件转移 3	IF ＃j＞＃k,GOTOn
G65	H84	条件转移 4	IF ＃j＜＃k,GOTOn
G65	H85	条件转移 5	IF ＃j≥＃k,GOTOn
G65	H86	条件转移 6	IF ＃j≤＃k,GOTOn
G65	H99	产生 PS 报警	PS 报警号 500＋n 出现

1)无条件转移

编程格式:G65 H80 Pn（n 为程序段号）

【例 4-22】 G65 H80 P120（转移到 N120）

2)条件转移 1 ＃j EQ ＃k(＝)

编程格式:G65 H81 Pn Q＃j R＃k（n 为程序段号）

【例 4-23】 G65 H81 P1000 Q＃101 R＃102

若＃101＝＃102,转移到 N1000 程序段;若＃101≠＃102,执行下一程序段。

3)条件转移 2 ＃j NE ＃k(≠)

编程格式:G65 H82 Pn Q＃j R＃k（n 为程序段号）

【例 4-24】 G65 H82 P1000 Q＃101 R＃102

若＃101≠＃102,转移到 N1000 程序段;若＃101＝＃102,执行下一程序段。

4)条件转移 3 ＃j GT ＃k（＞）

编程格式：G65 H83 Pn Q＃j R＃k（n 为程序段号）

【例 4-25】 G65 H83 P1000 Q＃101 R＃102

若＃101 ＞ ＃102，转移到 N1000 程序段；若＃101 ≤＃102，执行下一程序段。

5)条件转移 4 ＃j LT ＃k(＜)

编程格式：G65 H84 Pn Q＃j R＃k（n 为程序段号）

【例 4-26】 G65 H84 P1000 Q＃101 R＃102

若＃101 ＜ ＃102，转移到 N1000；若＃101 ≥ ＃102，执行下一程序段。

6)条件转移 5 ＃j GE ＃k(≥)

编程格式：G65 H85 Pn Q＃j R＃k（n 为程序段号）

【例 4-27】 G65 H85 P1000 Q＃101 R＃102

若＃101≥ ＃102，转移到 N1000；若＃101＜＃102，执行下一程序段。

7)条件转移 6 ＃j LE ＃k(≤)

编程格式：G65 H86 Pn Q＃j Q＃k（n 为程序段号）

【例 4-28】 G65 H86 P1000 Q＃101 R＃102

若＃101≤＃102，转移到 N1000；若＃101＞＃102，执行下一程序段。

4. 注意事项

为保证宏程序的正常运行，在使用用户宏程序的过程中，应注意以下几点。

1)由 G65 规定的 H 码不影响偏移量的任何选择。

2)如果用于各算术运算的 Q 或 R 未被指定，则作为 0 处理。

3)在分支转移目标地址中，如果序号为正值，则检索过程是先向大程序号查找；如果序号为负值，则检索过程是先向小程序号查找。

4)转移目标序号可以是变量。

5. 用户宏程序应用举例

【例 4-29】 用宏程序和子程序功能顺序加工圆周等分孔。设圆心在 O 点，它在机床坐标系中的坐标为(X_0，Y_0)，在半径为 r 的圆周上均匀地钻几个等分孔，起始角度为 α，孔数为 n。以零件上表面为 Z 向零点，如图 4-35 所示。

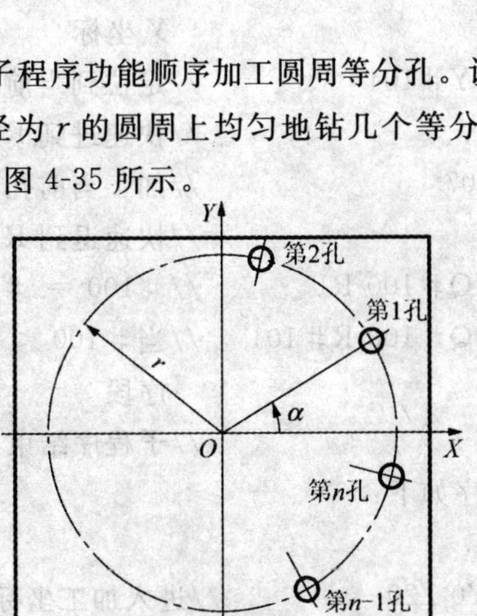

图 4-35　等分孔计算方法

使用以下保持型变量。

#502:半径 r;

#503:起始角度 α;

#504:孔数 n,当 $n>0$ 时,按逆时针方向加工,当 $n<0$ 时,按顺时针方向加工;

#505:孔底 Z 坐标值;

#506:R 平面 Z 坐标值;

#507:F 进给量。

使用以下变量进行操作运算。

#100:表示第 i 步钻第 i 孔的记数器;

#101:记数器的最终值(为 n 的绝对值);

#102:第 i 个孔的角度位置 θ_i 的值;

#103:第 i 个孔的 X 坐标值;

#104:第 i 个孔的 Y 坐标值。

用用户宏程序编制的钻孔子程序如下:

```
O9010
N110 G65 H01 P#100 Q0                  //#100 = 0
N120 G65 H22 P#101 Q#504               //#101 = |#504|
N130 G65 H04 P#102 Q#100 R360          //#102 = #100 ×360°
N140 G65 H05 P#102 Q#102 R#504         //#102 = #102 / #504
N150 G65 H02 P#102 Q#503 R#102         //#102 = #503 + #102 当前孔角度位置
                                         θi=α+(360°×i)/n
N160 G65 H32 P#103 Q#502 R#102         //#103 = #502 ×COS(#102) 当前孔的
                                         X 坐标
N170 G65 H31 P#104 Q#502 R#102         //#104 = #502 ×SIN(#102) 当前孔的
                                         Y 坐标
N180 G90 G00 X#103 Y#104               //定位到当前孔(返回开始平面)
N190 G00 Z#506                         //快速进到 R 平面
N200 G01 Z#505 F#507                   //加工当前孔
N210 G00 Z#506                         //快速退到 R 平面
N220 G65 H02 P#100 Q#100 R1            //#100 = #100+1 孔计数
N230 G65 H84 P-130 Q#100 R#101         //当#100 < #101 时,向上返回到 130 程
                                         序段
N240 M99                               //子程序结束
```

调用上述子程序的主程序如下:

```
O0010
N10 G54 G90 G00 X0 Y0 Z20             //进入加工坐标系
N20 M98 P9010                         //调用钻孔子程序,加工圆周等分孔
```

N30 Z20 //抬刀

N40 G00 G90 X0 Y0 //返回加工坐标系零点

N50 M30 //程序结束

设置 G54:X=－400,Y=－100,Z=－50。

变量＃500～＃507 可在程序中赋值,也可由 MDI 方式设定。

【例 4-30】 根据以下数据,用用户宏程序功能加工圆周等分孔。如图 4-36 所示,在半径为 50 的圆周上均匀地钻 8 个 $\phi 10$ 的等分孔,第一个孔的起始点角度为 30°,设圆心为 O 点,以零件的上表面为 Z 向零点。

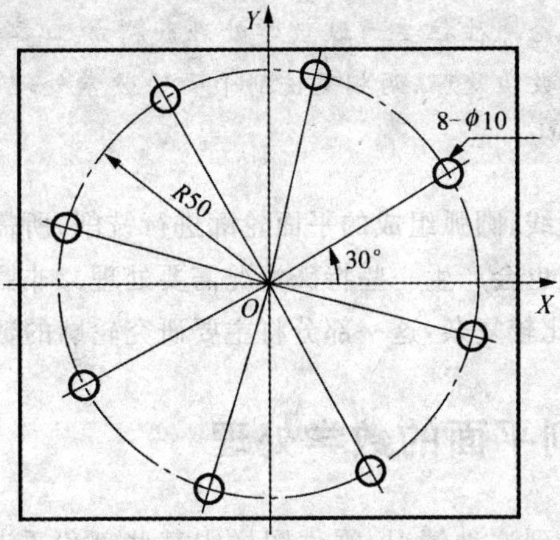

图 4-36 等分孔应用举例

首先在 MDI 方式中,设定以下变量的值。

＃502:半径 r 为 50;

＃503:起始角度 α 为 30°;

＃504:孔数 n 为 8;

＃505:孔底 Z 坐标值为－20;

＃506:R 平面 Z 坐标值为 5;

＃507:F 进给量为 50。

加工程序如下。

```
O6100
N10 G54 G90 G00 X0 Y0 Z20
N20 M98 P9010
N30 G00 G90 X0 Y0
N40 Z20
N50 M30
```

设置 G54:X=－400,Y=－100,Z=－50。

任务3　图形的数学处理

任务描述： 了解两平行铣削平面的数学处理；
了解两相交铣削平面的数学处理；
掌握空间曲面的数学处理。

任务分析： 用数控铣床铣轮廓往往要通过数学处理获得加工参数，本任务中介绍了两平行铣削平面的数学处理、两相交铣削平面的数学处理，又重点分析了空间曲面的数学处理方法。

在程序编制前，对由直线、圆弧组成的平面轮廓进行铣削，所需的数学处理一般较简单，但由于某些工艺条件限制，也会产生一些特殊情况需要处理。非圆曲线、空间曲线和曲面的轮廓铣削加工的数学处理比较复杂，这一部分将主要研究轮廓的数学处理问题。

活动 1 两平行铣削平面的数学处理

在实际工作中，常会遇到这种情况，零件图样中某些部份看起来是一条简单的直线轮廓，但由于铣削方法或铣削刀具等的问题会使按零件图样尺寸计算与编程的加工结果达不到设计要求。这时，必须根据加工的具体条件进行数学处理。

两平行铣削平面的阶差小于底部转接圆弧半径时，如图 4-37 所示。

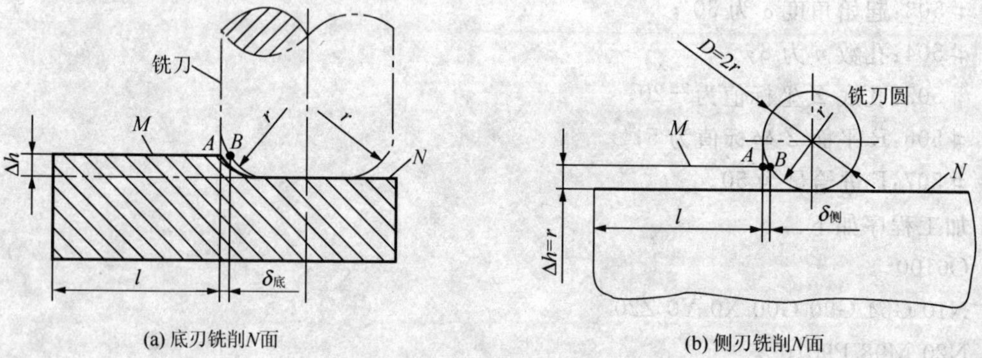

图 4-37　两平行底面阶差小于转接圆弧半径

M 和 N 是两平行铣削面，但其阶差 Δh 小于底部转接圆弧半径 r，此时若用端铣刀的底刃加工平面（见图 4-37(a)底刃铣削 N 面），按图中尺寸 l 编程，实际加工结果，只切削至 B 点而保证不了尺寸 l；若用端铣刀的侧刃加工平面（见图 4-37(b)侧刃铣削 N 面），也只能铣削至 B 点位置，也保证不了尺寸 l。所以，必须对图形进行偏移处理（或改变刀具运动轨迹），其方法如下。

对于上述平行铣削面，因阶差 Δh 为定值，很容易得到下列偏移计算公式。

1. 当用端铣刀的底刃加工时，其偏移量为

$$\delta_{底}=r-\sqrt{r^2-(r-\Delta h)^2}$$

此时，l 的编程计算尺寸为 $l-\delta_{底}$。

2. 当用端铣刀的侧刃加工时，其偏移量为

$$\delta_{底}=D/2-\sqrt{(D/2)^2-(D/2-\Delta h)^2}$$

此时，l 的编程计算尺寸为 $l-\delta_{底}$。

活动 2 两相交铣削平面的数学处理

两相交铣削平面的阶差小于底部转接圆弧半径时，相交铣削平面的情况比上述平行铣削面的情况要复杂一些，因为其差 Δh 不再是定值，而是变量。一般来说，在 r 较小而两平面间夹角也很小的情况下，在加工允许范围内按原图编程加工也是可以的。但在 r 较大而两平面夹角也较大的情况下，若不进行适当的偏移处理，就会产生如图 4-38(a)所示那样的结果，加工后留下一块材料，达不到零件图样对轮廓形状的设计要求。若简单地根据上面提出的平行铣削面偏移公式计算偏移量，仅平移运动轨迹，进行编程加工的话，其结果就会产生图 4-38(b)所示的情形，多铣去一块材料而造成零件轮廓被铣伤，达不到设计要求。

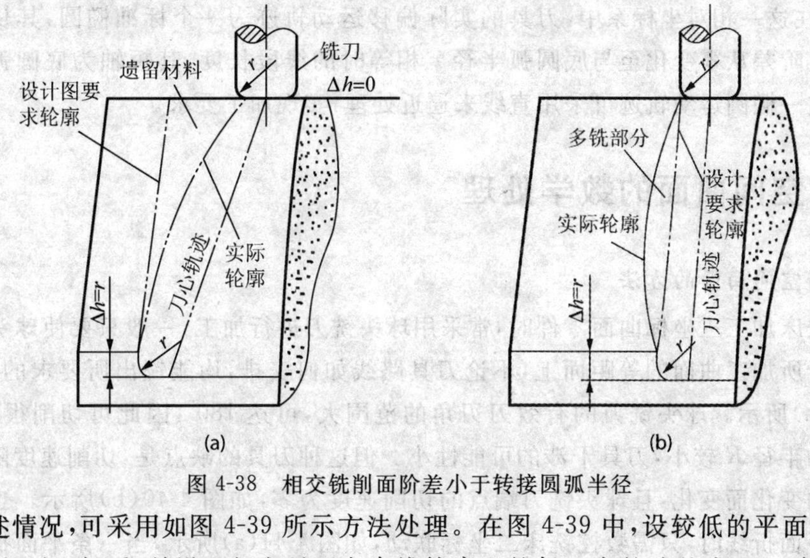

图 4-38　相交铣削面阶差小于转接圆弧半径

对上述情况，可采用如图 4-39 所示方法处理。在图 4-39 中，设较低的平面 N 为 XOY 平面，建立相对坐标系，并设两相交平面在直线轮廓上的任一点的阶差为 Δh_i；铣刀底刃圆弧半径为 r(与零件图样中要求一致)；Δh_i 从零变化至与 r 值相等时(当 $\Delta h_i \geqslant r$ 时就不必偏移)的直线长度为 l；实际编程时作偏移运动的轨迹上的动点 P 在阶差为 Δh_i 时的坐标为(X，Y)。

从图 4-39 中可以看出，为了加工出图样规定的直线轮廓 AB，铣刀必须按动点 P(X，Y)的轨迹运动。

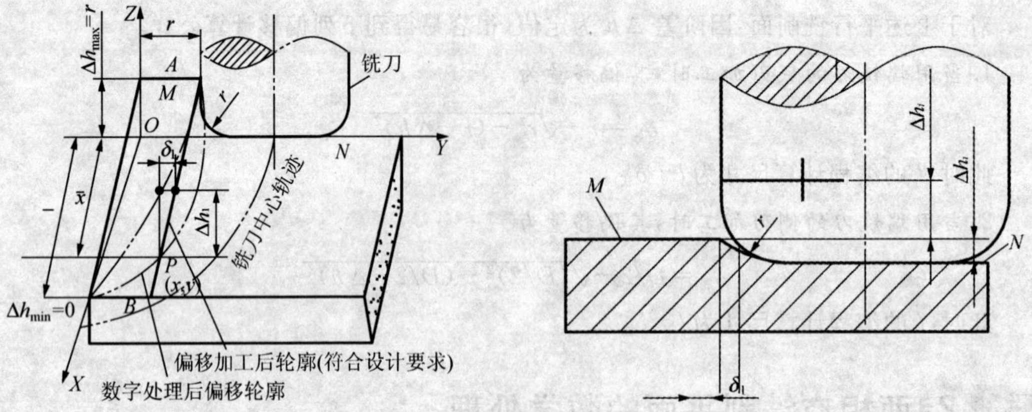

图 4-39　偏移运动轨迹图

由　$\Delta h_i / r = (l - X)/l$

得　$\Delta h_i - r \cdot (l - X)/l$

又　$\delta_i = r - \sqrt{r^2 - (r - \Delta h_i)^2}$，$Y = r - \delta_i$

得　$Y = \sqrt{r^2 - (r - \Delta h_i)^2}$

将　$\Delta h_i = r(l - X)/l$ 代入 $Y = \sqrt{r^2 - (r - \Delta h_i)^2}$

即得动点 $P(X,Y)$的运动轨迹为

$$X^3/l^2 + Y^2/r^2 = 1$$

因此，在这一相对坐标系中，刀具的实际偏移运动轨迹为一个标准椭圆，其长轴为两相交铣削面之阶差从零变化至与底圆弧半径 r 相等时的线段长度，其短轴为底圆弧半径 r 的数值。对这一椭圆运动轨迹可采用直线来逼近处理，实现加工要求。

活动 3 空间曲面的数学处理

1. 铣削空间曲面的方法

数控铣床加工三坐标曲面零件时，常采用球头铣刀进行加工，一般只要使球头铣刀的球头中心位于所加工曲面的等距面上，不论刀具路线如何安排，均能铣出所要求的几何形状，如图 4-40(a)所示。球头铣刀的有效刀刃角的范围大，可达 180°，因此可切削很陡的曲面。球头铣刀的半径 R 较小，刀具干涉的可能性小。但这种刀具的缺点是，切削速度随刀具与工件接触点的变化而变化，且球头铣刀端点的切削速度为零，如图 4-40(b)所示。当刀具中心轨迹为一平面折线时，只需数控铣床二坐标联动，如图 4-41(a)所示，当一条平面折线加工完毕后，再在平面上移动一个行距 s 进行第二条平面折线加工，即二轴半数控加工。显然，这时刀具与被加工曲面的切点的连线为一空间折线。三坐标数控加工时，球头铣刀与被加工曲面切点的连线为一条平面折线，而刀具中心轨迹为一条空间折线，所以数控铣床应是三坐标联动的，如图 4-41(b)所示。

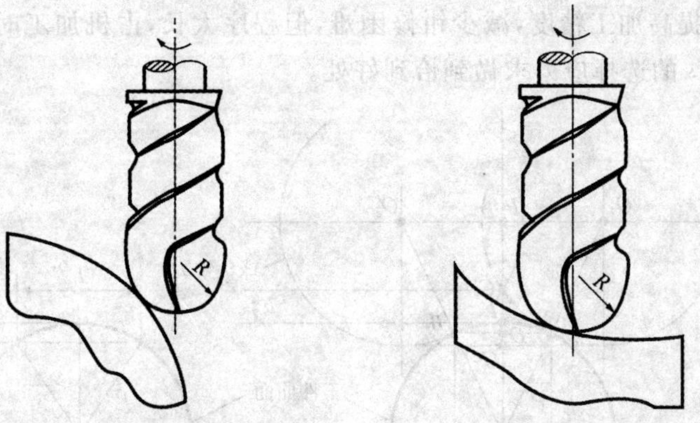

(a) 球头铣刀铣削　　(b) 切削速度比较

图 4-40　球头铣刀

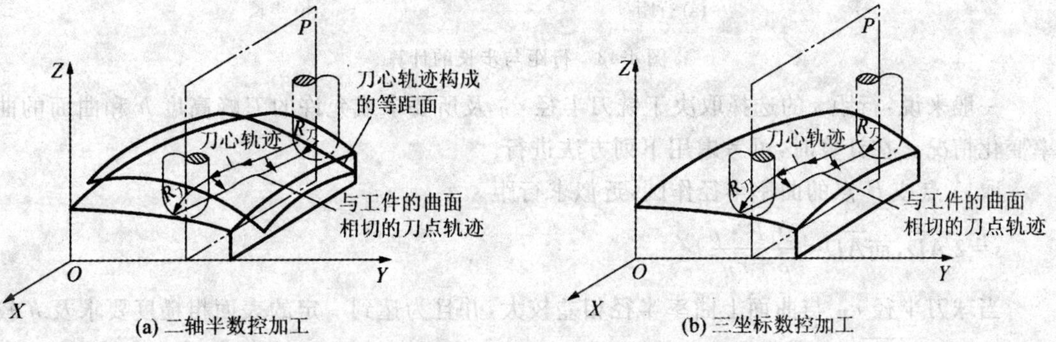

(a) 二轴半数控加工　　(b) 三坐标数控加工

图 4-41　按球头铣刀刀心轨迹编程加工曲面

对于曲率变化较平缓的曲面零件，为编程方便，通常可按轮廓编程，而不采用刀具中心轨迹编程。如图 4-42 所示，用一组平行于 ZOY 坐标平面并垂直于 X 轴的假想平面 M_1，M_2…，将曲面分割为若干条窄条片(其宽度即为行距 s)，因假想平面与曲面的交线均为平面曲线，只要用数控铣床三坐标中的任意两坐标联动，就可以加工出来(编程时分别对每条平面曲线进行直线或圆弧逼近)，即行切加工法。这样得到的曲面是由平面曲线群构成的。由于这种计算方法编程比较简单，所以经常被采用。

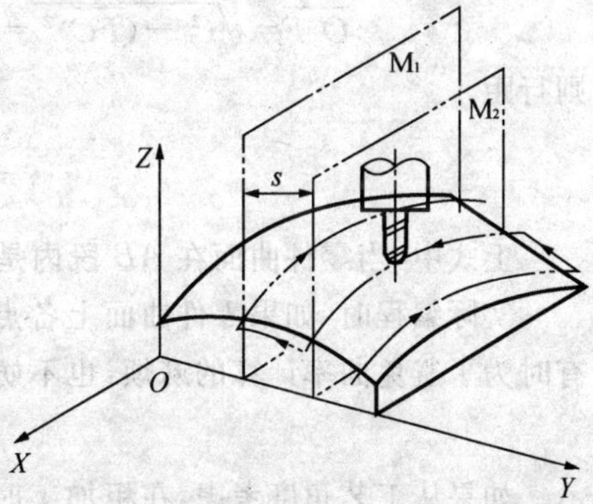

图 4-42　按零件轮廓编程行切加工曲面

2. 确定行距与步长(插补段的长度)

由于空间曲面一般都采用行切法加工，故无论采用三坐标还是两坐标联动铣削，都必须计算或确定行距与步长。

(1)行距 s 的计算方法

由图 4-43(a)可以看出，行距 s 的大小直接关系到加工后曲面上残留沟纹高度 h(见图上为 CE)的大小，大了则表面粗糙度大，无疑将增大钳修工作难度及零件加工最终精度。但 s

选得太小，虽然能提高加工精度，减少钳修困难，但程序太长，占机加工时间成倍增加，效率降低。因此，行距 s 的选择应力求做到恰到好处。

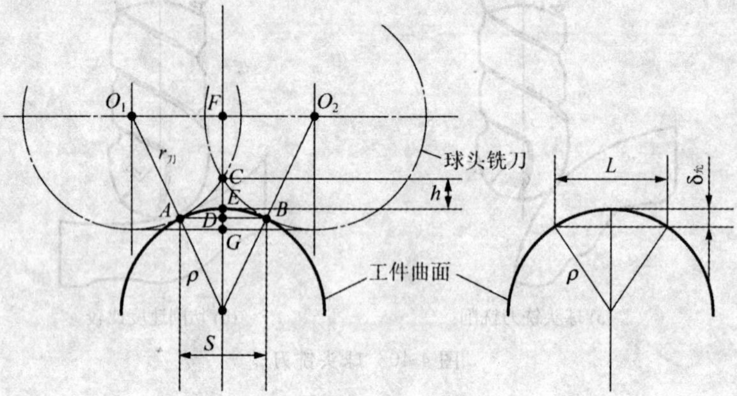

(a) 行距　　(b) 步长

图 4-43　行距与步长的计算

一般来说，行距 s 的选择取决于铣刀半径 $r_刀$ 及所要求或允许的刀峰高度 h 和曲面的曲率变化情况。在计算时，可考虑用下列方法进行。

取 A 点或 B 点的曲率半径作圆，近似求行距 s。

$s=2\overline{AD}$，而 $\overline{AD}=\dfrac{O_1F\cdot\rho}{\rho+r_刀}$。

当球刀半径 $r_刀$ 与曲面上曲率半径相差较大，并且为达到一定的表面粗糙度要求及 h 较小时，可以取 $\overline{O_1F}$ 的近似值，即

$$\overline{O_1F}=\sqrt{r_刀^2-(\overline{FC})^2}=\sqrt{r_刀^2-(\overline{FC}-\overline{CG})^2}\approx\sqrt{r_刀^2-(r_刀-h)^2}$$

则行距

$$s=\frac{2\sqrt{h(2r_刀-h)}\cdot\rho}{\rho\pm r_刀}$$

上式中，当零件曲面在 AB 段内是凸时取正号，凹时取负号。

实际编程时，如果零件曲面上各点的曲率变化不太大，可取曲率最大处作为标准计算。有时为了避免曲率计算的麻烦，也不妨用下列近似公式来计算行距 s，即

$$s\approx2\sqrt{2r_刀 h}$$

如果从工艺角度考虑，在粗加工时，行距 s 可选得大一些，精加工时选得小一些。有时为了减少刀峰高度 h，也可以在原来的两行距之间（刀峰处）加密行切一次，即进行一次去刀峰处理，这样相当于将 s 减小一半，实际效果更好些。

(2)确定步长 L

步长 L 的确定方法与平面轮廓曲线加工时步长的计算方法相同，取决于曲面的曲率半径与插补误差 $\delta_允$（其值应小于零件加工精度）。如设曲率半径为 ρ，见图 4-43(b)，则

$$L=2\sqrt{\delta_允(2\rho-\delta_允)}\approx2\sqrt{2\rho\delta_允}$$

实际应用时，可按曲率最大处近似计算，然后用等步长法编程，这样做要方便得多。此

外，若能将曲面的曲率变化划分几个区域，也可以分区域确定步长，而各区域插补段长度不相等，这对于在一个曲面上存在若干个凸出或凹陷面（即曲面有突出区）的情况是十分必要的。由于空间曲面一般比较复杂，数据处理工作量大，涉及的许多计算工作是人工无法承担的，通常需用计算机进行处理，最好是采用自动编程的方法。

任务4　数控铣削加工综合举例

任务描述： 学习凸轮的数控铣削工艺分析及程序编制；

学习应用宏功能指令加工空间曲线；

学会平面移丝凸轮槽的加工程序。

任务分析： 本任务通过介绍3个实例表现了数控铣床加工程序的具体应用。

活动1　凸轮的数控铣削工艺分析及程序编制

1. 工艺分析

平面凸轮如图4-44所示。

从图上要求看出，凸轮曲线由几段圆弧组成，ϕ30孔为设计基准，其余表面包括4－ϕ13H7孔（均已加工）。取ϕ30孔和一个端面作为主要定位面，在连接孔ϕ13的一个孔内增加削边销，在端面上用螺母垫圈压紧。因为孔是设计和定位的基准，所以对刀点选在孔中心线与端面的交点上，这样很容易确定刀具中心与零件的相对位置。

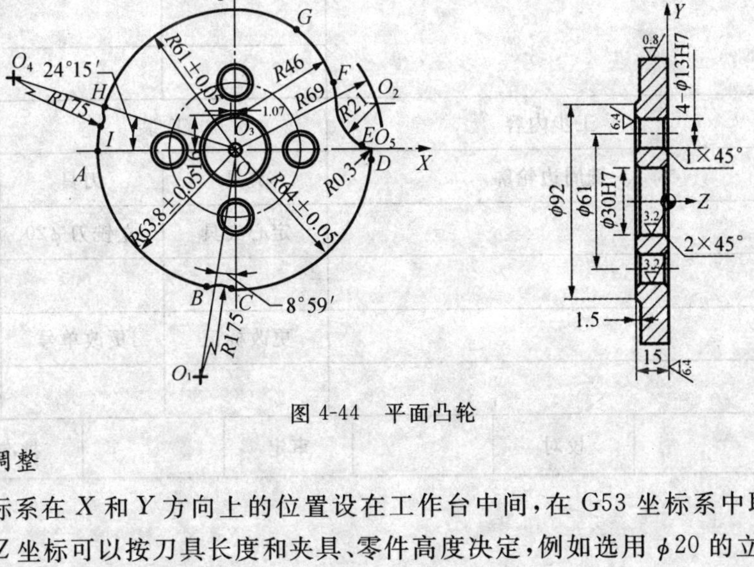

图4-44　平面凸轮

2. 加工调整

加工坐标系在X和Y方向上的位置设在工作台中间，在G53坐标系中取X＝－400，Y＝－100。Z坐标可以按刀具长度和夹具、零件高度决定，例如选用ϕ20的立铣刀，零件上端面为 Z 向坐标零点，该点在 G53 坐标系中的位置为 Z=－80 处，将上述 3 个数值设置到 G54 加工坐标系中。加工工序卡如表 4-8 所示。

表 4-8　数控加工工序卡

数控加工工序卡	零件图号	零件名称	文件编号	第　页
	NC01	凸轮		
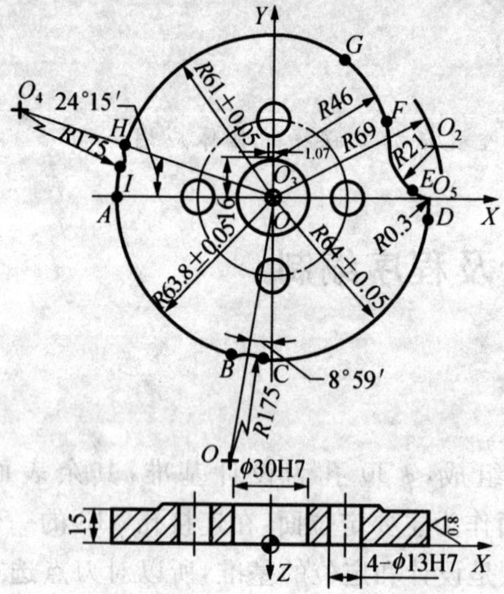				
		工序号	工序名称	材料
		50	铣周边轮廓	45#
		加工车间	设备型号	
			XK5032	
		主程序名	子程序名	加工原点
		O100		G54
		刀具半径补偿	刀具长度补偿	
		H01=10	0	

工步号	工步内容	工装		
1	铣周边轮廓	夹具	刀具	
		定心夹具	立铣刀 ϕ20	
		更改标记	更改单号	更改者/日期

工艺员		校对		审定		批准	

3.数学处理

该凸轮的轮廓均为圆弧，因而只要计算出基点坐标，就可编制程序。在加工坐标系中，各点的坐标计算如下。

$\widehat{BC}$弧的中心 O_1 点：$X=-(175+63.8)\sin 8°59'=-37.28$

$Y=-(175+63.8)\cos 8°59'=-235.86$

$\widehat{EF}$弧的中心 O_2 点：$X^2+Y^2=69^2$

$(X-64)^2+Y^2=21^2$

解之得 $X=65.75, Y=20.93$

$\widehat{HI}$弧的中心 O_4 点：$X=-(175+61)\cos 24°15'=-215.18$

$Y=(175+61)\sin 24°15'=96.93$

$\widehat{DE}$弧的中心 O_5 点：$X^2+Y^2=63.7^2$

$(X-65.75)^2+(Y-20.93)^2=21.30^2$

解之得 $X=63.70, Y=-0.27$

B 点：$X=-63.8\sin 8°59'=-9.96$

$Y=-63.8\cos 8°59'=-63.02$

C 点：$X^2+Y^2=64^2$

$(X+37.28)^2+(Y+235.86)^2=175^2$

解之得 $X=-5.57, Y=-63.76$

D 点：$(X-63.70)^2+(Y+0.27)^2=0.3^2$

$X^2+Y^2=64^2$

解之得 $X=63.99, Y=-0.28$

E 点：$(X-63.7)^2+(Y+0.27)^2=0.3^2$

$(X-65.75)^2+(Y-20.93)^2=21^2$

解之得 $X=63.72, Y=0.03$

F 点：$(X+1.07)^2+(Y-16)^2=46^2$

$(X-65.75)^2+(Y-20.93)^2=21^2$

解之得 $X=44.79, Y=19.60$

G 点：$(X+1.07)^2+(Y-16)^2=46^2$

$X^2+Y^2=61^2$

解之得 $X=14.79, Y=59.18$

H 点：$X=-61\cos 24°15'=-55.62$

$Y=61\sin 24°15'=25.05$

I 点：$X^2+Y^2=63.80^2$

$(X+215.18)^2+(Y-96.93)^2=175^2$

解之得 $X=-63.02, Y=9.97$

根据上面的数值计算，可画出凸轮加工走刀路线图，如表 4-9 所示。

表 4-9　数控加工走刀路线图

数控加工走刀路线图	零件图号	NC01	工序号		工步号	程序号	O100
机床型号	XK5032	程序段号	N10～N190	加工内容	铣周边轮廓	共　页	第　页

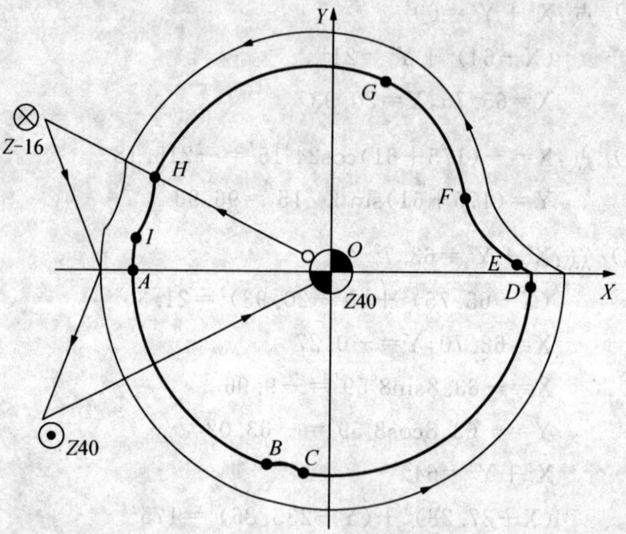

编程	
校对	
审批	

符号	⊙	⊗							
含义	抬刀	下刀	编程原点	起刀点	走刀方向	走刀线相交	爬斜坡	铰孔	行切

4. 编写加工程序

凸轮加工的程序及程序说明如下：

N10 G54 X0 Y0 Z40　　//进入加工坐标系
N20 G90 G00 G17 X－73.8 Y20　　//由起刀点到加工开始点
N30 G00 Z0　　//下刀至零件上表面
N40 G01 Z－16 F200　　//下刀至零件下表面以下 1 mm
N50 G42 G01 X－63.8Y10 F80 H01　　//开始刀具半径补偿
N60 G01 X－63.8 Y0　　//切入零件至 A 点
N70 G03 X－9.96 Y－63.02 R63.8　　//切削 $\overset{\frown}{AB}$
N80 G02 X－5.57 Y－63.76 R175　　//切削 $\overset{\frown}{BC}$

```
N90 G03 X63.99 Y-0.28 R64            //切削CD弧
N100 G03 X63.72 Y0.03 R0.3           //切削DE弧
N110 G02 X44.79 Y19.6 R21            //切削EF弧
N120 G03 X14.79 Y59.18 R46           //切削FG弧
N130 G03 X-55.26 Y25.05 R61          //切削GH弧
N140 G02 X-63.02 Y9.97 R175          //切削HI弧
N150 G03 X-63.80 Y0 R63.8            //切削IA弧
N160 G01 X-63.80 Y-10                //切削零件
N170 G01 G40 X-73.8 Y-20             //取消刀具补偿
N180 G00 Z40                         //Z向抬刀
N190 G00 X0 Y0 M02                   //返回加工坐标系原点，结束
```

参数设置：H01=10；G54：X=-400，Y=-100，Z=-80。

活动 2 应用宏功能指令加工空间曲线

有一个空间曲线槽，由两条正弦曲线 $y=35\sin x$ 和 $z=5\sin x$ 迭加而成，刀具中心轨迹如图 4-45 所示。槽底为 $r=5$ 的圆弧。为了方便编制程序，采用粗微分方法忽略插补误差来加工。以角度 x 为变量，取相邻两点间的 x 向距离相等，间距为 0.5°，然后用正弦曲线方程 $y=35\sin x$ 和 $z=5\sin x$ 分别计算出各点对应的 y 值和 z 值，进行空间直线插补，以空间直线来逼近空间曲线。加工时采用球头铣刀（$r=5$）在一平面实体零件上铣削出这一空间曲线槽。加工坐标系设置如图 4-46 所示。

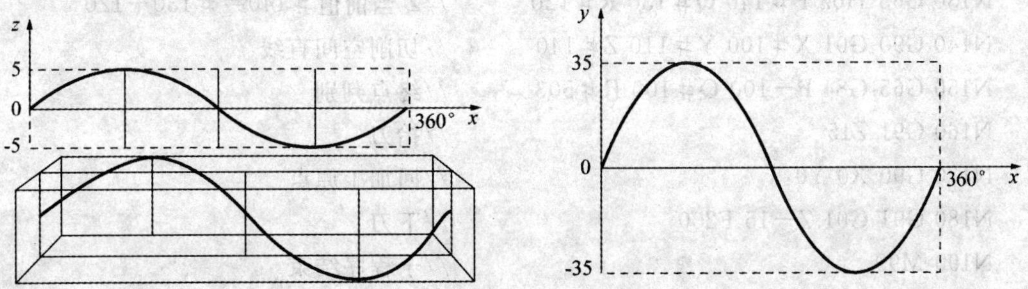

图 4-45 空间曲线

设置保持型变量：

#500——Z 向每次切入量为 2；设置时输入“2000”；

#501——$y=35\sin x$ 的幅值为 35，设置时输入“35000”；

#502——$z=5\sin x$ 的幅值为 5，设置时输入“5000”；

#503——X 的步距为 0.5°时的终点值为 360°，设置时输入“360°”。

设置操作型变量：

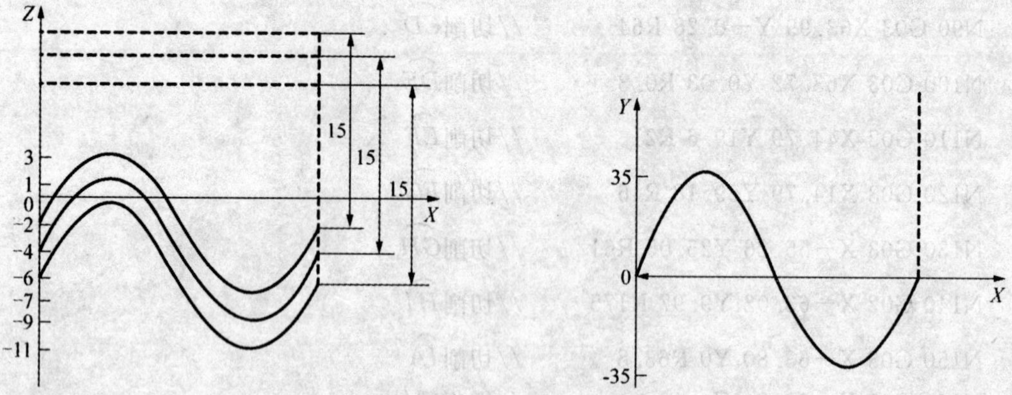

图 4-46　曲线槽的加工坐标系及走刀路线图

＃100——X 坐标当前值，单位为°；

＃110——Y 坐标当前值，单位为 mm；

＃120——$z=5\sin x$ 的值，单位为 mm；

＃130——Z 向每次进刀后的初始值，单位为 mm；

＃140——Z 坐标当前值，单位为 mm。

子程序 O 0004

```
N10 G65 H01 P＃100 Q0                      //X 初始值＃100＝0
N20 G91 G01 Z－＃500 F100                  //Z 向切入零件
N30 G65 H02 P＃130 Q＃130 R－＃500         //＃130＝＃130＋(－＃500)
N100 G65 H02 P＃100 Q＃100 R0.5            //X 当前值＃100＝＃100＋0.5
N110 G65 H31 P＃110 Q＃501 R＃100          //Y 当前值＃110＝35sinX
N120 G65 H31 P＃120 Q＃502 R＃100          //z＝5sinx 数值
N130 G65 H02 P＃140 Q＃130 R＃120          //Z 当前值＃140＝＃130＋120
N140 G90 G01 X＃100 Y＃110 Z＃140          //切削空间直线
N150 G65 G84 P－100 Q＃100 R＃503          //终点判别
N160 G91 Z15                               //抬刀
N170 G90 X0 Y0                             //回加工原点
N180 G91 G01 Z－15 F200                    //下刀
N190 M99                                   //子程序结束
```

主程序 O 0005

```
N10 G54 G90 X0 Y0 Z15                      //进入加工坐标系
N20 G00 X－10 Y－10                        //到起始位置
N30 G01 X0 Y0 M03 S600 F200                //主轴启动
N40 G65 H01 P＃130 Q0                      //Z 向初值＝0
N50 G01 Z0                                 //下刀至零件表面
N60 M98 P30004                             //调用子程序 O 0004 三次
```

N70 G00 Z15 //抬刀

N80 M30 //主程序结束

在子程序 O 0004 中，N100～N130 为计算当前点的 X,Y 和 Z 坐标。N140 是按计算出的坐标值切削一段空间直线，用直线逼近空间曲线。N150 为空间曲线结束的终点判别，以 X＝360°为终点，若没有到达，则返回 N100 再计算下一点坐标；若已到达，则结束子程序。

在主程序 O 0005 中，N60 为调用 3 次 O 0004 子程序，每调用一次，Z 坐标向负方向进 2，分 3 次切出槽深。加工的走刀路线如图 4-46 所示。

活动 3 平面移丝凸轮槽的加工

如图 4-47 所示为纺织机械上移丝凸轮的示意图，现在数控铣床上加工凸轮槽，槽深为 12.5、宽为 22，凸轮槽尺寸见表 4-10，走刀路线如图 4-48 所示。此凸轮在机床上采用一面两销定位，在中间孔上采用螺钉压板夹紧。采用 ϕ20 键槽铣刀切削加工。首先将刀具半径补偿设定为 0 进行 2 次粗加工，再针对左和右侧轮廓分别采用正负值刀具半径补偿精加工到 22。由于加工时分 4 次切削加工，因此采用调用子程序的方法编程。

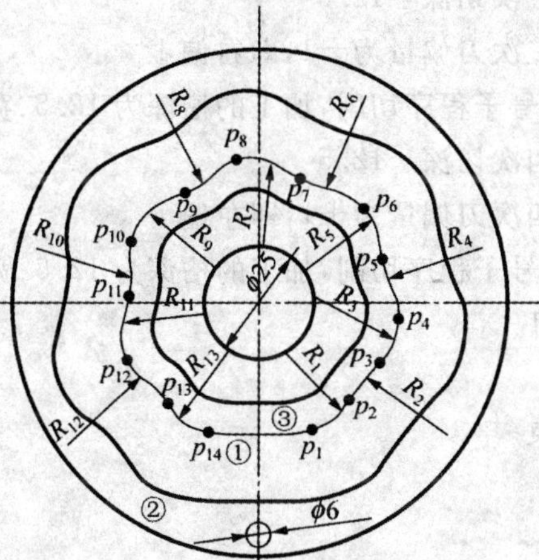

图 4-47 平面移丝凸轮槽

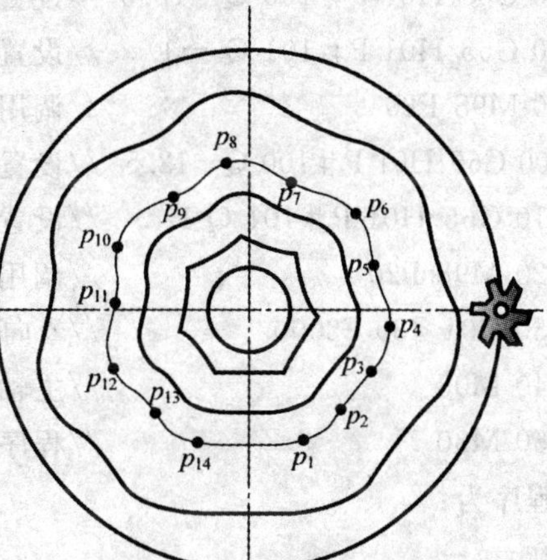

图 4-48 走刀路线图

表 4-10 凸轮槽尺寸

P1	P2	P3	P4	P5	P6	P7
X12.496 Y －29	X23.1315 Y－21.207	X 28.7762 Y －13.736	X 32.2775 Y 3.2549	X 30.8273 Y 11.4149	X 20.6398 Y 26.9447	X9.4926 Y32.944
R1	R2	R3	R4	R5	R6	R7
11.1537	14	12.274	10.5	12.817	20.5	13.136
P8	P9	P10	P11	P12	P13	P14

续表

X−9.4926 Y32.944	X−20.6398 Y26.9447	X−30.8273 Y11.4149	X−32.2775 Y3.2549	X−28.7762 Y−13.763	X−23.1315 Y−21.207	X−12.496 Y−29
R8	R9	R10	R11	R12	R12	
20.5	12.817	10.5	12.274	14	11.1537	

主程序为：

```
O10
N10 G65 H01 P#100 Q−6.5     //设置第一次切深−6.5
N20 G65 H01 P#101 Q 0       //设置第一次刀偏量为0
N30 M98 P20                 //调用20号子程序切削,加工的槽深为6.5、宽为20
N40 G65 H01 P#100 Q−12.5    //设置第二次切深−12.5
N50 G65 H01 P#101 Q 0       //设置第二次刀偏量为0
N60 M98 P20                 //调用20号子程序切削,加工的槽深为12.5、宽为20
N70 G65 H01 P#100 Q−12.5    //设置第三次切深−12.5
N80 G65 H01 P#101 Q −1.     //设置第三次刀偏量为−1,即右偏1
N90 M98 P20                 //调用20号子程序切削,加工的槽深为12.5、宽为21
N100 G65 H01 P#100 Q−12.5   //设置第四次切深−12.5
N110 G65 H01 P#101 Q 1.     //设置第四次刀偏量为+1,即左偏1
N120 M98 P20                //调用20号子程序切削,加工的槽深为12.5、宽为22
N130 G01 Z30 F2000          //Z向抬刀
N140 M05                    //主轴停
N150 M30                    //程序结束
```

子程序为：

```
O20
N10 G54 G90 G01 Z30 F2000               //选择1号加工坐标系
N20 M03 S300                            //启动主轴
N30 G01 X 12.496 Y −29                  //XOY平面定位到槽中心线起点P1
N40 G01 Z#100 F100                      //Z向下刀至#100指定值
N50 G01 G42 X 6 Y −29 H#101             //以偏置量#101左偏进给到(6,−29)
N60 G01 X −12.496 Y −29                 //进给至P14
N70 G02 X −23.1315 Y −21.207 R11.1537   //以下各步按P14～P13…依次逆时针进给
N80 G03 X −28.7762 Y −13.763 R14 ;
N90 G02 X −32.2775 Y 3.2549 R12.274 ;
N100 G03 X −30.8273 Y 11.4149 R10.5 ;
```

```
N110 G02 X -20.6398 Y 26.9447 R12.817 ;
N120 G03 X -9.4926 Y 32.944 R20.5 ;
N130 G02 X 9.4926 Y 32.944 R13.136 ;
N140 G03 X 20.6398 Y 26.9447 R20.5 ;
N150 G02 X 30.8273 Y 11.4149 R12.817 ;
N160 G03 X 32.2775 Y 3.2549 R10.5 ;
N170 G02 X 28.7762 Y -13.736 R12.274 ;
N180 G03 X 23.1315 Y -21.207 R14 ;
N190 G02 X 12.496 Y -29 R11.1537          //进给到P1
N200 G01 X 0 Y - 29                       //进给到(0,-29)
N210 G01 G40 X -6 Y - 29                  //取消刀具半径补偿至(-6,-29)
N220 G01 Z30 F2000                        //Z向抬刀
N230 M05                                  //主轴停
N240 M99                                  //程序结束
```

设置 G54:X=-400,Y=-100,Z=-50。

#100 变量用来设置切削深度,两次 Z 向进刀分别为-6.5 和-12.5。刀具半径补偿值用#101 变量来设置。前两次 Z 向进刀分别为-6.5 和-12.5 的粗加工时,#101 为0;精加工第一次切削为1,第二次为-1。

课题测试

一、判断题

1.(　　)被加工零件轮廓上的内转角尺寸要尽量统一。

2.(　　)编写曲面加工程序时,步长越小越好。

3.(　　)目前,CAD/CAM 得到广泛应用,宏程序逐渐失去了应用价值。

4.(　　)在"G65 H01 P#100 Q1"中,H01 是指01 号偏移量。

5.(　　)G68 指令只能在平面中旋转坐标系。

二、选择题

1.宏程序中的#110 属于________。

A.公共变量　B.局部变量　C.系统变量　D.常数

2.M98 P01000200 是调用________程序。

A.0100　B.0200　C.01000200　D.P0100

3.有些零件需要在不同的位置上重复加工同样的轮廓形状,应采用________。

A.比例加工功能　B.镜像加工功能　C.旋转功能　D.子程序调用功能

4.数控铣床是一种加工功能很强的数控机床,但不具有________工艺手段。

A. 镗削　　　　　B. 钻削　　　　　C. 螺纹加工　　　D. 车削

5. 数控铣床的 G41/G42 是对________进行补偿。

A. 刀尖圆弧半径　B. 刀具半径　　　C. 刀具长度　　　D. 刀具角度

三、简答题

1. 数控铣削适用于哪些加工场合?

2. 被加工零件轮廓上的内转角尺寸是指哪些尺寸?为何要尽量统一?

3. 在 FANUC－OMC 系统中,G53 与 G54～G59 的含义是什么?它们之间有何关系?

4. 如果已在 G53 坐标系中设置了如下两个坐标系:

G57:X＝－40,Y＝－40,Z＝－20

G58:X＝－80,Y＝－80,Z＝－40

试用坐标简图表示出来,并写出刀具中心从 G53 坐标系的零点运动到 G57 坐标系零点,再到 G58 坐标系零点的程序段。

5. 数控铣削加工空间曲面的方法主要有哪些?哪种方法常被采用?其原理如何?

6. 什么叫行距?它的大小取决于什么?

7. 什么叫步长?计算时如何考虑?

8. 宏程序的功能是什么?宏程序变量有哪些?

9. 如图 4-49～图 4-54 所示为平面曲线零件,试用直线插补指令和圆弧插补指令按绝对坐标编程与增量坐标编程方式分别编写其数控铣削加工程序。

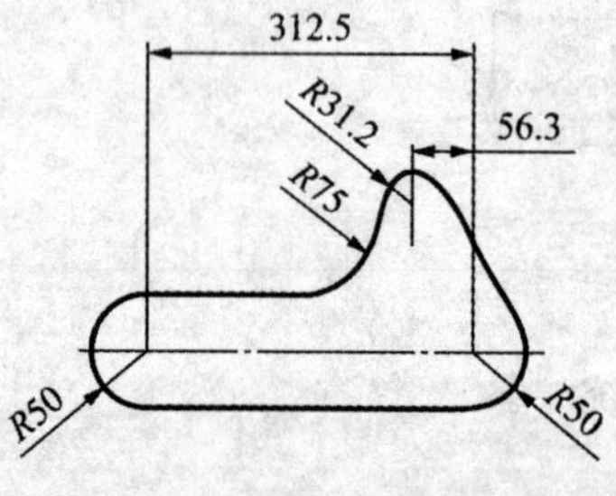

图 4-49　习题图 1

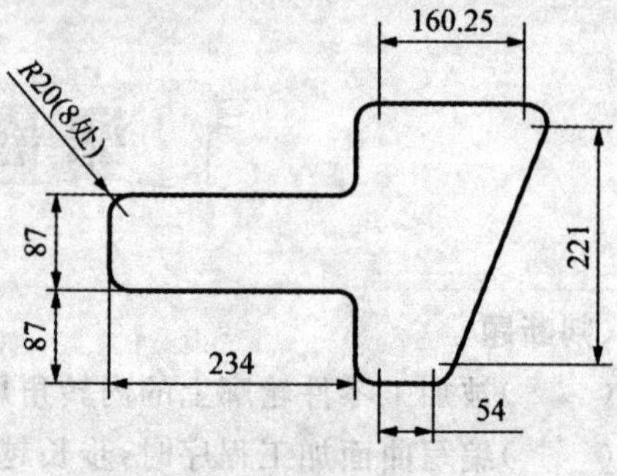

图 4-50　习题图 2

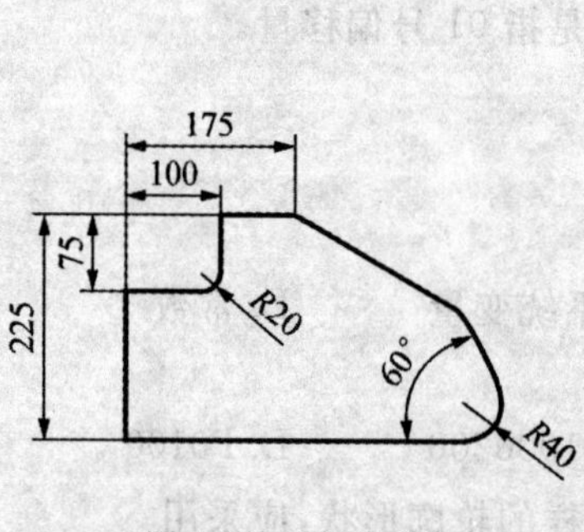

图 4-51　习题图 3

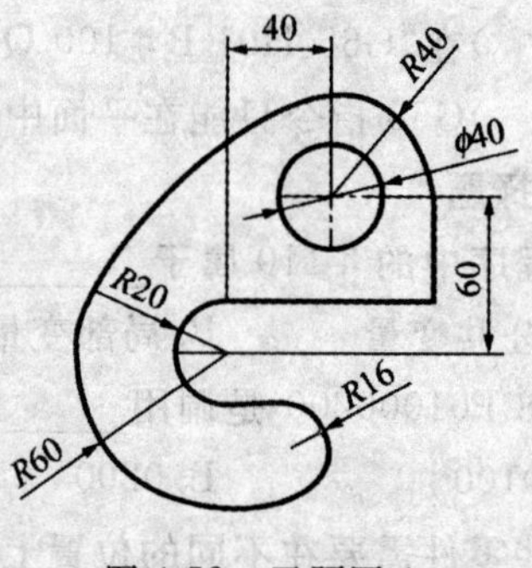

图 4-52　习题图 4

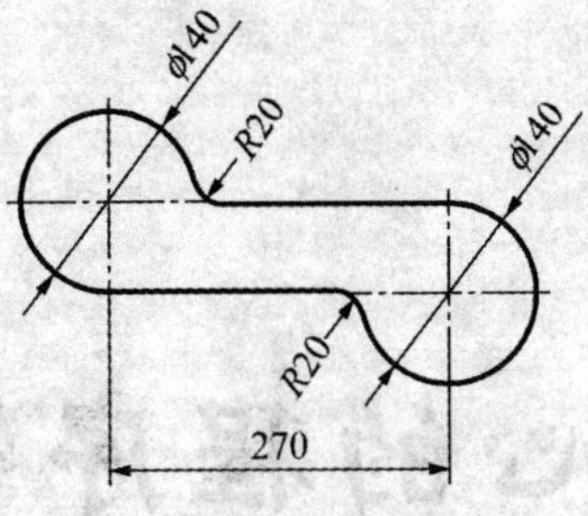

图 4-53　习题图 5

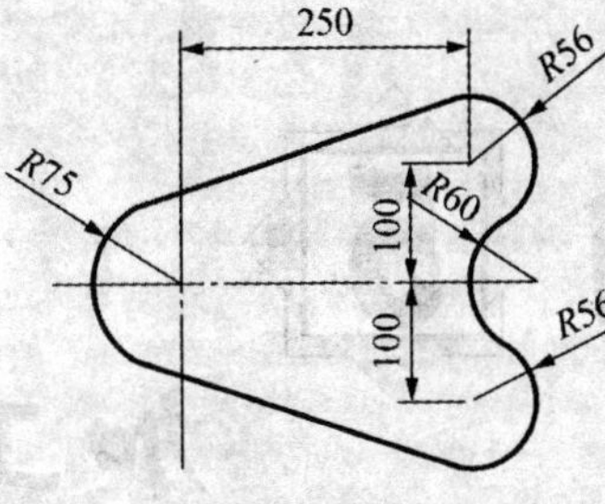

图 4-54　习题图 6

10. 如图 4-55 所示为螺旋面型腔零件，槽宽为 8，其中螺旋槽左右两端深度为 4，中间相交处为 1，槽上下对称，试编写其数控加工程序。

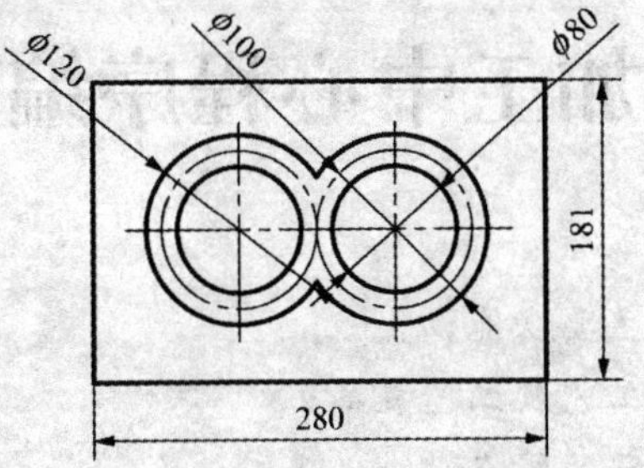

图 4-55　习题图 7

11. 如图 4-56 和图 4-57 所示为平面曲线零件，试编写其数控加工程序。

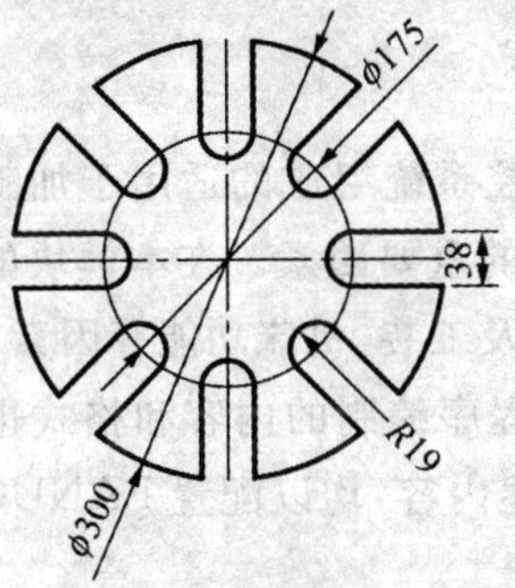

图 4-56　习题图 8

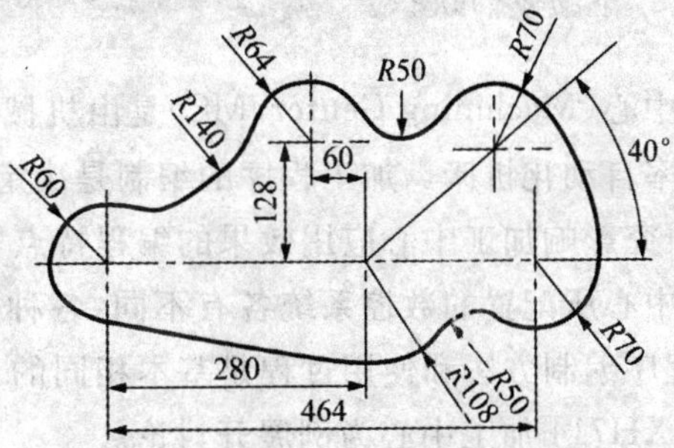

图 4-57　习题图 9

项目 5 加工中心的程序编制

任务1 加工中心程序编制的基础

任务描述： 了解加工中心的主要功能；
了解加工中心的工艺及工艺装备；
了解加工中心编程的特点。

任务分析： 加工中心是高效率的自动化机床。本任务对加工中心的功能、加工工艺、工艺装备以及编程特点作了简单的介绍，学完本部分内容后能够对加工中心有一个初步的认识。

加工中心(Machining Center，MC)是由机械设备与数控系统组成的适用于加工复杂零件的高效率自动化机床。加工程序的编制是决定加工质量的重要因素。在本模块的教学内容中，将研究影响加工中心应用效果的编程特点、加工工艺及工装、机床功能等因素。

加工中心所配置的数控系统各有不同，各种数控系统程序编制的内容和格式也不尽相同，但是程序编制方法和使用过程是基本相同的。以下所述内容，均以配置 FANUC－0i 数控系统的 XH714 加工中心为例展开讨论。

加工中心是高效、高精度数控机床，工件在一次装夹中便可完成多道工序的加工，同时还备有刀具库，并且有自动换刀功能。加工中心所具有的这些丰富的功能，决定了加工中心程序编制的复杂性。

活动 1 加工中心的主要功能

加工中心能实现三轴或三轴以上的联动控制，以保证刀具进行复杂表面的加工。加工中心除具有直线插补和圆弧插补功能外，还具有各种加工固定循环、刀具半径自动补偿、刀具长度自动补偿、加工过程图形显示、人机对话、故障自动诊断、离线编程等功能。

加工中心是从数控铣床发展而来的，与数控铣床的最大区别在于具有自动交换加工刀具的能力，通过在刀库上安装不同用途的刀具，可在一次装夹中通过自动换刀装置改变主轴上的加工刀具，实现多种加工功能。

加工中心从外观上可分为立式、卧式和复合式等。立式加工中心的主轴垂直于工作台，主要适用于加工板材类、壳体类工件，也可用于模具加工。卧式加工中心的主轴轴线与工作台台面平行，其工作台大多为由伺服电动机控制的数控回转台，在工件一次装夹中，通过工作台旋转可实现多个加工面的加工，适用于箱体类工件加工。复合加工中心主要是指在一台加工中心上有立、卧两个主轴或主轴可 90°改变角度，因而可在工件一次装夹中实现 5 个面的加工。

活动 2　加工中心的工艺及工艺装备

加工中心是一种工艺范围较广的数控加工机床，能进行铣削、镗削、钻削和螺纹加工等多项工作。加工中心特别适合于箱体类零件和孔系的加工。加工工艺范围如图 5-1～图 5-4 所示。

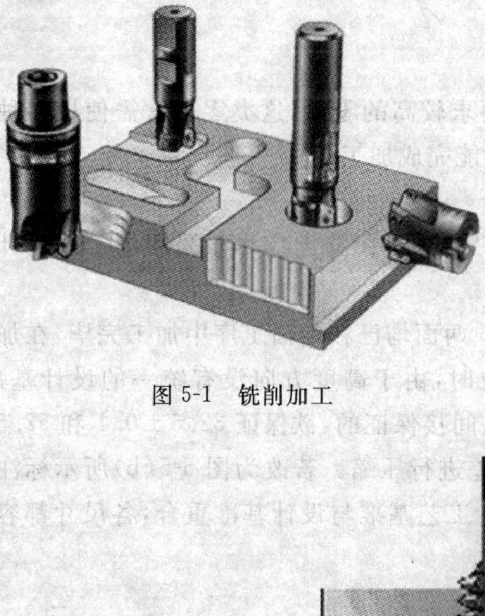

图 5-1　铣削加工

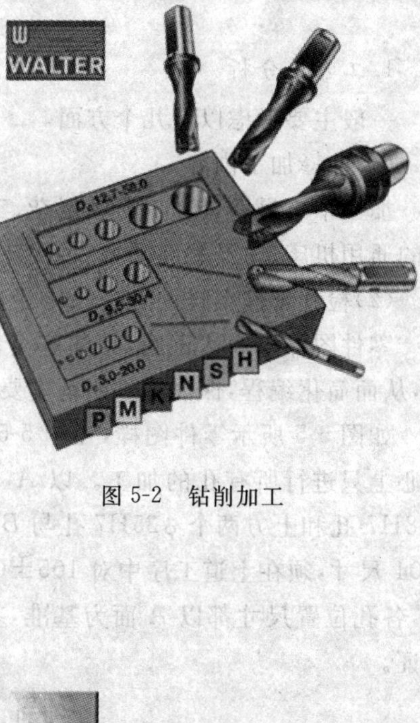

图 5-2　钻削加工

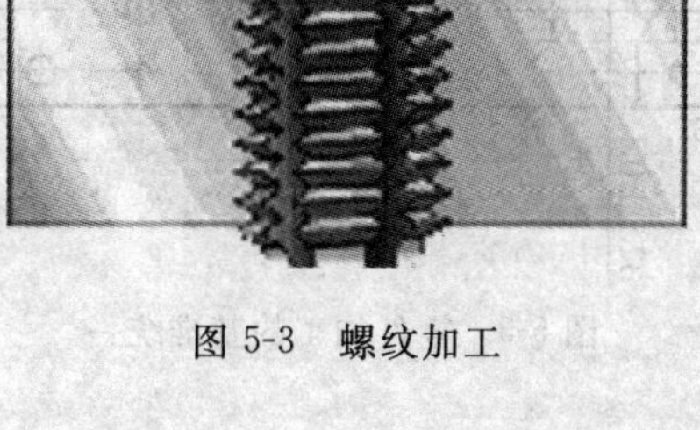

图 5-3　螺纹加工

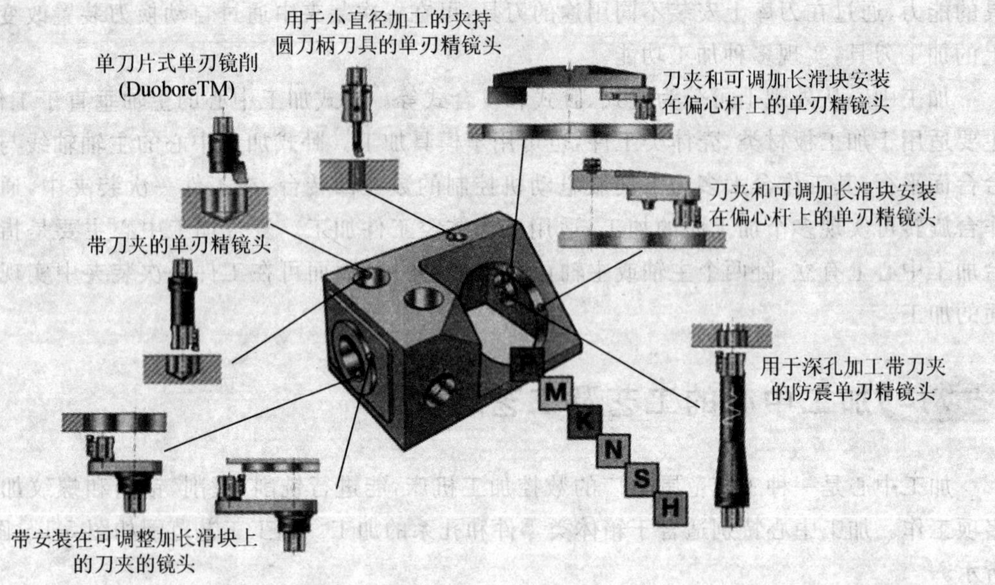

图 5-4　镗削加工

1. 工艺性分析

一般主要考虑以下几个方面。

(1)选择加工内容

加工中心最适合加工形状复杂、工序较多、要求较高的零件，这类零件常需使用多种类型的通用机床、刀具和夹具，经多次装夹和调整才能完成加工。

(2)检查零件图样

零件图样应表达正确，标注齐全。同时要特别注意，图样上应尽量采用统一的设计基准，从而简化编程，保证零件的精度要求。

如图 5-5 所示零件图样，在图 5-5(a)中，A，B 两面均已在前面工序中加工完毕，在加工中心上只进行所有孔的加工。以 A，B 两面定位时，由于高度方向没有统一的设计基准，ϕ48H7 孔和上方两个 ϕ25H7 孔与 B 面的尺寸是间接保证的，欲保证 32.5±0.1 和 52.5±0.04 尺寸，须在上道工序中对 105±0.1 尺寸公差进行压缩。若改为图 5-5(b)所示标注尺寸，各孔位置尺寸都以 A 面为基准，基准统一，且工艺基准与设计基准重合，各尺寸都容易保证。

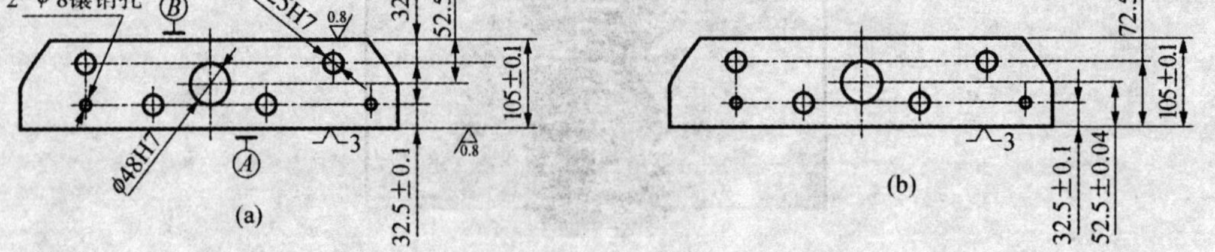

图 5-5　零件加工的基准统一

(3)分析零件的技术要求

根据零件在产品中的功能，分析各项精度和技术要求是否合理；考虑在加工中心上加工，能否保证其精度和技术要求；选择哪一种加工中心最为合理。

(4)审查零件的结构工艺性

分析零件的结构刚度是否足够，各加工部位的结构工艺性是否合理等。

2. 工艺过程设计

工艺设计时，主要考虑精度和效率两个方面，一般遵循先面后孔、先基准后其他、先粗后精的原则。加工中心在一次装夹中，尽可能完成所有能够加工表面的加工。对位置精度要求较高的孔系加工，要特别注意安排孔的加工顺序，安排不当，就有可能将传动副的反向间隙带入，直接影响位置精度。例如，安排图 5-6(a)所示零件的孔系加工顺序时，若按图 5-6(b)所示的路线加工，由于 5,6 孔与 1,2,3,4 孔在 Y 向的定位方向相反，Y 向反向间隙会使误差增加，从而影响 5,6 孔与其他孔的位置精度。按图 5-6(c)所示路线加工，可避免反向间隙的引入。

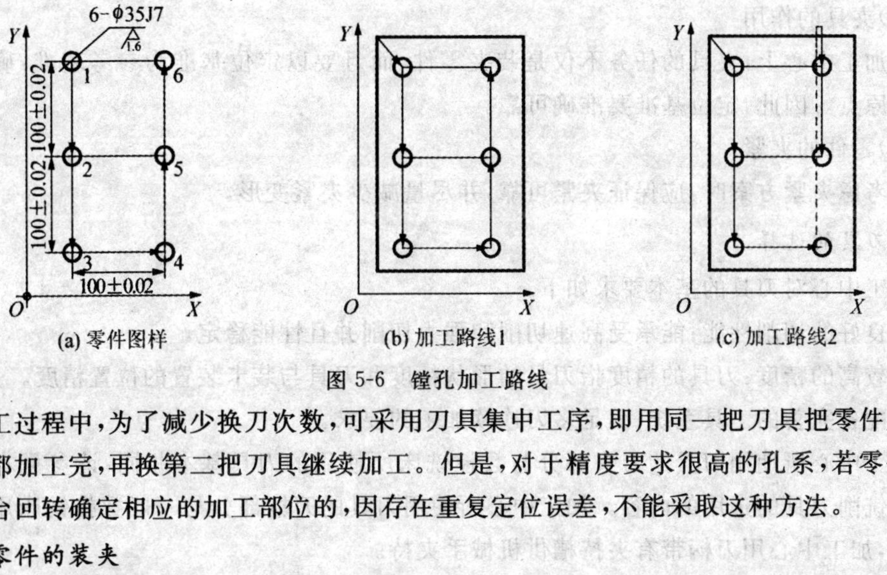

(a) 零件图样　　(b) 加工路线1　　(c) 加工路线2

图 5-6　镗孔加工路线

加工过程中，为了减少换刀次数，可采用刀具集中工序，即用同一把刀具把零件上相应的部位都加工完，再换第二把刀具继续加工。但是，对于精度要求很高的孔系，若零件是通过工作台回转确定相应的加工部位的，因存在重复定位误差，不能采取这种方法。

3. 零件的装夹

(1)定位基准的选择

在加工中心加工时，零件的定位仍应遵循六点定位原则。同时，还应特别注意以下几点。

1)进行多工位加工时，定位基准的选择应考虑能完成尽可能多的加工内容，即便于各个表面都能被加工的定位方式。例如，对于箱体零件，尽可能采用一面两销的组合定位方式。

2)当零件的定位基准与设计基准难以重合时，应认真分析装配图样，明确该零件设计基准的设计功能，通过尺寸链的计算，严格规定定位基准与设计基准间的尺寸位置精度要求，确保加工精度。

3)编程原点与零件定位基准可以不重合，但两者之间必须要有确定的几何关系。编程原点的选择主要考虑便于编程和测量。如图 5-7 所示的零件在加工中心上加工 ϕ80H7 孔和 4－ϕ25H7 孔，其中 4－ϕ25H7 都以 ϕ80H7 孔为基准，编程原点应选择在 ϕ80H7 孔的中心线上。当零件定位基准为 A,B 两面时,定位基准与编程原点不重合,但同样能保证加工精度。

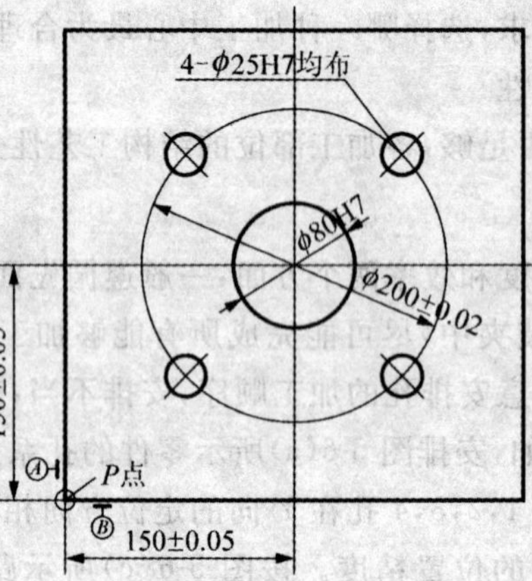

图 5-7　编程原点与定位基准

(2)夹具的作用

在加工中心上,夹具的任务不仅是装夹零件,而且要以定位基准为参考基准,确定零件的加工原点。因此,定位基准要准确可靠。

(3)零件的夹紧

在考虑夹紧方案时,应保证夹紧可靠,并尽量减少夹紧变形。

4.刀具的选择

加工中心对刀具的基本要求如下。

1)良好的切削性能:能承受高速切削和强力切削并且性能稳定。

2)较高的精度:刀具的精度指刀具的形状精度和刀具与装卡装置的位置精度。

3)配备完善的工具系统:满足多刀连续加工的要求。

加工中心所使用刀具的刀头部分与数控铣床所使用的刀具基本相同,请参见本书中有关数控铣削刀具的选用的内容。加工中心所使用刀具的刀柄部分与一般数控铣床用刀柄部分不同,加工中心用刀柄带有夹持槽供机械手夹持。

活动 3 加工中心编程的特点

由于加工中心的加工特点,在编写加工程序前,首先要注意换刀程序的应用。

不同的加工中心其换刀过程是不完全一样的,通常选刀和换刀可分开进行。换刀完毕启动主轴后,方可进行下面程序段的加工内容。选刀动作可与机床的加工重合起来,即利用切削时间进行选刀。多数加工中心都规定了固定的换刀点位置,各运动部件只有移动到这个位置,才能开始换刀动作。

XH714 加工中心装备有盘形刀库,通过主轴与刀库的相互运动,实现换刀。换刀过程用一个子程序描述,习惯上取程序号为 O9000。换刀子程序如下:

```
O9000
N10 G90                //选择绝对方式
N20 G53 Z－124.8       //主轴 Z 向移动到换刀点位置(即与刀库在 Z 方向上相应)
N30 M06                //刀库旋转至其上空刀位对准主轴,主轴准停
N40 M28                //刀库前移,使空刀位上刀夹夹住主轴上刀柄
N50 M11                //主轴放松刀柄
N60 G53 Z－9.3         //主轴 Z 向向上,返回设定的安全位置(主轴与刀柄分离)
N70 M32                //刀库旋转,选择将要换上的刀具
N80 G53 Z－124.8       //主轴 Z 向向下至换刀点位置(刀柄插入主轴孔)
N90 M10                //主轴夹紧刀柄
N100 M29               //刀库向后退回
N110 M99               //换刀子程序结束,返回主程序。
```

需要注意的是,为了使换刀子程序不被随意更改,以保证换刀安全,设备管理人员可将该程序隐含。当加工程序中需要换刀时,调用 O9000 号子程序即可。调用程序段可如下编写:

N～ T～ M98 P9000

式中:N 后为程序顺序号;T 后为刀具号,一般取 2 位;M98 为调用换刀子程序;P9000 为换刀子程序号。

加工中心的编程方法与数控铣床的编程方法基本相同,加工坐标系的设置方法也一样。因而,下面将主要介绍加工中心的加工固定循环功能、B 类宏程序应用、对刀方法等内容。

任务 2 FANUC 系统固定循环功能

任务描述: 掌握高速深孔钻循环指令;
掌握螺纹加工循环指令;
掌握精镗循环指令。

任务分析: 循环指令功能是加工中心的重要功能,也是加工中心功能强大的表现,本任务详细讲述了高速深孔钻循环、螺纹加工循环以及精镗循环的使用方法。

在前面介绍的常用加工指令中,每一个 G 指令一般都对应机床的一个动作,需要用一个程序段来实现。为了进一步提高编程工作效率,FANUC－0i 系统设计有固定循环功能,它规定对于一些典型孔加工中的固定、连续的动作,用一个 G 指令表达,即用固定循环指令来选择孔加工方式。

常用的固定循环指令能完成的工作有钻孔、攻螺纹和镗孔等。这些循环通常包括下列 6 个基本操作动作。

(1)在 XY 平面定位；

(2)快速移动到 R 平面；

(3)孔的切削加工；

(4)孔底动作；

(5)返回到 R 平面；

(6)返回到起始点。

如图 5-8 所示实线表示切削进给，虚线表示快速运动。R 平面为在孔口时，快速运动与进给运动的转换位置。

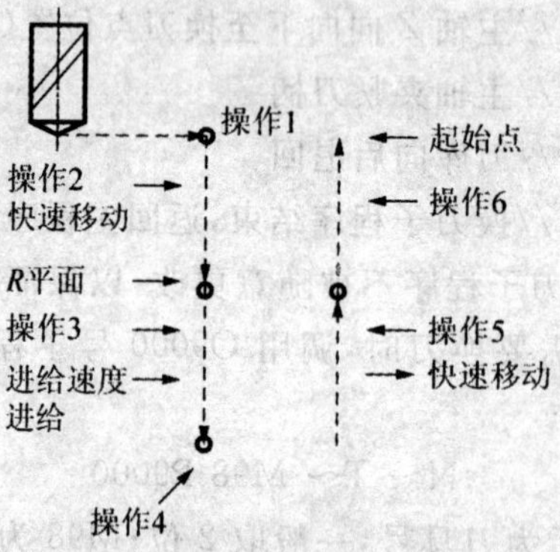

图 5-8　固定循环的基本动作

常用的固定循环有高速深孔钻循环、螺纹切削循环、精镗循环等。

编程格式：G90 /G91 G98/G99 G73～G89 X～ Y～ Z～ R～ Q～ P～ F～ K ～

式中：G90/G91——绝对坐标编程或增量坐标编程；

G98——返回起始点；

G99——返回 R 平面；

G73～G89——孔加工方式，如钻孔加工、高速深孔钻加工、镗孔加工等；

X，Y——孔的位置坐标；

Z——孔底坐标；

R——安全面(R 面)的坐标。增量方式时，为起始点到 R 面的增量距离；在绝对方式时，为 R 面的绝对坐标；

Q——每次切削深度；

P——孔底的暂停时间；

F——切削进给速度；

K——规定重复加工次数。

固定循环由 G80 或 01 组 G 代码撤销。

活动 4 高速深孔钻循环指令 G73

G73 用于深孔钻削，在钻孔时采取间断进给，有利于断屑和排屑，适合深孔加工。如图

5-9 所示为高速深孔钻加工的工作过程。其中 Q 为增量值，指定每次切削深度；d 为排屑退刀量，由系统参数设定。

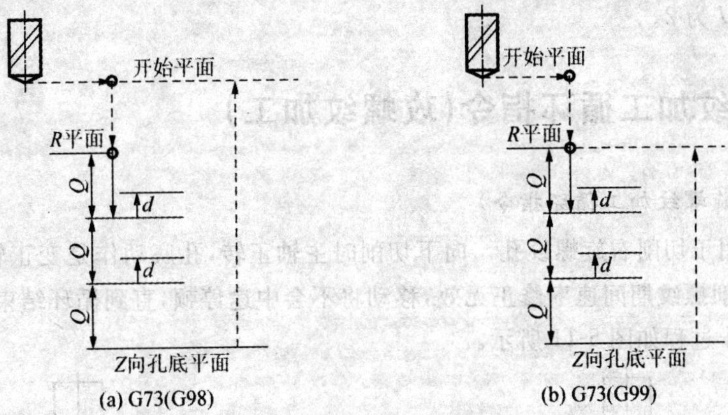

图 5-9　高速深孔钻循环

例如，对如图 5-10 所示的 5－ϕ8 深为 50 的孔进行加工。显然，这属于深孔加工。利用 G73 进行深孔钻加工的程序为：

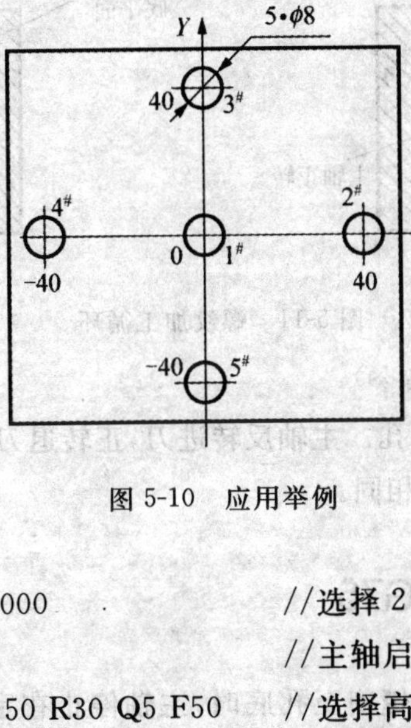

图 5-10　应用举例

```
O40
N10 G56 G90 G1 Z60 F2000                //选择 2 号加工坐标系，到 Z 向起始点
N20 M03 S600                            //主轴启动
N30 G98 G73 X0 Y0 Z－50 R30 Q5 F50      //选择高速深孔钻方式加工 1 号孔
N40 G73 X40 Y0 Z－50 R30 Q5 F50         //选择高速深孔钻方式加工 2 号孔
N50 G73 X0 Y40 Z－50 R30 Q5 F50         //选择高速深孔钻方式加工 3 号孔
N60 G73 X－40 Y0 Z－50 R30 Q5 F50       //选择高速深孔钻方式加工 4 号孔
N70 G73 X0 Y－40 Z－50 R30 Q5 F50       //选择高速深孔钻方式加工 5 号孔
N80 G01 Z60 F2000                       //返回 Z 向起始点
N90 M05                                 //主轴停
N100 M30                                //程序结束并返回起点
```

加工坐标系设置：G56 X－ 400，Y－150，Z－ 50。

上述程序中，选择高速深孔钻加工方式进行孔加工，并以 G98 确定每一孔加工完后，回到 R 平面。设定孔口表面的 Z 向坐标为 0，R 平面的坐标为 30，每次切深量 Q 为 5，系统设定退刀排屑量 d 为 2。

活动 5 螺纹加工循环指令（攻螺纹加工）

1. G84（*右旋螺纹加工循环指令*）

G84 指令用于切削右旋螺纹孔。向下切削时主轴正转，孔底动作是变正转为反转，再退出。在 G84 切削螺纹期间速率修正无效，移动将不会中途停顿，直到循环结束。G84 右旋螺纹加工循环工作过程如图 5-11 所示。

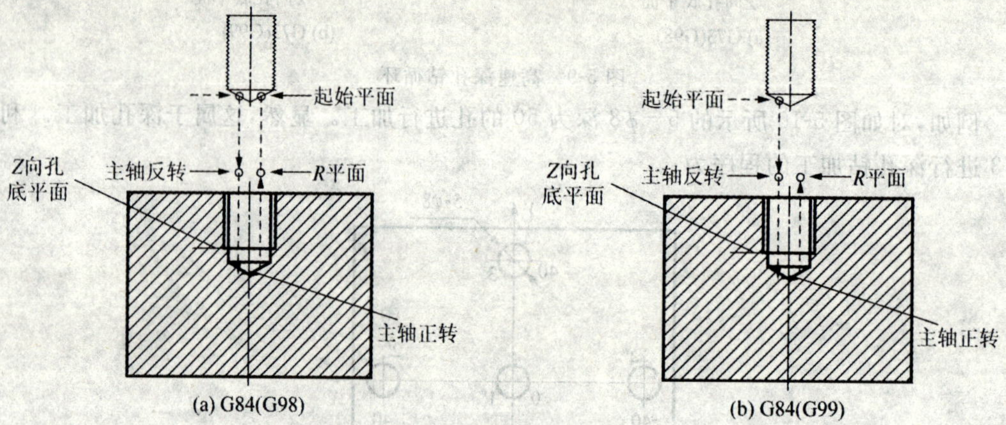

图 5-11　螺纹加工循环

2. G74（*左旋螺纹加工循环指令*）

G74 指令用于切削左旋螺纹孔。主轴反转进刀，正转退刀，正好与 G84 指令中的主轴转向相反，其他运动均与 G84 指令相同。

活动 6 精镗循环指令 G76

G76 指令用于精镗孔加工。镗削至孔底时，主轴停止在定向位置上，即准停，再使刀尖偏移离开加工表面，然后再退刀。这样可以高精度、高效率地完成孔加工而不损伤工件已加工表面。

程序格式中，Q 表示刀尖的偏移量，一般为正数，移动方向由机床参数设定。

G76 精镗循环的加工过程包括以下几个步骤。

1）在 X，Y 平面内快速定位。

2）快速运动到 R 平面。

3）向下按指定的进给速度精镗孔。

4）孔底主轴准停。

5)镗刀偏移。

6)从孔内快速退刀。

如图 5-12 所示为 G76 精镗循环的工作过程示意图。

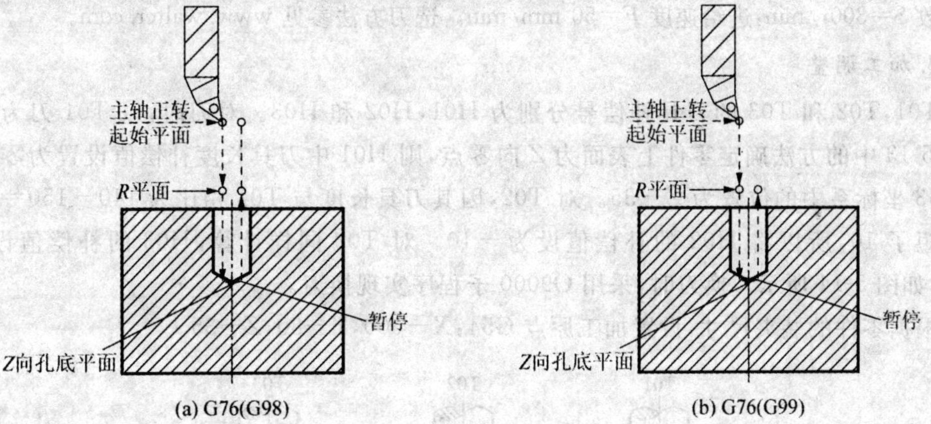

图 5-12　精镗循环的加工

活动 7 应用举例

使用刀具长度补偿功能和固定循环功能加工如图 5-13 所示零件上的 12 个孔。

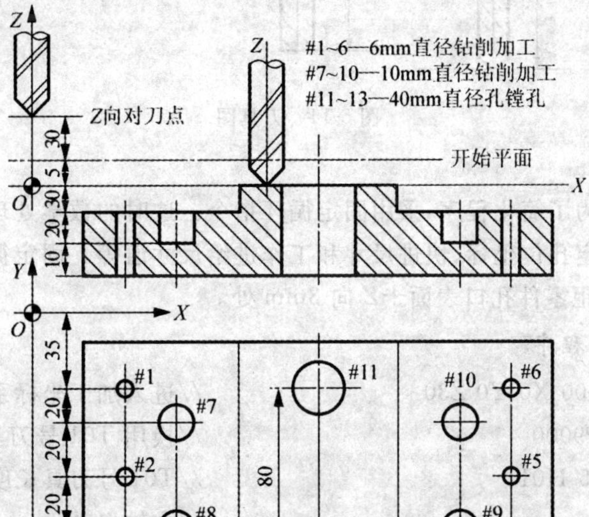

图 5-13　零件图样

1. 分析零件图样,进行工艺处理

该零件孔加工中,有通孔、盲孔,需钻、扩和镗加工,故选择钻头 T01、扩孔刀 T02 和镗刀

T03，加工坐标系 Z 向原点在零件上表面处。由于有 3 种孔径尺寸的加工，按照先小孔后大孔加工的原则，确定加工路线为：从编程原点开始，先加工 6 个 $\phi6$ 的孔，再加工 4 个 $\phi10$ 的孔，最后加工 2 个 $\phi40$ 的孔。T01、T02 的主轴转数 $S=600$r/min，进给速度 $F=120$ mm/min；T03 主轴转数 $S=300$r/min，进给速度 $F=50$ mm/min。选刀方法参见 www. walter. com。

2. 加工调整

T01，T02 和 T03 的刀具补偿号分别为 H01，H02 和 H03。对刀时，以 T01 刀为基准，按图 5-13 中的方法确定零件上表面为 Z 向零点，则 H01 中刀具长度补偿值设置为零，该点在 G53 坐标系中的位置为 $Z-35$。对 T02，因其刀具长度与 T01 相比为 140－150＝－10，即缩短了 10，所以将 H02 的补偿值设为－10。对 T03 同样计算，H03 的补偿值设置为－50，如图 5-14 所示。换刀时，采用 O9000 子程序实现换刀。

根据零件的装夹尺寸，设置加工原点 G54：$X-600$，$Y-80$，$Z-35$。

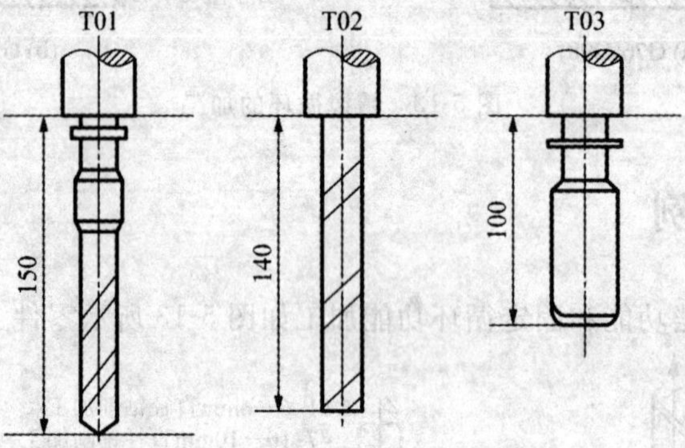

图 5-14　刀具图

3. 数学处理

在多孔加工时，为了简化程序，采用固定循环指令。这时的数学处理主要是按固定循环指令格式的要求，确定孔位坐标、快进尺寸和工作进给尺寸值等。固定循环中的开始平面为 $Z=5$，R 点平面定为距零件孔口表面＋Z 向 3mm 处。

4. 编写零件加工程序

```
N10 G54 G90 G00 X0 Y0 Z30              //进入加工坐标系
N20 T01 M98 P9000                      //换用 T01 号刀具
N30 G43 G00 Z5 H01                     //T01 号刀具长度补偿
N40 S600 M03                           //主轴启动
N50 G99 G81 X40 Y-35 Z-63 R-27 F120    //加工#1 孔(回 R 平面)
N60 Y-75                               //加工#2 孔(回 R 平面)
N70 G98 Y-115                          //加工#3 孔(回起始平面)
N80 G99 X300                           //加工#4 孔(回 R 平面)
N90 Y-75                               //加工#5 孔(回 R 平面)
N100 G98 Y-35                          //加工#6 孔(回起始平面)
```

```
N110 G49 Z20                               //Z 向抬刀,撤销刀补
N120 G00 X500 Y0                           //回换刀点
N130 T02 M98 P9000                         //换用 T02 号刀
N140 G43 Z5 H02                            //T02 刀具长度补偿
N150 S600 M03                              //主轴启动
N160 G99 G81 X70 Y－55 Z－50 R－27 F120    //加工＃7 孔(回 R 平面)
N170 G98 Y－95                             //加工＃8 孔(回起始平面)
N180 G99 X270                              //加工＃9 孔(回 R 平面)
N190 G98 Y－55                             //加工＃10 孔(回起始平面)
N200 G49 Z20                               //Z 向抬刀,撤销刀补
N210 G00 X500 Y0                           //回换刀点
T220 M98 P9000                             //换用 T03 号刀具
N230 G43 Z5 H03                            //T03 号刀具长度补偿
N240 S300 M03                              //主轴启动
N250 G76 G99 X170 Y－35 Z－65 R3 F50       //加工＃11 孔(回 R 平面)
N260 G98 Y－115                            //加工＃12 孔(回起始平面)
N270 G49 Z30                               //撤销刀补
N280 M30                                   //程序停
```

参数设置:H01＝0,H02＝－10,H03＝－50;G54:X＝－600,Y＝－80,Z＝－35。

任务3 SIEMENS 系统固定循环功能

任务描述: 掌握 SIEMENS 系统钻削循环;
掌握 SIEMENS 镗削循环;
掌握 SIEMENS 线性孔排列钻削;
掌握 SIEMENS 系统矩形槽、键槽和圆形凸槽的铣削循环。

任务分析: SIEMENS 系统是有别于 FANUC 系统的一套数控编程系统,本任务介绍了该系统的几种加工方法,包括钻削循环、镗削循环、线性孔排列钻削和矩形槽、键槽和圆形凸槽的铣削。

活动 1 主要参数

SIEMENS 系统固定循环中使用的主要参数见表 5-1。

参数赋值方式:若钻底停留时间为 2s,则 R105＝2。

表 5-1 主要参数

参数	含义
R101	起始平面
R102	安全间隙
R103	参考平面
R104	最后钻深(绝对值)
R105	钻底停留时间
R106	螺距
R107	钻削进给量
R108	退刀进给量

活动 2 钻削循环

调用格式:LCYC82。

功能:刀具以编程的主轴转速和进给速度钻孔,到达最后钻深后,可实现孔底停留,退刀时以快速退刀。循环过程如图 5-15 所示。

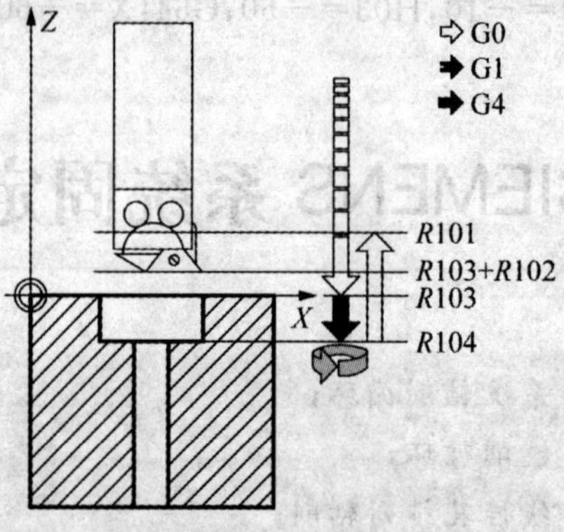

图 5-15 钻削循环过程及参数

参数:R101,R102,R103,R104,R105。

【例 5-1】 用钻削循环 LCYC82 加工如图 5-16 所示的孔,孔底停留时间 2s,安全间隙为 4。试编制程序。

程序如下:

```
N10 G0 G17 G90 F100 T2 D2 S500 M3
N20 X24 Y15
N30 R101=110 R102=4 R103=102 R104=75 R105=2
N40 LCYC82
N50 M2
```

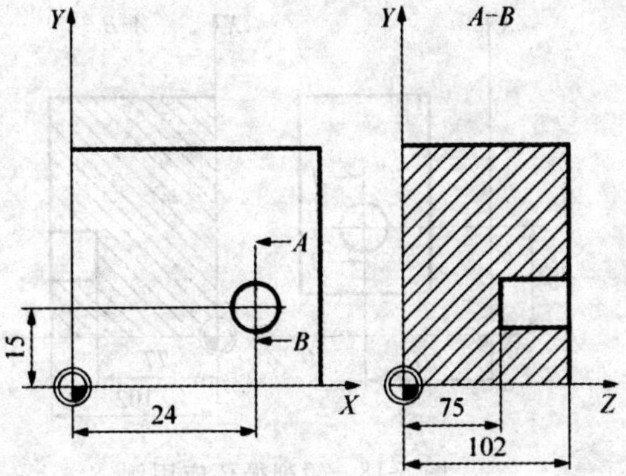

图 5-16　钻削循环应用例

活动 3 镗削循环

调用格式：LCYC85。

功能：刀具以编程的主轴转速和进给速度镗孔，到达最后镗深后，可实现孔底停留，进刀及退刀时分别以参数指定速度退刀，如图 5-17 所示。

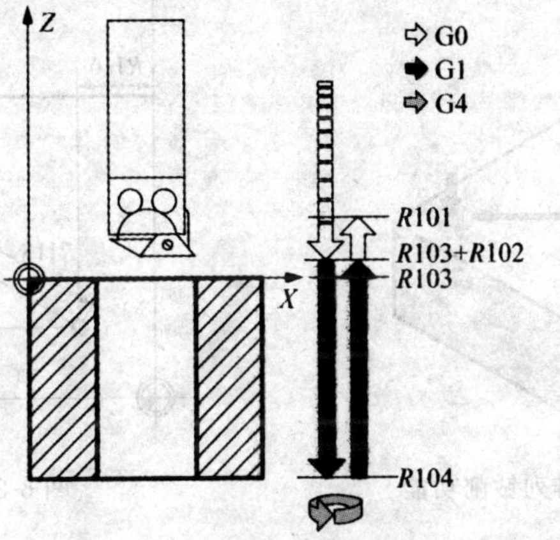

图 5-17　镗削循环过程及参数

参数：R101，R102，R103，R104，R105，R107，R108

【例 5-2】　用镗削循环 LCYC85 加工如图 5-18 所示的孔，无孔底停留时间，安全间隙为 2。试编写程序。

程序如下：

```
N10 G0 G18 G90 F1000 T2 D2 S500 M3
N20 X50 Y105 Z70
N30 R101=105 R102=2 R103=102 R104=77 R105=0 R107=200 R108=100
N40 LCYC85
N50 M2
```

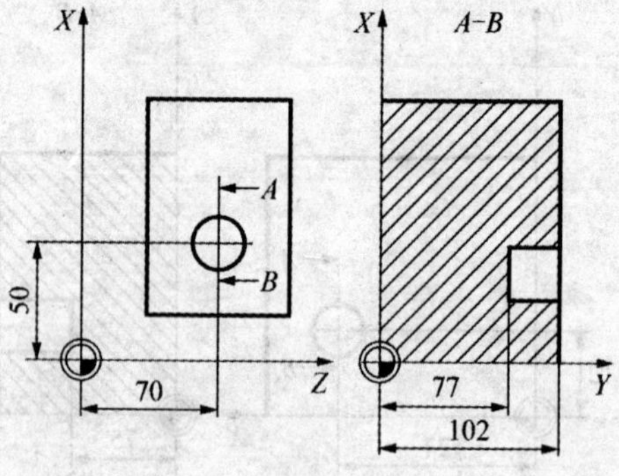

图 5-18　镗削循环应用例

活动 4 线性孔排列钻削

调用格式：LCYC60。

功能：加工如图 5-19 所示的线性排列孔，孔加工循环类型用参数 R115 指定，如表 5-2 所示。表中各参数使用如图 5-20 所示。

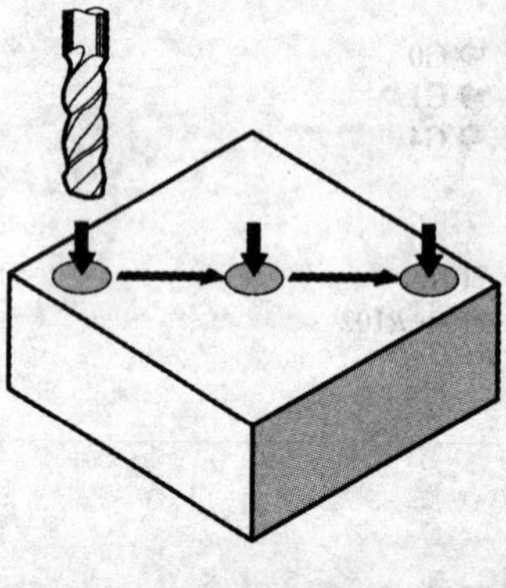

图 5-19　线性孔排列钻削功能

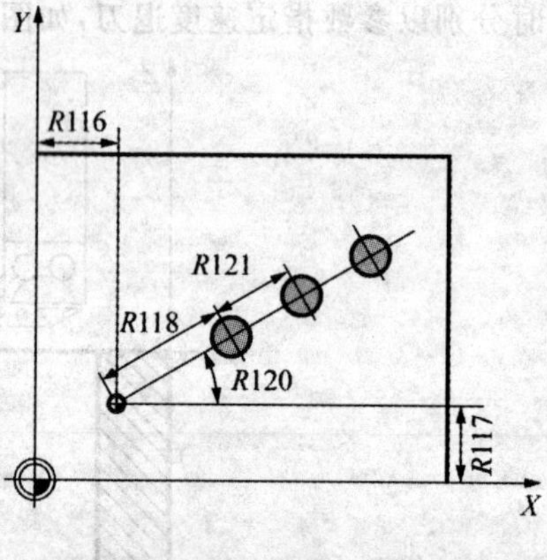

图 5-20　参数的使用

表 5-2　线性孔排列钻削参数

参数	含义
R115	孔加工循环号：如 82(LCYC82)
R116	横坐标参考点
R117	纵坐标参考点
R118	第一个孔到参考点的距离
R119	钻孔的个数
R120	平面中孔排列直线的角度
R121	孔间距

【例 5-3】 用钻削循环 LCYC82 加工图 5-21 所示的孔，孔底停留时间 2s，安全间隙为 4。试编写程序。

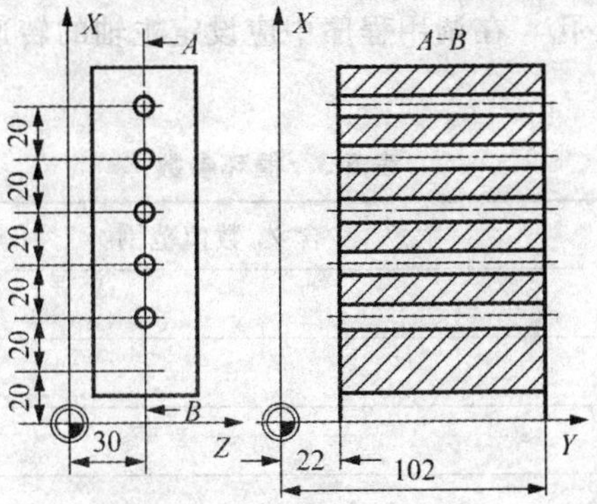

图 5-21　线性孔排列钻削循环应用

程序如下：

N10 G0 G18 G90 F100 T2 D2 S500 M3

N20 X50 Y110 Z50

N30 R101＝105 R102＝4 R103＝102 R104＝22 R105＝2

N40 R115＝82 R116＝30 R117＝20 R118＝20 R119＝0 R120＝0 R121＝20

N50 LCYC60

N60 M2

活动 5 矩形槽、键槽和圆形凹槽的铣削循环

1. 循环功能

通过设定相应的参数，利用此循环可以铣削矩形槽、键槽及圆形凹槽，循环加工可分为粗加工和精加工，如图 5-22 所示。循环参数见表 5-3，表中参数使用情况如图 5-23 所示。

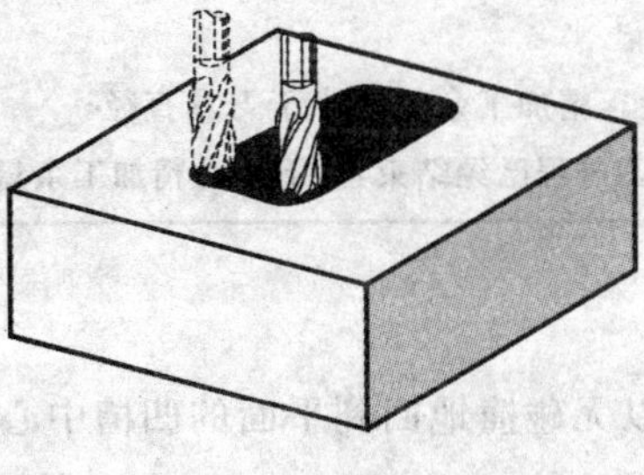

图 5-22　铣削循环

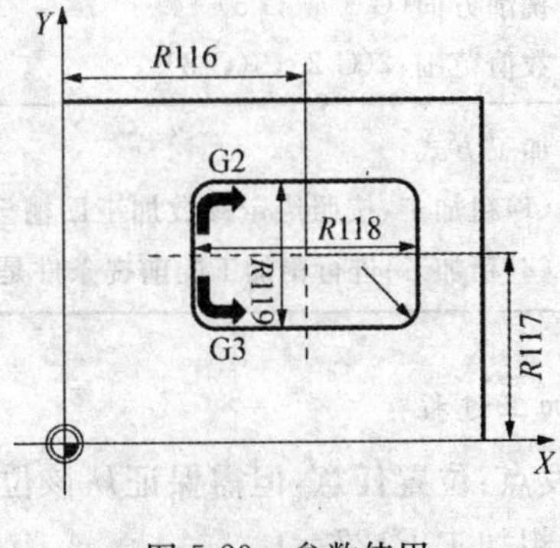

图 5-23　参数使用

调用格式：LCYC75。

加工矩形槽时通过参数设置长度、宽度、深度；如果凹槽宽度等同于两倍的圆角半径，则铣削一个键槽；通过参数设定凹槽长度＝凹槽宽度＝两倍的圆角半径，可以铣削一个直径为

凹槽长度或凹槽宽度的圆形凹槽。加工时，一般在槽中心处已预先加工出导向底孔，铣刀从垂直于凹槽深度方向的槽中心处开始进刀。如果没有钻底孔，则该循环要求使用带端面齿的铣刀，从而可以铣削中心孔。在调用程序中应设定主轴的转速和方向，在调用循环之前必须先建立刀具补偿。

表 5-3 循环参数

参数	含义、数值范围
R101	起始平面
R102	安全间隙
R103	参考平面(绝对坐标)
R104	凹槽深度(绝对坐标)
R116	凹槽圆心 X 坐标
R117	凹槽圆心 Y 坐标
R118	凹槽长度
R119	凹槽宽度
R120	圆角半径
R121	最大进刀深度
R122	Z 向进刀进给量
R123	铣削进给量
R124	平面精加工余量：粗加工(R127＝1)时留出的精加工余量。 在精加工时 (R127＝2)，根据参数 R124 和 R125 选择“仅加工轮廓”或者“同时加工轮廓和深度”
R125	Z 向深度精加工余量：粗加工(R127＝1)时留出的精加工深度余量。 精加工时(R127＝2)利用参数 R124 和 R125 选择“仅加工轮廓”或“同时加工轮廓和深度”
R126	铣削方向(G 2 或 G 3) 数值范围：2(G 2)，3(G 3)
R127	加工方式： (1)粗加工：按照给定参数加工凹槽至精加工余量。精加工余量应小于刀具直径。 (2)精加工：进行精加工的前提条件是凹槽的粗加工过程已经结束，接下去对精加工余量进行加工

2. 加工过程

出发点：位置任意，但需保证从该位置出发可以无碰撞地回到平面的凹槽中心点。

(1)粗加工 R127＝1

用 G0 到起始平面的凹槽中心点，然后再同样以 G0 到安全间隙的参考平面处。凹槽的加工分为以下几个步骤。

1)以 R122 确定的进给量和调用循环之前的主轴转速进刀到下一次加工的凹槽中心点处。

2)按照 R123 确定的进给量和调用循环之前的主轴转速在轮廓和深度方向进行铣削，直至最后精加工余量。

3)加工方向由 R126 参数给定的值确定。

4)在凹槽加工结束之后，刀具回到起始平面凹槽中心，循环过程结束。

(2)精加工 R127＝2

1)如果要求分多次进刀，则只有最后一次进刀到达最后深度凹槽中心点(R122)。为了缩短返回的空行程，在此之前的所有进刀均快速返回，并根据凹槽和键槽的大小无需回到凹槽中心点才开始加工。通过参数 R124 和 R125 选择“仅进行轮廓加工”或者“同时加工轮廓和工件”。

仅加工轮廓：R124＞0，R125＝ 0

轮廓和深度：R124＞0，R125＞0

R124＝ 0，R125＝ 0

R124＝ 0，R125＞0

平面加工以参数 R123 设定的值进行，深度进给则以 R122 设定的参数值运行。

2)加工方向由参数 R126 设定的参数值确定。

3)凹槽加工结束以后刀具运行退回到起始平面的凹槽中心点处，循环结束。

3.应用举例

【例 5-4】 凹槽铣削。在图 5-24 中，用下面的程序，可以加工一个长度为 60，宽度为 40，圆角半径为 8，深度为 17.5 的凹槽。使用的铣刀不能切削中心，因此要求与加工凹槽中心(LCYC82)。凹槽边的精加工的余量为 0.75，深度为 0.5，Z 轴上到参考平面的安全间隙为 0.5。凹槽的中心点坐标为 X60 Y40，最大进刀深度为 4，加工分为粗加工和精加工。

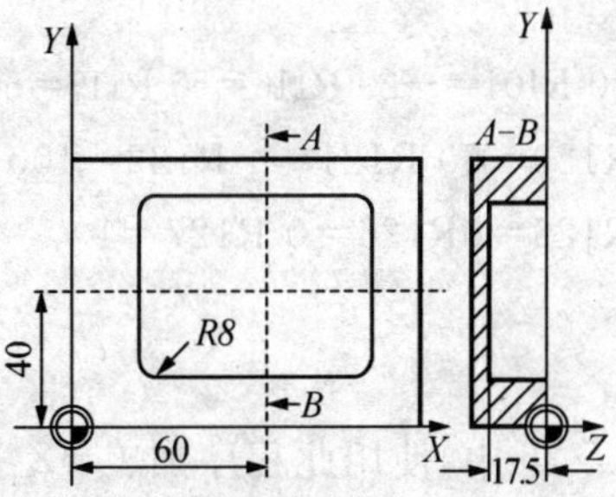

图 5-24 凹槽铣削

```
N10 G0 G17 G90 F200 S300 M3 T4 D1                    //确定工艺参数
N20 X60 Y40 Z5                                       //回到钻削位置
N30 R101=5 R102=2 R103=9 R104=-17.5 R105=2           //设定钻削循环参数
N40 LCYC82                                           //调用钻削循环
N50……                                                //更换刀具
N60 R116=60 R117=40 R118=60 R119=40 R120=8           //凹槽铣削循环粗加工设定
                                                       参数
```

```
N70 R121=4 R122=120 R123=300 R124=0.75 R125=0.5  //与钻削循环相比较 R101
                                                 ~R104 参数不变
N80 R126=2 R127=1
N90 LCYC75                                       //调用粗加工循环
N100……                                          //更换刀具
N110 R127=2                                      //凹槽铣削循环精加工设定
                                                 参数(其他参数不变)
N120 LCYC75                                      //调用精加工循环
N130 M2                                          //程序结束
```

【例 5-5】 圆形槽铣削。在图 5-25 中，使用此程序可以在 *YZ* 平面上加工一个圆形凹槽，中心点坐标为 X50Z50，凹槽深 20，深度方向进给轴为 *X* 轴，没有给出精加工余量，也就是说使用粗加工加工此凹槽。使用的铣刀带端面齿，可以切削中心。

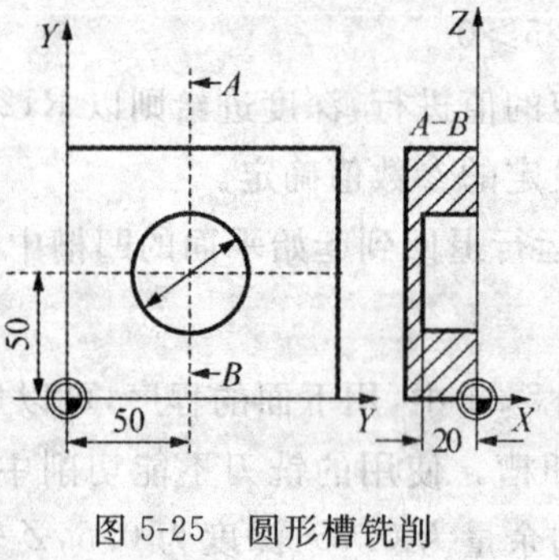

图 5-25　圆形槽铣削

```
N10 G0 G19 G90 S200 M3 T1 D1                              //规定工艺参数
N20 Z60 X40 Y5                                            //回到起始位
N30 R101=4 R102=2 R103=0 R104=-20 R116=50 R117=50         //凹槽铣削循环设定参数
N40 R118=50 R119=50 R120=50 R121=4 R122=100               //凹槽铣削循环设定参数
N50 R123=200 R124=0 R125=0R126=0 R127=1                   //凹槽铣削循环设定参数
N60 LCYC75                                                //调用循环
N70 M2                                                    //循环结束
```

【例 5-6】 键槽铣削。在图 5-26 中，使用此程序加工 *YZ* 平面上一个圆上的 4 个槽，相互间成 90°角，起始角为 45°。在调用程序中，坐标系已经作了旋转和移动。键槽的尺寸如下：长度为 30，宽度为 15，深度为 23。安全间隙 1，铣削方向 G2，深度进给最大 6。键槽用粗加工(精加工余量为零)加工，铣刀带断面齿，可以加工中心。

```
N10 G0 G19 G90 T10 D1 S400 M3        //规定工艺参数
N20 Y20 Z50 X5                       //回到起始位
N30 R101=5 R102=1 R103=0
  R104=-23 R116=35 R117=0            //铣削循环设定参数
N40 R118=30 R119=15 R120=15
```

```
    R121=6 R122=200                 //铣削循环设定参数
N50 R123=300 R124=0 R125=0
    R126=2 R127=1                   //铣削循环设定参数
N60 G158 Y40 Z45                    //建立坐标系 Z1-Y1,移动到 Z45 Y40
N70 G259 RPL45                      //旋转坐标系 45°
N80 LCYC75                          //调用循环,铣削第一个槽
N90 G259 RPL90                      //继续旋转 Z1-Y1 坐标系 90°,铣削第二个槽
N100 LCYC75                         //调用循环,铣削第二个槽
N110 G259 RPL90                     //继续旋转 Z1-Y1 坐标系 90°,铣削第三个槽
N120 LCYC75                         //铣削第三个槽
N130 G259 RPL90                     //继续旋转 Z1-Y1 坐标系 90°,铣削第四个槽
N140 LCYC75                         //铣削第四个槽
N150 G259 RPL45                     //恢复到原坐标系,角度为 0°
N160 G158 Y-40 Z-45                 //返回移动部分
N170 Y20 Z50 X5                     //回到出发位置
M2                                  //程序结束
```

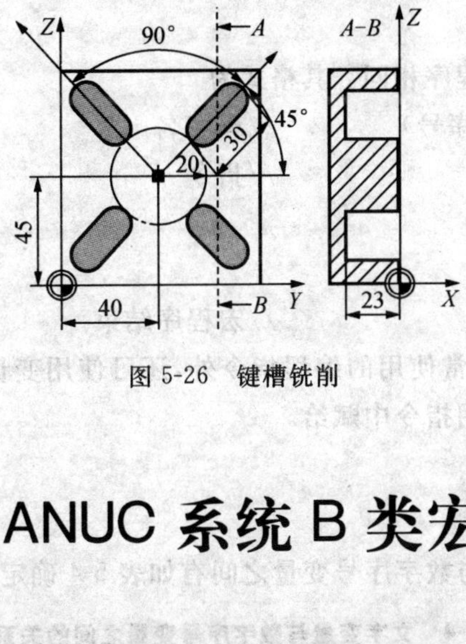

图 5-26 键槽铣削

任务 4 FANUC 系统 B 类宏程序应用

任务描述： 了解并掌握 FANUC 系统 B 类宏程序的运用。

任务分析： 本任务介绍了 B 类宏程序的调用格式、编写格式、变量、算术运算指令和控制指令,并举例说明如何编写 B 类宏程序。

如何使加工中心这种高效自动化机床更好地发挥效益,其关键之一就是开发和提高数控系统的使用性能。B类宏程序的应用,是提高数控系统使用性能的有效途径。B类宏程序与 A 类宏程序有许多相似之处,因此,下面就在 A 类宏程序的基础上,介绍 B类宏程序的应用。

宏程序的定义:由用户编写的专用程序,它类似于子程序,可用规定的指令作为代号,以便调用。宏程序的代号称为宏指令。

宏程序的特点:宏程序可使用变量,可用变量执行相应操作;实际变量值可由宏程序指令赋给变量。

活动 1 基本指令

1. 宏程序的简单调用格式

宏程序的简单调用是指在主程序中,宏程序可以被单个程序段单次调用。

调用指令格式:

G65 P(宏程序号) L(重复次数)(变量分配)

式中: G65——宏程序调用指令;

P(宏程序号)——被调用的宏程序代号;

L(重复次数)——宏程序重复运行的次数,重复次数为 1 时,可省略不写;

变量分配——为宏程序中使用的变量赋值。

宏程序与子程序相同的一点是,一个宏程序可被另一个宏程序调用,最多可调用 4 重。

2. 宏程序的编写格式

宏程序的编写格式与子程序相同。其格式为

```
0~(0001~8999 为宏程序号)      //程序名
N10~                          //指令
……
N~
M99                           //宏程序结束
```

上述宏程序内容中,除通常使用的编程指令外,还可使用变量、算术运算指令及其他控制指令。变量值在宏程序调用指令中赋给。

3. 变量

(1)变量的分配类型

这类变量中的文字变量与数字序号变量之间有如表 5-4 确定的关系。

表 5-4 文字变量与数字序号变量之间的关系

A #1	I #4	T #20
B #2	J #5	U #21
C #3	K #6	V #22
D #7	M #13	W #23
E #8	Q #17	X #24
F #9	R #18	Y #25
H #11	S #19	Z #26

表 5-4 中，文字变量为除 G，L，N，O，P 以外的英文字母，一般可不按字母顺序排列，但 I，J，K 例外；#1～#26 为数字序号变量。例如：

G65 P1000 A1.0 B2.0 I3.0

上述程序段为宏程序的简单调用格式，其含义为调用宏程序号为 1000 的宏程序运行一次，并为宏程序中的变量赋值，其中：#1 为 1.0，#2 为 2.0，#4 为 3.0。

(2)变量的级别

1)本级变量#1～#33。作用于宏程序某一级中的变量称为本级变量，即这一变量在同一程序级中调用时含义相同，若在另一级程序(如子程序)中使用，则意义不同。本级变量主要用于变量间的相互传递，初始状态下未赋值的本级变量即为空白变量。

2)通用变量#100～#144，#500～#531。可在各级宏程序中被共同使用的变量称为通用变量，即这一变量在不同程序级中调用时含义相同。因此，一个宏程序中经计算得到的一个通用变量的数值，可以被另一个宏程序应用。

4.算术运算指令

变量之间进行运算的通常表达形式是：

#i=(表达式)

(1)变量的定义和替换

#i=#j

(2)加减运算

#i=#j+#k //加

#i=#j-#k //减

(3)乘除运算

#i=#j×#k //乘

#i=#j/#k //除

(4)函数运算

#i=SIN [#j] //正弦函数(单位为度)

#i=COS [#j] //余弦函数(单位为度)

#i=TANN [#j] //正切函数(单位为度)

#i=ATANN [#j] /#k //反正切函数(单位为度)

#i=SQRT [#j] //平方根

#i=ABS [#j] //取绝对值

(5)运算的组合

以上算术运算和函数运算可以结合在一起使用，运算的先后顺序是：函数运算、乘除运算、加减运算。

(6)括号的应用

表达式中括号的运算将优先进行。连同函数中使用的括号在内，括号在表达式中最多可用5层。

5.控制指令

(1)条件转移

编程格式：

IF \[条件表达式\] GOTO n

以上程序段含义如下。

1)如果条件表达式的条件得以满足，则转而执行程序中程序号为 n 的相应操作，程序段号 n 可以由变量或表达式替代。

2)如果表达式中条件未满足，则顺序执行下一段程序。

3)如果程序作无条件转移，则条件部分可以被省略。

4)表达式可按如下书写：

#j　EQ　#k　　表示＝

#j　NE　#k　　表示≠

#j　GT　#k　　表示＞

#j　LT　#k　　表示＜

#j　GE　#k　　表示≥

#j　LE　#k　　表示≤

(2)重复执行

编程格式：

WHILE \[条件表达式\] DO m (m=1,2,3)

……

END m

上述程序含义如下。

1)当条件表达式满足时，程序段 DO m 至 END m 即重复执行；

2)当条件表达式不满足时，程序转到 END m 后处执行；

3)如果 WHILE \[条件表达式\]部分被省略，则程序段 DO m 至 END m 之间的部分将一直重复执行。

注意：

1) WHILE DO m 和 END m 必须成对使用。

2)DO 语句允许有3层嵌套，即：

```
DO 1
DO 2
DO 3
END 3
END 2
END 1
```

3)DO 语句范围不允许交叉，即如下语句是错误的：

DO　1

DO　2

END　1

END　2

以上仅介绍了 B 类宏程序应用的基本问题，有关应用详细说明，请查阅 FANUC－0i 系统说明书。

活动 2 应用举例

如图 5-27 所示的圆环点阵孔群中各孔的加工，前文中用 A 类宏程序解决过此类问题，这里再试用 B 类宏程序方法来解决问题。

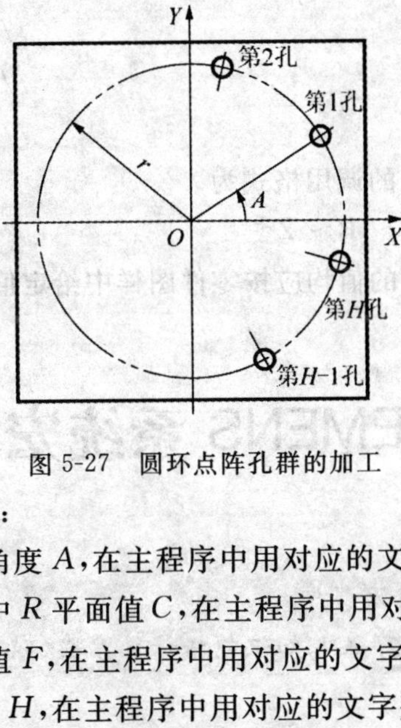

图 5-27　圆环点阵孔群的加工

宏程序中将用到下列变量：

＃1——第一个孔的起始角度 A，在主程序中用对应的文字变量 A 赋值；

＃3——孔加工固定循环中 R 平面值 C，在主程序中用对应的文字变量 C 赋值；

＃9——孔加工的进给量值 F，在主程序中用对应的文字变量 F 赋值；

＃11——要加工孔的孔数 H，在主程序中用对应的文字变量 H 赋值；

＃18——加工孔所处的圆环半径值 R，在主程序中用对应的文字变量 R 赋值；

＃26——孔深坐标值 Z，在主程序中用对应的文字变量 Z 赋值；

＃30——基准点，即圆环形中心的 X 坐标值 X_O；

＃31——基准点，即圆环形中心的 Y 坐标值 Y_O；

＃32——当前加工孔的序号 i；

＃33——当前加工第 i 孔的角度；

＃100——已加工孔的数量；

＃101——当前加工孔的 X 坐标值，初值设置为圆环形中心的 X 坐标值 X_O；

＃102——当前加工孔的 Y 坐标值，初值设置为圆环形中心的 Y 坐标值 Y_O。

用户宏程序编写如下：

```
O8000
N8010 #30=#101                                   //基准点保存
N8020 #31=#102                                   //基准点保存
N8030 #32=1                                      //计数值置 1
N8040 WHILE \[#32 LE ABS\[#11\]\] DO1            //进入孔加工循环体
N8050 #33=#1+360×\[#32-1\]/#11                   //计算第 i 孔的角度
N8060 #101=#30+#18×COS\[#33\]                    //计算第 i 孔的 X 坐标值
N8070 #102=#31+#18×SIN\[#33\]                    //计算第 i 孔的 Y 坐标值
N8080 G90 G81 G98 X#101 Y#102 Z#26 R#3 F#9       //钻削第 i 孔
N8090 #32=#32+1                                  //计数器对孔序号 i 计数累加
N8100 #100=#100+1                                //计算已加工孔数
N8110 END1                                       //孔加工循环体结束
N8120 #101=#30                                   //返回 X 坐标初值 X0
N8130 #102=#31                                   //返回 Y 坐标初值 Y0
M99                                              //宏程序结束
```

在主程序中调用上述宏程序的调用格式为

G65 P8000 A~ C~ F~ H~ R~ Z~

上述程序段中各文字变量后的值均应按零件图样中给定值来赋值。

任务5　SIEMENS 系统宏程序应用

任务描述： 了解 SIEMENS 系统宏程序。

任务分析： SIEMENS 系统宏程序基本知识包括计算参数、赋值方式和控制指令。

1. 计算参数

SIEMENS 系统宏程序应用的计算参数如下。

R0~R99——可自由使用；

R100~R249——加工循环传递参数（如程序中没有使用加工循环，这部分参数可自由使用）；

R250~R299——加工循环内部计算参数（如程序中没有使用加工循环，这部分参数可自由使用）。

2. 赋值方式

为程序的地址字赋值时，在地址字之后应使用“=”，N，G，L 除外。例如：

G00 X=R2

3. 控制指令

控制指令主要有以下两条。

IF 条件 GOTOF 标号

IF 条件 GOTOB 标号

说明：

IF——如果满足条件，跳转到标号处，如果不满足条件，执行下一条指令；

GOTOF——向前跳转；

GOTOB——向后跳转；

标号——目标程序段的标记符，必须由 2～8 个字母或数字组成，其中开始两个符号必须是字母或下画线。标记符必须位于程序段首；如果程序段有顺序号字，标记符必须紧跟顺序号字；标记符后面必须为冒号。

条件——计算表达式，通常用比较运算表达式，比较运算符见表 5-5。

表 5-5　比较运算符

比较运算符	意义
＝＝	等于
＜＞	不等于
＞	大于
＜	小于
＞＝	大于或等于
＜＝	小于或等于

例如，

……

N10 IF R1＜10 GOTOF LAB1

……

N100 LAB1：G0 Z80

4. 应用举例

用镗孔循环 LCYC85 加工如图 5-28 所示的矩阵排列孔，无孔底停留时间，安全间隙为 2。试编写程序。

程序如下：

N10 G0 G17 G90 F1000 T2 D2 S500 M3

N20 X10 Y10 Z105

N30 R1＝0

N40 R101＝105 R102＝2 R103＝102 R104＝77 R105＝0 R107＝200 R108＝100

```
N50 R115=85 R116=30 R117=20 R118=10 R119=5 R120=0 R121=10
N60 MARKE1:LCYC60
N70 R1=R1+1 R117=R117+10
N80 IF R1<5 GOTOB MARKE1
N90 G0 G90 X10 Y10 Z105
N100 M2
```

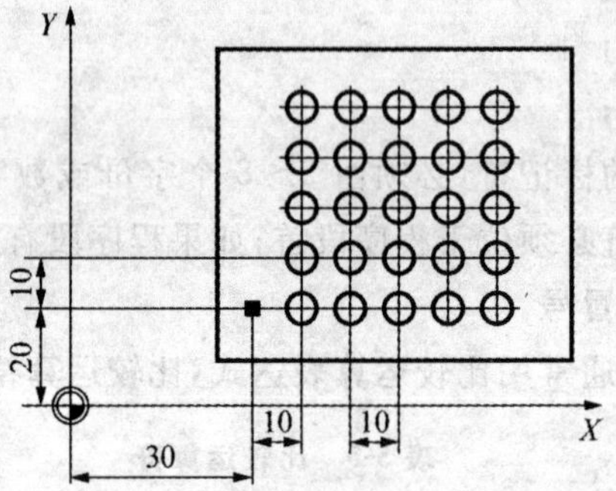

图 5-28　矩阵排列孔加工

任务6　加工中心的调整

任务描述： 学会加工中心的对刀方法；
学会调整加工中心回转工作台。

任务分析： 为保证加工质量，需要对加工中心作必要的调整，本任务介绍了加工中心的对刀方法，说明了 X、Y、Z 向回转中心的测量方法。

加工中心是一种功能较多的数控加工机床，具有铣削、镗削、钻削、螺纹加工等多种工艺手段。使用多把刀具时，尤其要注意准确地确定各把刀具的基本尺寸，即正确地对刀。对有回转工作台的加工中心，还应特别注意工作台回转中心的调整，以确保加工质量。

活动1 加工中心的对刀方法

在本书关于"加工坐标系设定"的内容中，已介绍了通过对刀方式设置加工坐标系的方法，这一方法也适用于加工中心。由于加工中心具有多把刀具，并能实现自动换刀，因此需要测量所用各把刀具的基本尺寸，并存入数控系统，以便加工中调用，即进行加工中心的对刀。加工中心通常采用机外对刀仪实现对刀。

对刀仪的基本结构如图 5-29 所示。对刀仪平台 7 上装有刀柄夹持轴 2，用于安装被测刀具，如图 5-30 所示为钻削刀具。

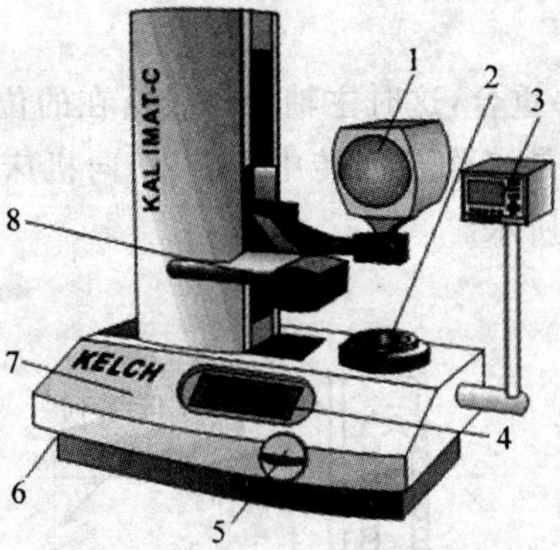

图 5-29　对刀仪的基本结构

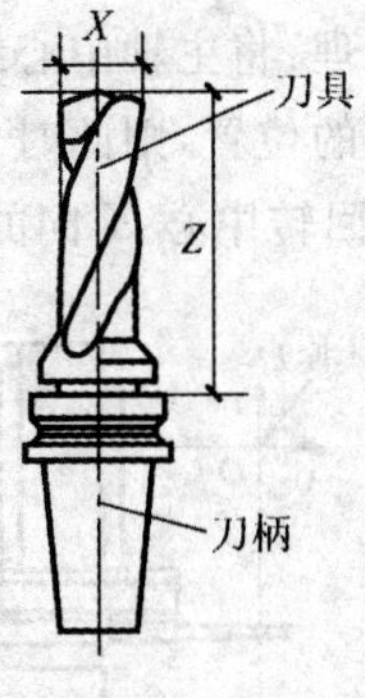

图 5-30　钻削刀具

通过快速移动单键按钮 4 和微调旋钮 5 或 6，可调整刀柄夹持轴 2 在对刀仪平台 7 上的位置。当光源发射器 8 发光，将刀具刀刃放大投影到显示屏幕 1 上时，即可测得刀具在 X（径向尺寸）、Z（刀柄基准面到刀尖的长度尺寸）方向的尺寸。

钻削刀具的对刀操作过程如下。

(1)将被测刀具与刀柄连接安装为一体。

(2)将刀柄插入对刀仪上的刀柄夹持轴 2，并紧固。

(3)打开光源发射器 8，观察刀刃在显示屏幕 1 上的投影。

(4)通过快速移动单键按钮 4 和微调旋钮 5 或 6，可调整刀刃在显示屏幕 1 上的投影位置，使刀具的刀尖对准显示屏幕 1 上的十字线中心，如图 5-31 所示。

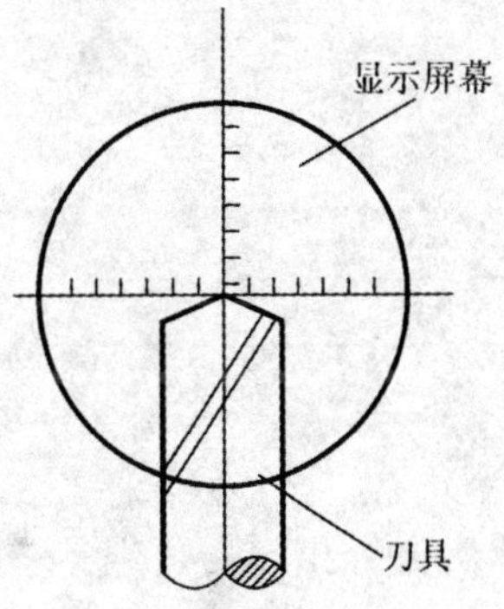

图 5-31　对刀

(5)测得 X 为 20，即刀具直径为 $\phi 20$，该尺寸可用作刀具半径补偿。

(6)测得 Z 为 180.002，即刀具长度尺寸为 180.002，该尺寸可用作刀具长度补偿。

(7)将测得尺寸输入加工中心的刀具补偿页面。

(8)将被测刀具从对刀仪上取下后，即可装上加工中心使用。

活动 2 加工中心回转工作台的调整

多数加工中心都配有回转工作台（见图 5-32），以实现在零件一次安装中多个加工面的加工。如何准确测量加工中心回转工作台的回转中心，对被加工零件的质量有着重要的影响。下面以卧式加工中心为例，说明工作台回转中心的测量方法。

工作台回转中心在工作台上表面的中心点上，如图 5-32 所示。

工作台回转中心的测量方法有多种，这里介绍一种较常用的方法，所用的工具有：一根标准芯轴、百分表（千分表）、量块。

1. X 向回转中心的测量

测量原理：将主轴中心线与工作台回转中心重合，这时主轴中心线所在的位置就是工作台回转中心的位置，则此时 X 坐标的显示值就是工作台回转中心到 X 向机床原点的距离 X。工作台回转中心 X 向的位置，如图 5-32(a)所示。

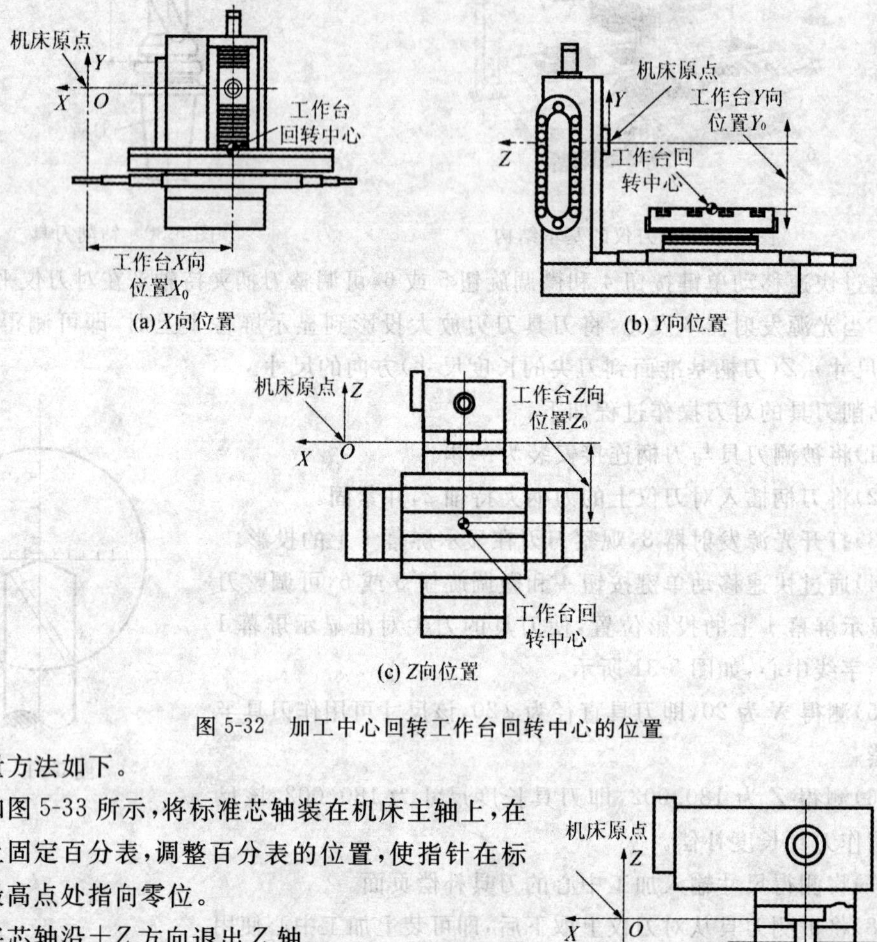

图 5-32 加工中心回转工作台回转中心的位置

测量方法如下。

1）如图 5-33 所示，将标准芯轴装在机床主轴上，在工作台上固定百分表，调整百分表的位置，使指针在标准芯轴最高点处指向零位。

2）将芯轴沿 $+Z$ 方向退出 Z 轴。

3）将工作台旋转 180°，再将芯轴沿 $-Z$ 方向移回原位。观察百分表指示的偏差然后调整 X 向机床坐标，反复测量，直到工作台旋转到 0°和 180°两个方向百分表指针指示的读数完全一样时，这时机床 CRT 上显示的 X 向坐标值即为工作台 X 向回转中心的位置。

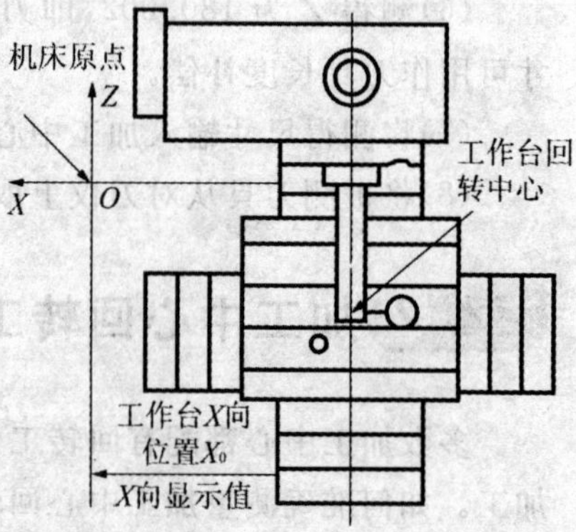

图 5-33 X 向回转中心的测量

工作台 X 向回转中心的准确性决定了调头加工工件上孔的 X 向同轴度精度。

2. Y 向回转中心的测量

测量原理：找出工作台上表面到 Y 向机床原点的距离 Y_0，即为 Y 向工作台回转中心的位置。工作台回转中心位置如图 5-32(b)所示。

测量方法：如图 5-34 所示，先将主轴沿 Y 向移到预定位置附近，用手拿着量块轻轻塞入，调整主轴 Y 向位置，直到量块刚好塞入为止。Y 向回转中心位置＝CRT 显示的 Y 向坐标值（为负值）－量块高度尺寸－标准芯轴半径。

工作台 Y 向回转中心影响工件上加工孔的中心高尺寸精度。

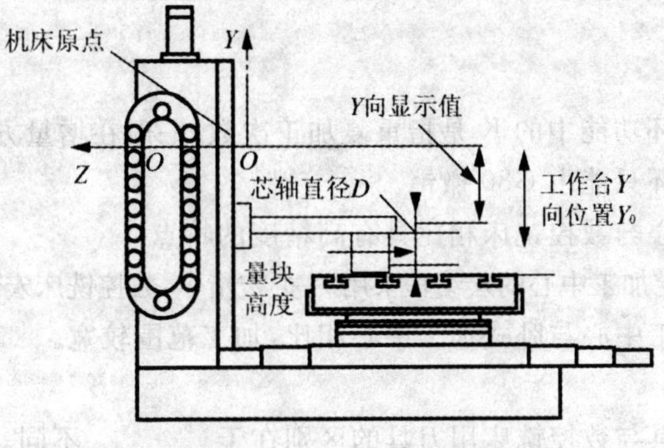

图 5-34　Y 向回转中心的测量

3. Z 向回转中心的测量

测量原理：找出工作台回转中心到 Z 向机床原点的距离 Z_0 即为 Z 向工作台回转中心的位置。工作台回转中心的位置如图 5-32(c)所示。

测量方法：如图 5-35 所示，当工作台分别在 0°和 180°时，移动工作台以调整 Z 向坐标，使百分表的读数相同，则 Z 向回转中心位置＝CRT 显示的 Z 向坐标值。

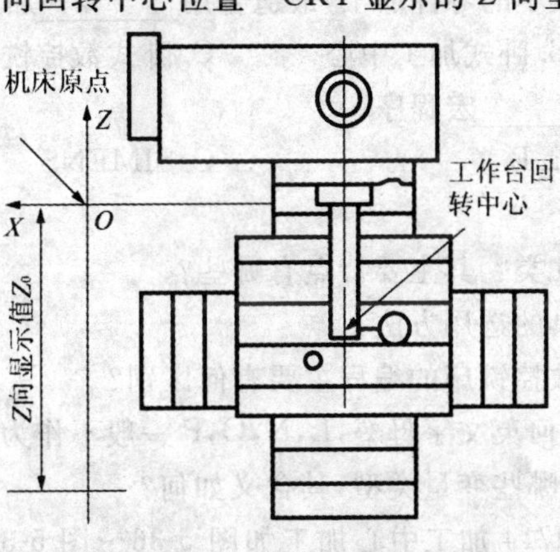

图 5-35　Z 向回转中心的测量

Z 向回转中心的准确性将影响机床调头加工工件时两端面之间的距离尺寸精度（在刀具长度测量准确的前提下）。反之，利用其也可修正刀具长度测量偏差。

机床回转中心在一次测量得出准确值以后，可以在一段时间内作为基准。但是，随着机床的使用，特别是在机床相关部分出现机械故障时，都有可能使机床回转中心出现变化。例如，机床在加工过程中出现撞车事故、机床丝杠螺母松动时等。因此，机床回转中心必须定期测量，特别是在加工相对精度较高的工件之前应重新测量，以校对机床回转中心，从而保证工件加工的精度。

课题测试

一、判断题

1. (　　)固定循环功能中的 K 是指重复加工次数,一般在增量方式下使用。
2. (　　)固定循环只能由 G80 撤销。
3. (　　)加工中心与数控铣床相比具有高精度的特点。
4. (　　)一般规定加工中心的宏编程采用 A 类宏指令,数控铣床宏编程采用 B 类宏指令。
5. (　　)立式加工中心与卧式加工中心相比,加工范围较宽。

二、选择题

1. 加工中心用刀具与数控铣床用刀具的区别在于________不同。
   A. 刀柄　B. 刀具材料　C. 刀具角度　D. 拉钉
2. 加工中心编程与数控铣床编程的主要区别在于________不同。
   A. 指令格式　B. 换刀程序　C. 宏程序　D. 指令功能
3. 下列字符中,________不适合用于 B 类宏程序中文字变量。
   A. F　B. G　C. J　D. Q
4. Z 轴方向尺寸相对较小的零件加工,最适合用________加工。
   A. 立式加工中心　B. 卧式加工中心　C. 卧式数控铣床　D. 车削加工中心
5. G65 P9201 属于________宏程序。
   A. A 类　B. B 类　C. SIMENS　D. FAGOR

三、简答题

1. 加工中心可分为哪几类?其主要特点有哪些?
2. 请总结加工中心刀具的选用方法。
3. 加工中心的编程与数控铣床的编程主要有何区别?
4. 在 B 类宏程序中,为何英文字母 G,L,N,O,P 一般不作为文字变量名?
5. 在 B 类宏程序中,有哪些变量类型,其含义如何?
6. 编程练习。采用 XH714 加工中心加工如图 5-36～图 5-39 所示的各平面曲线零件,加工内容:各孔,深 5;外轮廓表面,深 5。试编写加工程序。

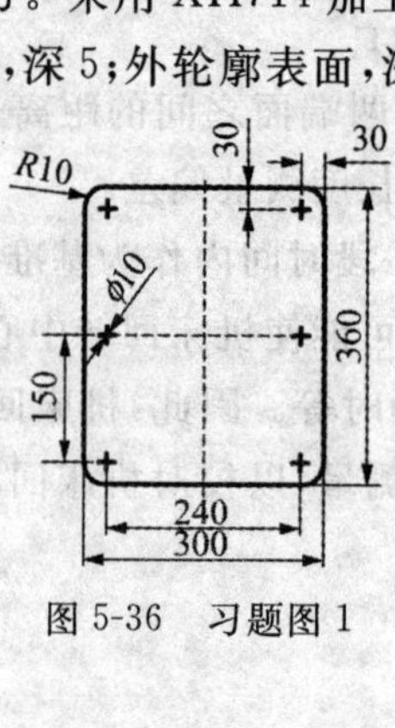

图 5-36　习题图 1

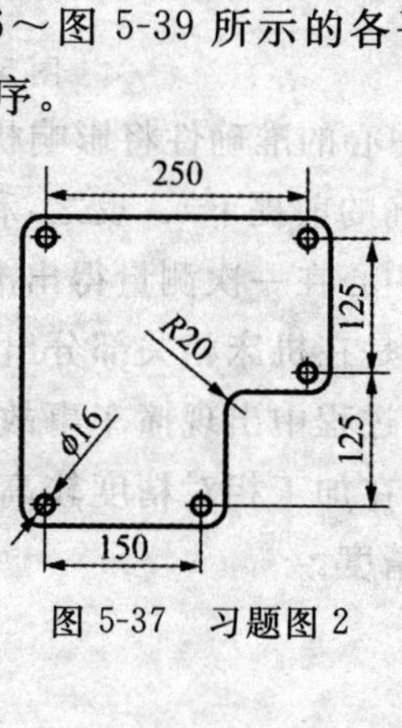

图 5-37　习题图 2

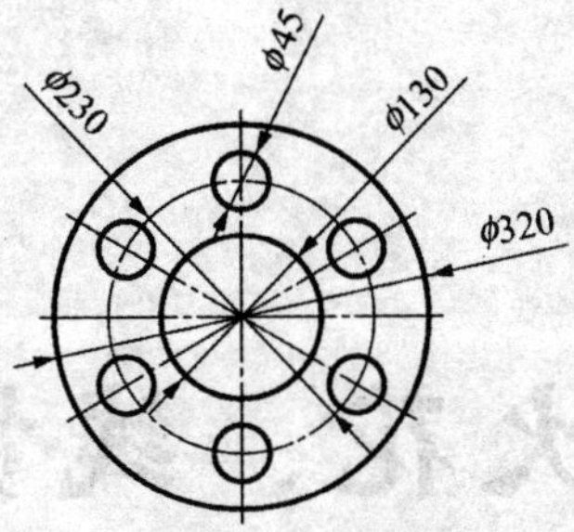

图 5-38　习题图 3

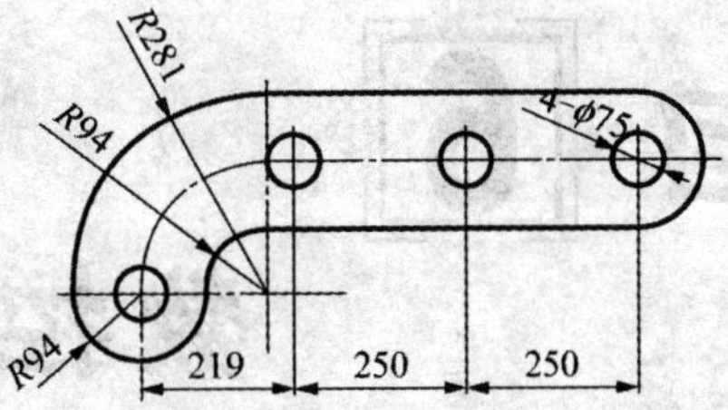

图 5-39　习题图 4

7. 编程练习。采用 XH714 加工中心加工如图 5-40 和图 5-41 所示的各平面型腔零件，加工内容：各型腔，深 5；440×340 外轮廓表面，深 5。试编写加工程序。

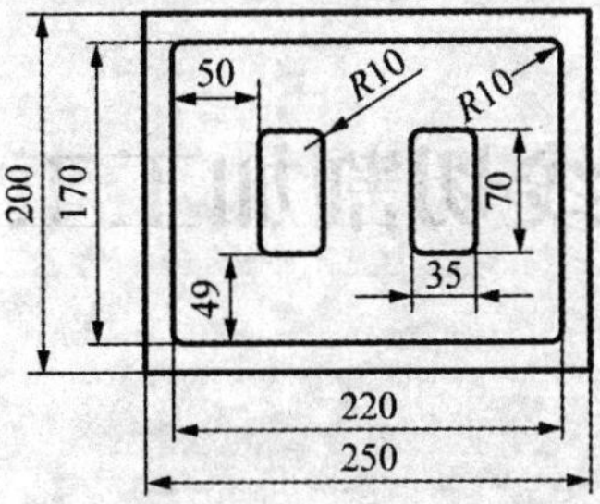

图 5-40　习题图 5

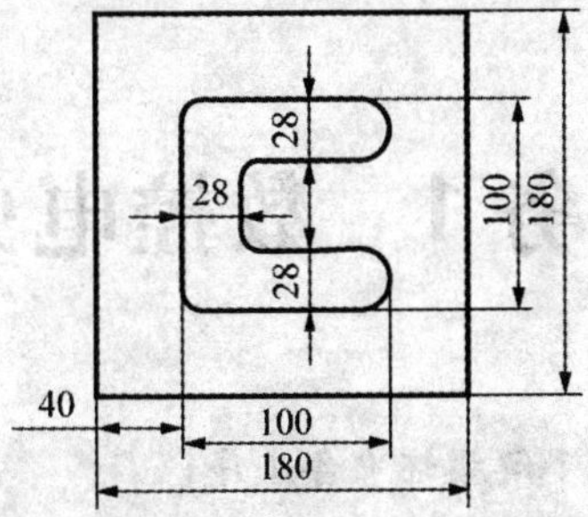

图 5-41　习题图 6

8. 在图 5-42 所示的零件图样中，材料为 45＃，技术要求如图所示。试完成以下工作。

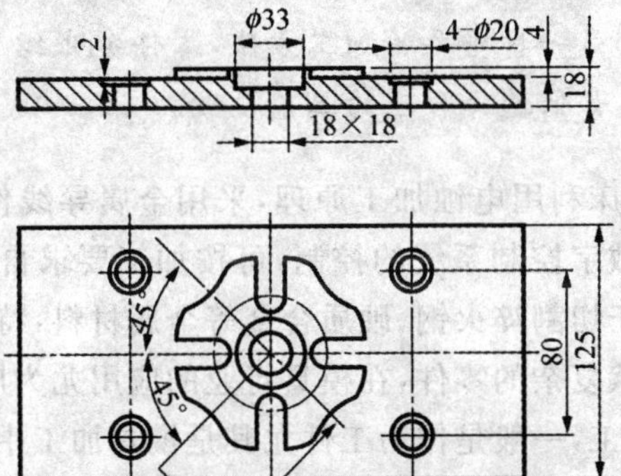

图 5-42　习题图 7

1）分析零件加工要求及工装要求。

2）编制工艺卡片。

3）编制刀具卡片。

4）编制加工程序，并请提供尽可能多的程序方案。

项目6 数控电火花、线切割机床的程序编制

任务1 数控电火花、线切割加工工艺

任务描述： 了解模坯准备工序；
了解工件的装夹方法；
了解电极丝的规格，并学会选用与调整；
学会选择合理的工艺参数。

任务分析： 电火花线、切割是一种重要的加工方法，本任务介绍了模坯、装夹、电极丝的知识，重点论述了如何选择合理的工艺参数。

数控电火花、线切割机床利用电蚀加工原理，采用金属导线作为工具电极切割工件，以满足加工要求。机床通过数字控制系统的控制，可按加工要求自动切割任意角度的直线和圆弧。这类机床主要适用于切割淬火钢、硬质合金等金属材料，特别适用于一般金属切削机床难以加工的细缝槽或形状复杂的零件，在模具行业的应用尤为广泛。

数控电火花、线切割加工，一般是作为工件尤其是模具加工中的最后工序。要达到加工零件的精度及表面粗糙度要求，应合理控制线切割加工时的各种工艺参数（例如电参数、切割速度、工件装夹等），同时应安排好零件的工艺路线及线切割加工前的准备工作。有关模具加工的线切割加工工艺准备和工艺过程如图 6-1 所示。

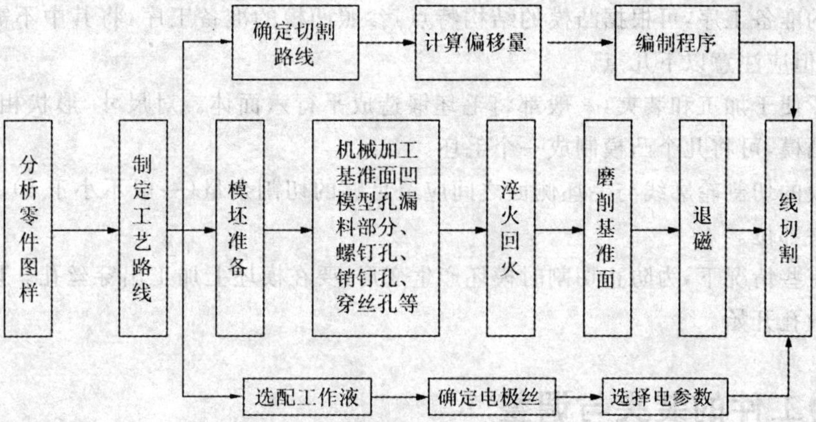

图 6-1　线切割加工的工艺准备和工艺过程

活动 1 模坯准备

1. 工件材料及毛坯

模具工作零件一般采用锻造毛坯，其线切割加工常在淬火与回火后进行。由于受材料淬透性的影响，当大面积去除金属和切断加工时，会使材料内部残余应力的相对平衡状态遭到破坏而产生变形，影响加工精度，甚至在切割过程中造成材料突然开裂。为减少这种影响，除在设计时应选用锻造性能好、淬透性好、热处理变形小的合金工具钢（如 Cr12，Cr12MoV，CrWMn）作模具材料外，对模具毛坯锻造及热处理工艺也应正确进行。

2. 模坯准备工序

模坯的准备工序是指凹模或凸模在线切割加工之前的全部加工工序。

(1)凹模的准备工序

1)下料：用锯床切断所需材料。

2)锻造：改善内部组织，并锻成所需的形状。

3)退火：消除锻造内应力，改善加工性能。

4)刨(铣)：刨六面，并留磨削余量 0.4～0.6。

5)磨：磨出上下平面及相邻两侧面，对角尺。

6)划线：划出刃口轮廓线和孔(螺孔、销孔、穿丝孔等)的位置。

7)加工型孔部分：当凹模较大时，为减少线切割加工量，需将型孔漏料部分铣(车)出，只切割刃口高度；对淬透性差的材料，可将型孔的部分材料去除，留 3～5 的切割余量。

8)孔加工：加工螺孔、销孔、穿丝孔等。

9)淬火：达设计要求。

10)磨：磨削上、下两平面及相邻两侧面，对角尺。

11)退磁处理。

(2)凸模的准备工序

凸模的准备工序，可根据凸模的结构特点，参照凹模的准备工序，将其中不需要的工序去掉即可，但应注意以下几点。

1)为了便于加工和装夹，一般都将毛坯锻造成平行六面体。对尺寸、形状相同，断面尺寸较小的凸模，可将几个凸模制成一个毛坯。

2)凸模的切割轮廓线与毛坯侧面之间应留足够的切割余量(一般不小于5)。毛坯上还要留出装夹部位。

3)在有些情况下，为防止切割时模坯产生变形，要在模坯上加工出穿丝孔。切割的引入程序从穿丝孔开始。

活动2 工件的装夹与调整

1. 工件的装夹

装夹工件时，必须保证工件的切割部位位于机床工作台纵向、横向进给的允许范围之内，避免超出极限，同时应考虑切割时电极丝运动空间。夹具应尽可能选择通用(或标准)件，所选夹具应便于装夹，便于协调工件和机床的尺寸关系。在加工大型模具时，要特别注意工件的定位方式，尤其在加工快结束时，工件的变形、重力的作用会使电极丝被夹紧，影响加工。

(1)悬臂式装夹

如图6-2所示是悬臂方式装夹工件，这种方式装夹方便、通用性强。但由于工件一端悬伸，易出现切割表面与工件上、下平面间的垂直度误差。这种方法仅用于加工要求不高或悬臂较短的情况。

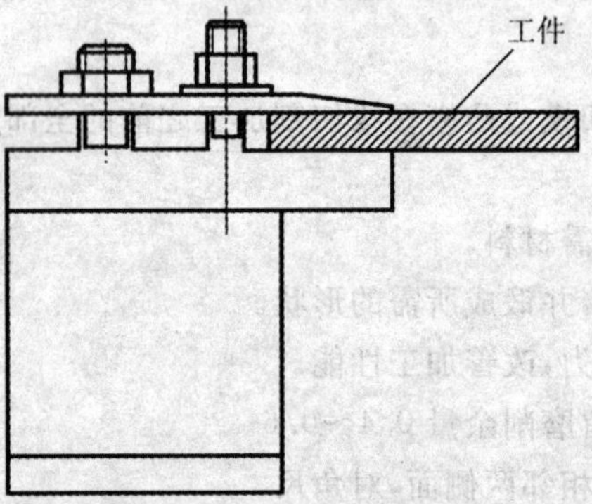

图6-2 悬臂式装夹

(2)两端支撑方式装夹

如图6-3所示是两端支撑方式装夹工件，这种方式装夹方便、稳定、定位精度高，但不适于装夹较大的零件。

(3)桥式支撑方式装夹

桥式支撑方式装夹是在通用夹具上放置垫铁后再装夹工件，如图6-4所示。这种方式装夹方便，对大、中、小型工件都能采用。

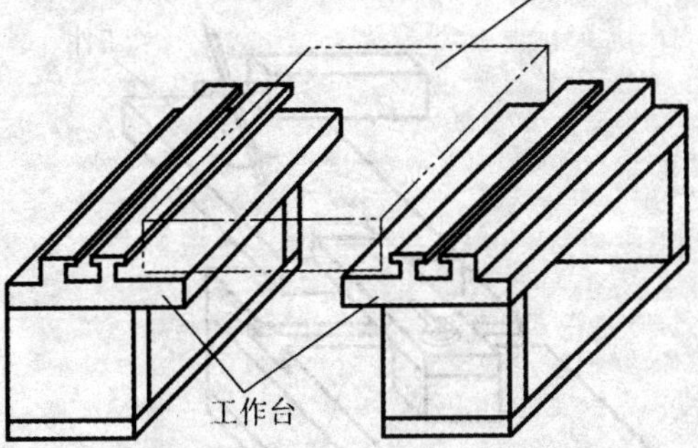

图 6-3　两端支撑方式装夹

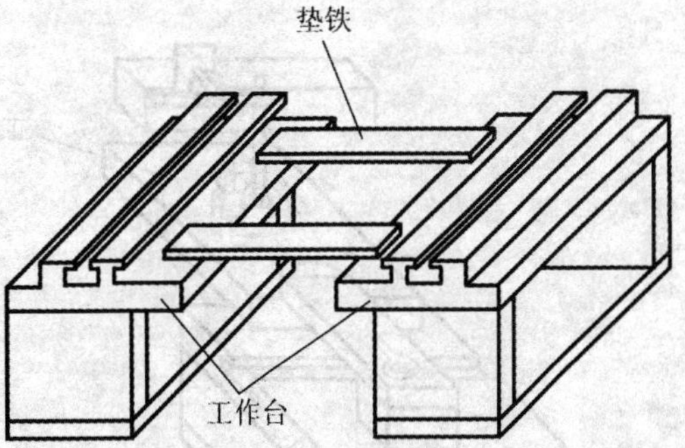

图 6-4　桥式支撑方式装夹

(4) 板式支撑方式装夹

如图 6-5 所示是板式支撑方式装夹工件。根据常用的工件形状和尺寸，采用有通孔的支撑板装夹工件。这种方式装夹精度高，但通用性差。

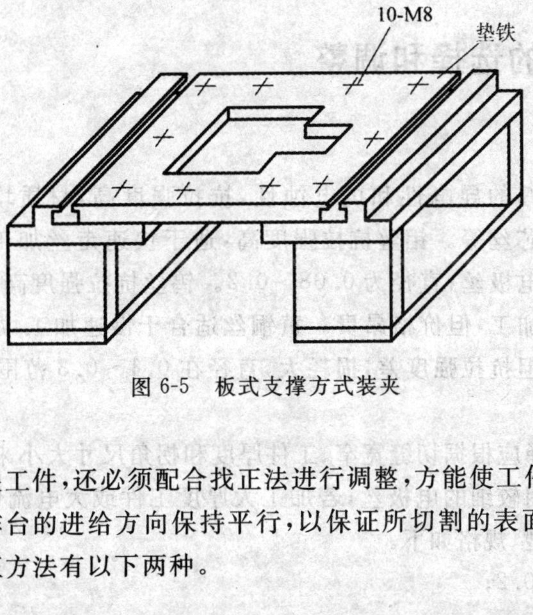

图 6-5　板式支撑方式装夹

2. 工件的调整

采用以上方式装夹工件，还必须配合找正法进行调整，方能使工件的定位基准面分别与机床的工作台面和工作台的进给方向保持平行，以保证所切割的表面与基准面之间的相对位置精度。常用的找正方法有以下两种。

(1)用百分表找正

如图 6-6 所示，用磁力表架将百分表固定在丝架或其他位置上，百分表的测量头与工件基面接触，往复移动工作台，按百分表指示值调整工件的位置，直至百分表指针的偏摆范围达到所要求的数值。找正应在相互垂直的三个方向上进行。

(2)划线法找正

当工件的切割图形与定位基准之间的相互位置精度要求不高时，可采用划线法找正，如图 6-7 所示。利用固定在丝架上的划针对准工件上划出的基准线，往复移动工作台，目测划针、基准间的偏离情况，将工件调整到正确位置。

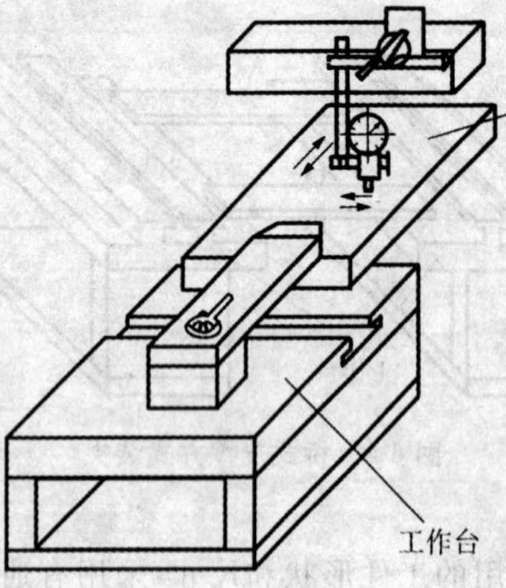

图 6-6　用百分表找正

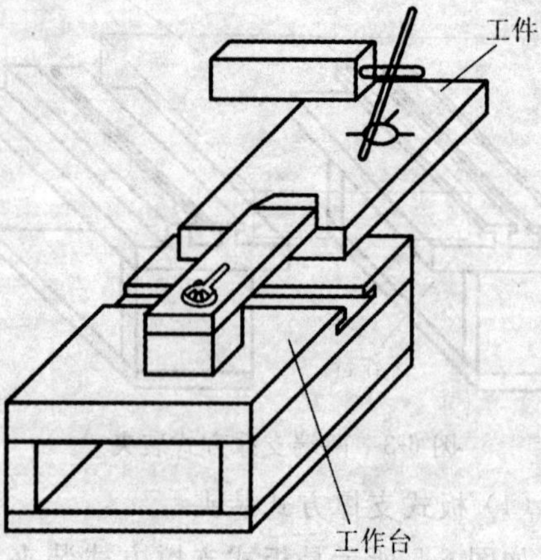

图 6-7　划线法找正

活动 3 电极丝的选择和调整

1. 电极丝的选择

电极丝应具有良好的导电性和抗电蚀性，抗拉强度高，材质均匀。常用电极丝有钼丝、钨丝、黄铜丝和包芯丝等。钼丝抗拉强度高，适于快速走丝加工，因此，我国快速走丝机床大都选用钼丝作电极丝，直径为0.08～0.2。钨丝抗拉强度高，直径为0.03～0.1，一般用于各种窄缝的精加工，但价格昂贵。黄铜丝适合于慢速加工，加工表面粗糙度和平直度较好，蚀屑附着少，但抗拉强度差，损耗大，直径在0.1～0.3范围内，一般用于慢速单向走丝加工。

电极丝直径的选择应根据切缝宽窄、工件厚度和拐角尺寸大小来选择。若加工带尖角、窄缝的小型模具宜选用较细的电极丝；若加工大厚度工件或大电流切割时应选较粗的电极丝。电极丝的主要类型、规格如下。

钼丝直径：0.08～0.2；

钨丝直径：0.03～0.1；

黄铜丝直径：0.1～0.3；

包芯丝直径：0.1～0.3。

2. 穿丝孔和电极丝切入位置的选择

穿丝孔是电极丝相对工件运动的起点，同时也是程序执行的起点，一般选在工件上的基准点处。为缩短开始切割时的切入长度，穿丝孔也可选在距离型孔边缘2～5处，如图6-8(a)所示。加工凸模时，为减小变形，电极丝切割时的运动轨迹与边缘的距离应大于5，如图6-8(b)所示。

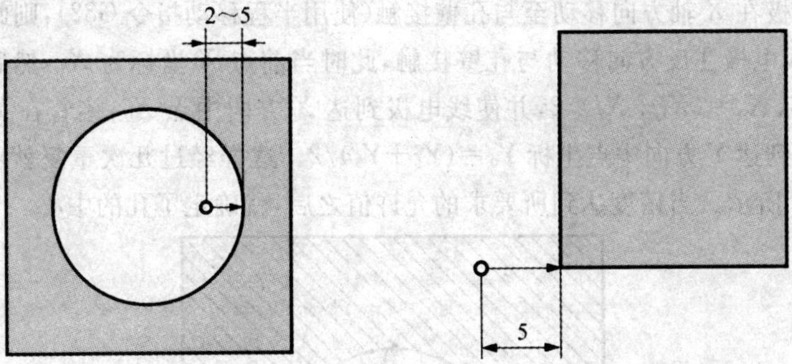

(a) 凹模　　　　(b) 凸模

图 6-8　切入位置的选择

3. 电极丝位置的调整

线切割加工之前，应将电极丝调整到切割的起始坐标位置上，其调整方法有以下几种。

(1)目测法

对于加工要求较低的工件，当确定电极丝与工件基准间的相对位置时，可以直接利用目测或借助 2～8 倍的放大镜来进行观察。如图 6-9 所示是利用穿丝处划出的十字基准线，分别沿划线方向观察电极丝与基准线的相对位置，根据两者的偏离情况移动工作台，当电极丝中心分别与纵横方向基准线重合时，工作台纵、横方向上的读数就确定了电极丝中心的位置。

(2)火花法

如图 6-10 所示，移动工作台使工件的基准面逐渐靠近电极丝，在出现火花的瞬时，记下工作台的相应坐标值，再根据放电间隙推算电极丝中心的坐标。此法简单易行，但往往因电极丝靠近基准面时产生的放电间隙与正常切割条件下的放电间隙不完全相同而产生误差。

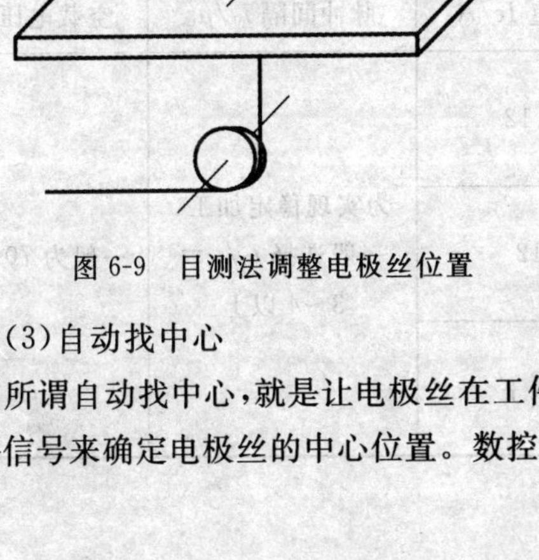

图 6-9　目测法调整电极丝位置

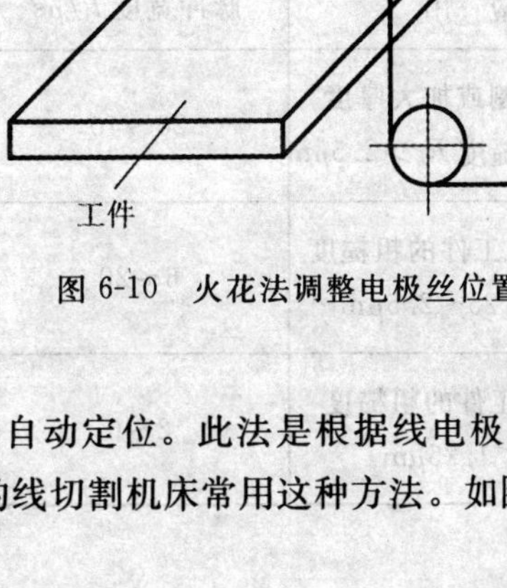

图 6-10　火花法调整电极丝位置

(3)自动找中心

所谓自动找中心，就是让电极丝在工件孔的中心自动定位。此法是根据线电极与工件的短路信号来确定电极丝的中心位置。数控功能较强的线切割机床常用这种方法。如图 6-11 所示，首先让线电极在 X 轴方向移动至与孔壁接触(使用半程移动指令 G82)，则此时当前点 X 坐标为 X_1，接着线电极往反方向移动与孔壁接触，此时当前点 X 坐标为 X_2，然后系统自动计算 X 方向中点坐标 $X_0=(X_1+X_2)/2$，并使线电极到达 X 方向中点 X_0；接着在 Y 轴方向进行上述过程，线电极到达 Y 方向中点坐标 $Y_0=(Y_1+Y_2)/2$。这样经过几次重复就可找到孔的中心位置，如图 6-11 所示。当精度达到所要求的允许值之后，就确定了孔的中心。

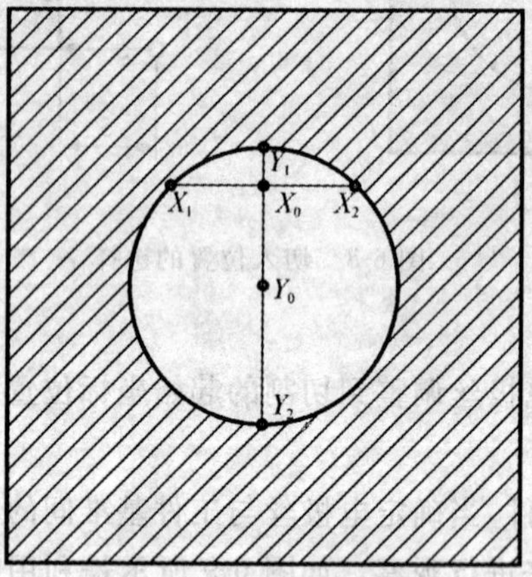

图 6-11　自动找中心

活动 4 工艺参数的选择

1. 脉冲参数的选择

线切割加工一般都采用晶体管高频脉冲电源，用单个脉冲能量小、脉宽窄、频率高的脉冲参数进行正极性加工。加工时，可改变的脉冲参数主要有电流峰值、脉冲宽度、脉冲间隔、空载电压、放电电流。当要求获得较好的表面粗糙度时，所选用的电参数要小；若要求获得较高的切割速度，脉冲参数要选大一些，但加工电流的增大受排屑条件及电极丝截面积的限制，过大的电流易引起断丝。快速走丝线切割加工脉冲参数的选择见表 6-1，慢速走丝线切割加工脉冲参数的选择见表 6-2。

表 6-1　快速走丝线切割加工脉冲参数的选择

应　用	脉冲宽度 $t_i/\mu s$	电流峰值 Ie/A	脉冲间隔 $t_0/\mu s$	空载电压/V
快速切割或加大厚度工件的粗糙度 $R_a>2.5\mu m$	20～40	大于 12	为实现稳定加工，一般选择 $t_0/t_i=$ 3～4 以上	一般为 70～90
半精加工工件的粗糙度 $R_a=1.25\sim2.5\mu m$	6～20	6～12		
精加工工件的粗糙度 $R_a<1.25\mu m$	2～6	4.8 以下		

表 6-2 慢速走丝线切割加工脉冲参数的选择

工件材料	WC	加工液电阻	$10\times10^4\Omega$
电极丝直径	ϕ0.2	加工液压力	第一次切割 $12kg/cm^2$ 第二次切割 $1\sim2kg/cm^2$
电极丝张力	0.2A(1200g)		
电极丝速度	6～10mm/min	加工液流量	上/下 5～6l/min(第一次切割) 上/下 1～2l/min(第二次切割)

工件厚度/mm		加工条件编号	偏移量编号	电压/V	电流/A	速度/$(mm\cdot min^{-1})$
20	1st	C423	H175	32	7.0	2.0～2.6
	2nd	C722	H125	60	1.0	7.0～8.0
	3rd	C752	H115	65	0.5	9.0～10.0
	4th	C782	H110	60	0.3	9.0～10.0
30	1st	C433	H174	32	7.2	1.5～1.8
	2nd	C722	H124	60	1.0	6.0～7.0
	3rd	C752	H114	60	0.7	9.0～10.0
	4th	C782	H109	60	0.3	9.0～10.0
40	1st	C433	H178	34	7.5	1.2～1.5
	2nd	C723	H128	60	1.5	5.0～6.0
	3rd	C753	H113	65	1.1	9.0～10.0
	4th	C783	H108	30	0.7	9.0～10.0
50	1st	C453	H178	35	7.0	0.9～1.1
	2nd	C723	H128	58	1.5	4.0～5.0
	3rd	C753	H113	42	1.3	6.0～7.0
	4th	C783	H108	30	0.7	9.0～10.0
60	1st	C463	H179	35	7.0	0.8～0.9
	2nd	C724	H129	58	1.5	4.0～5.0
	3rd	C754	H114	42	1.3	6.0～7.0
	4th	C784	H109	30	0.7	9.0 ～10.0
70	1st	C473	H185	33	6.8	0.6～0.8
	2nd	C724	H135	55	1.5	3.5～4.5
	3rd	C754	H115	35	1.5	4.0～5.0
	4th	C784	H110	30	1.0	7.0～8.0

续表

工件材料　WC　　　　　　　　　　　加工液电阻　$10\times10^4\Omega$

电极丝直径　$\phi0.2$　　　　　　　加工液压力　第一次切割 $12kg/cm^2$

电极丝张力　0.2A(1200g)　　　　　　　　　　　第二次切割 $1\sim2kg/cm^2$

电极丝速度　6～10mm/min　　　　　加工液流量　上/下 5～6l/min(第一次切割)

上/下 1～2l/min(第二次切割)

工件厚度/mm		加工条件编号	偏移量编号	电压/V	电流/A	速度/($mm\cdot min^{-1}$)
80	1st	C483	H185	33	6.5	0.5～0.6
	2nd	C725	H135	55	1.5	3.5～4.5
	3rd	C755	H115	35	1.5	4.0～5.0
	4th	C785	H110	30	1.0	7.0～8.0
90	1st	C493	H185	34	6.5	0.5～0.6
	2nd	C725	H135	52	1.5	3.0～4.0
	3rd	C755	H115	30	1.5	3.5～4.5
	4th	C785	H110	30	1.5	7.0～8.0
100	1st	C493	H185	34	6.3	0.4～0.5
	2nd	C725	H135	52	1.5	3.0～4.0
	3rd	C755	H115	30	1.5	3.0～4.0
	4th	C785	H110	30	1.0	7.0～8.0

2.工艺尺寸的确定

线切割加工时，为了获得所要求的加工尺寸，电极丝和加工图形之间必须保持一定的距离，如图 6-12 所示。图中双点画线表示电极丝中心的轨迹，实线表示型孔或凸模轮廓。编程时首先要求出电极丝中心轨迹与加工图形之间的垂直距离 ΔR(间隙补偿距离)，并将电极丝中心轨迹分割成单一的直线或圆弧段，求出各线段的交点坐标后，逐步进行编程。具体步骤如下。

(1)设置加工坐标系

根据工件的装夹情况和切割方向确定加工坐标系。为简化计算，应尽量选取图形的对称轴线为坐标轴。

(2)补偿计算

按选定的电极丝半径 r，放电间隙 δ 和凸、凹模的单面配合间隙 $Z/2$，则加工凹模的补偿距离 $\Delta R_1=r+\delta$，如图 6-12(a)所示。加工凸模的补偿距离 $\Delta R_2=r+\delta-Z/2$，如图 6-12(b)所示。

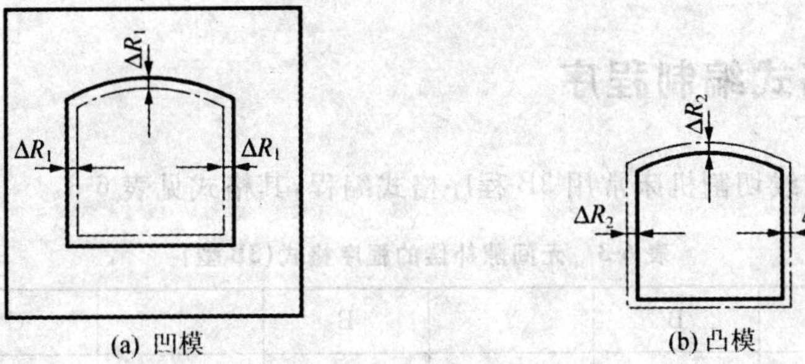

图 6-12　电极丝中心轨迹

(3)计算线段交点坐标值

将电极丝中心轨迹分割成平滑的直线和单一的圆弧线，按型孔或凸模的平均尺寸计算出各线段交点的坐标值。

3. 工作液的选配

工作液对切割速度、表面粗糙度、加工精度等都有较大影响，加工时必须正确选配。常用的工作液主要有去离子水和乳化液。

(1)去离子水

对于慢速走丝线切割加工，目前普遍使用去离子水。为了提高切割速度，在加工时还要加进有利于提高切割速度的导电液，以增加工作液的电阻率。加工淬火钢，使电阻率在 $2\times10^4\Omega\cdot cm$ 左右；加工硬质合金电阻率在 $30\times10^4\Omega\cdot cm$ 左右。

(2)乳化液

对于快速走丝线切割加工，目前最常用的是乳化液。乳化液是由乳化油和工作介质配制(浓度为 5%～10%)而成的。工作介质可用自来水，也可用蒸馏水、高纯水和磁化水。

任务2　数控电火花、线切割机床的基本编程方法

任务描述： 学会编写电火花、线切割 3B 格式程序；

学会编写电火花、线切割 ISO 代码程序。

任务分析： 本任务介绍了电火花、线切割 3B 格式程序和 ISO 代码程序的编写格式。

要使数控电火花、线切割机床按照预定的要求，自动完成切割加工，就应把被加工零件的切割顺序、切割方向、切割尺寸等一系列加工信息，按数控系统要求的格式编制成加工程序，以实现加工。数控电火花、线切割机床的编程，主要采用以下 3 种格式编写：3B 格式编制程序、ISO 代码编制程序、计算机自动编制程序。

活动 1 3B 格式编制程序

目前，我国数控线切割机床常用 3B 程序格式编程，其格式见表 6-3。

表 6-3 无间隙补偿的程序格式(3B 型)

B	X	B	Y	B	J	G	Z
分隔符号	X 坐标值	分隔符号	Y 坐标值	分隔符号	计数长度	计数方向	加工指令

1. 分隔符号 B

因为 X，Y，J 均为数字，用分隔符号 B 将其隔开，以免混淆。

2. 坐标值 X，Y

一般规定只输入坐标的绝对值，其单位为 μm，μm 以下应四舍五入。

对于圆弧，坐标原点移至圆心，X，Y 为圆弧起点的坐标值。

对于直线(斜线)，坐标原点移至直线起点，X，Y 为终点坐标值。允许将 X 和 Y 的值按相同的比例放大或缩小。

对于平行于 X 轴或 Y 轴的直线，即当 X 或 Y 为零时，X 或 Y 值均可不写，但分隔符号必须保留。

3. 计数方向 G

选取 X 方向进给总长度进行计数，称为计 X，用 G_x 表示；选取 Y 方向进给总长度进行计数，称为计 Y，用 G_y 表示。

(1)加工直线，可按图 6-13 所示选取。

$|Y_e|>|X_e|$时，取 G_y；

$|X_e|>|Y_e|$时，取 G_x；

$|X_e|=|Y_e|$时，取 G_x 或 G_y 均可。

(2)对于圆弧，可按当圆弧终点坐标在图 6-14 所示的各个区域时选取。

$|X_e|>|Y_e|$时，取 G_y；

$|Y_e|>|X_e|$时，取 G_x；

$|X_e|=|Y_e|$时，取 G_x 或 G_y 均可。

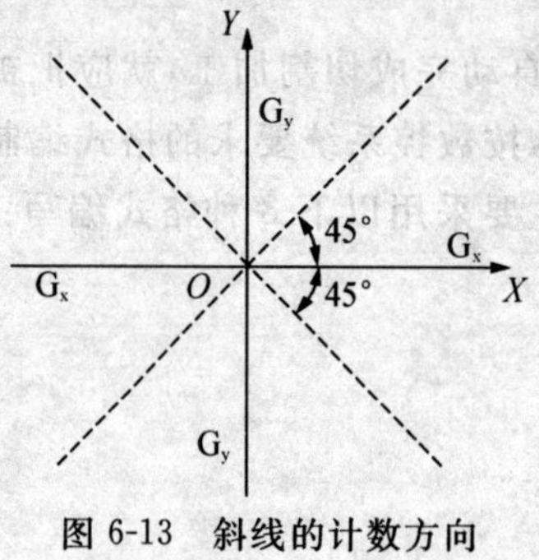

图 6-13 斜线的计数方向

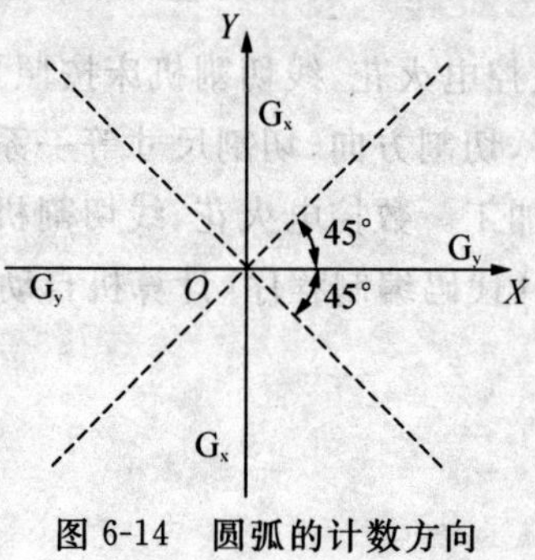

图 6-14 圆弧的计数方向

4. 计数长度 J

计数长度是指被加工图形在计数方向上的投影长度(即绝对值)的总和,以 μm 为单位。

【例 6-1】 加工如图 6-15 所示的斜线 OA,其终点为 $A(X_e,Y_e)$,且 $Y_e>X_e$,试确定 G 和 J。

因为 $|Y_e|>|X_e|$,OA 斜线与 X 轴夹角大于 45°时,计数方向取 G_y,斜线 OA 在 Y 轴上的投影长度为 Y_e,故 $J=Y_e$。

【例 6-2】 加工如图 6-16 所示的圆弧,加工起点 A 在第四象限,终点 $B(X_e,Y_e)$ 在第一象限,试确定 G 和 J。

因为加工终点靠近 Y 轴,$|Y_e|>|X_e|$,计数方向取 G_x;计数长度为各象限中的圆弧段在 X 轴上投影长度的总和,即 $J=J_{X1}+J_{X2}$。

【例 6-3】 加工图 6-17 所示的圆弧,加工终点 $B(X_e,Y_e)$,试确定 G 和 J。

因加工终点 B 靠近 X 轴,$|X_e|>|Y_e|$,故计数方向取 G_y,J 为各象限的圆弧段在 Y 轴上投影长度的总和,即 $J=J_{y1}+J_{y2}+J_{y3}$。

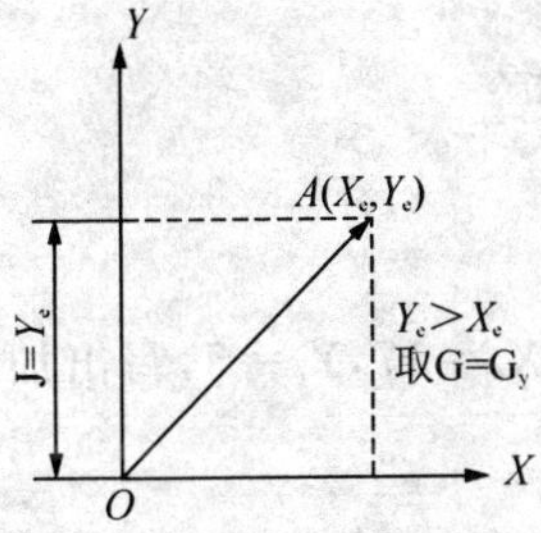

图 6-15　例 6-1 斜线的 G 和 J

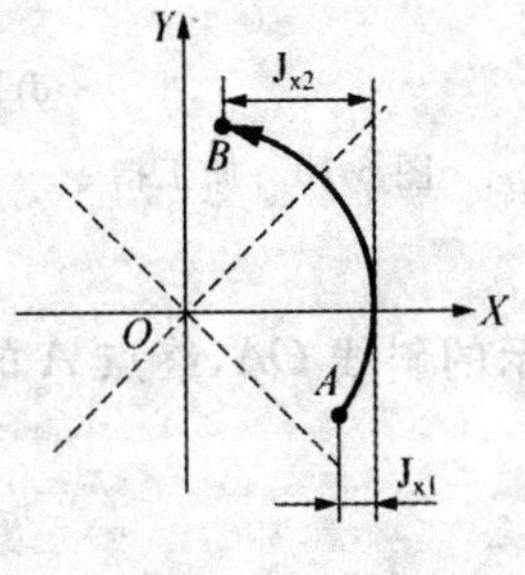

图 6-16　例 6-2 圆弧的 G 和 J

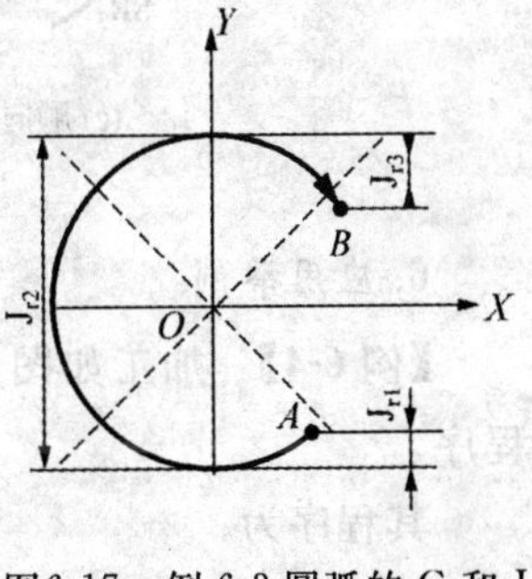

图 6-17　例 6-3 圆弧的 G 和 J

5. 加工指令 Z

加工指令 Z 是用来表达被加工图形的形状、所在象限和加工方向等信息的。控制系统根据这些指令正确选择偏差公式,进行偏差计算,控制工作台的进给方向,从而实现机床的自动化加工。加工指令共 12 种,如图 6-18 所示。

位于四个象限中的直线段称为斜线。加工斜线的加工指令分别用 L_1,L_2,L_3,L_4 表示,如图 6-18(a)所示。与坐标轴相重合的直线,根据进给方向,其加工指令可按图 6-18(b)选取。

当加工圆弧时,若被加工圆弧的加工起点分别在坐标系的四个象限中,并按顺时针插补,如图 6-18(c)所示,加工指令分别用 SR_1,SR_2,SR_3,SR_4 表示;按逆时针方向插补时,分别用 NR_1,NR_2,NR_3,NR_4 表示,如图 6-18(d)所示。如加工起点刚好在坐标轴上,其指令可选相邻两象限中的任何一个。

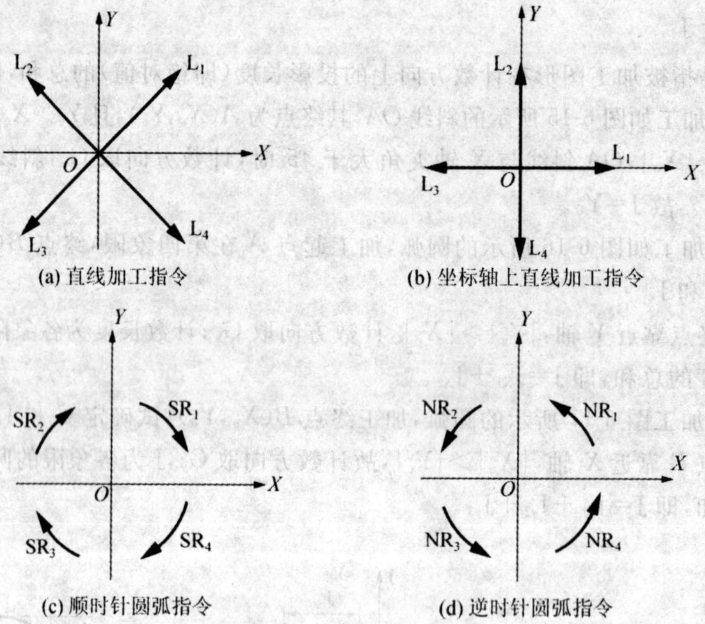

图 6-18　加工指令

6. 应用举例

【例 6-4】 加工如图 6-19 所示的斜线 OA，终点 A 的坐标为 $X_e=17$，$Y_e=5$，写出加工程序。

其程序为：

B17000 B5000 B017000GxL$_1$

【例 6-5】 加工如图 6-20 所示的直线，其长度为 21.5，写出其程序。

相应的程序为：

BB21500B021500GyL$_2$

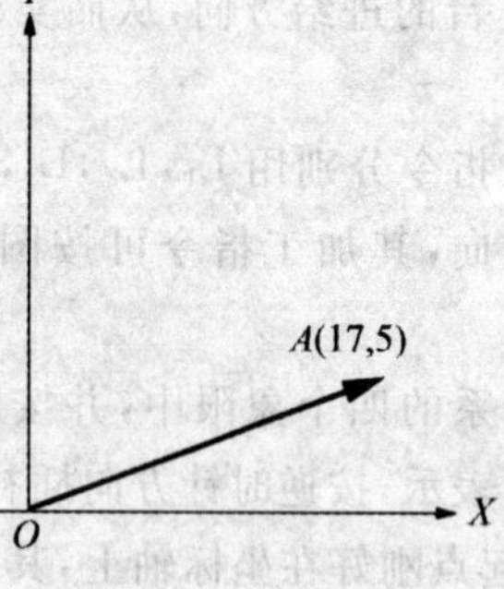

图 6-19　加工斜线

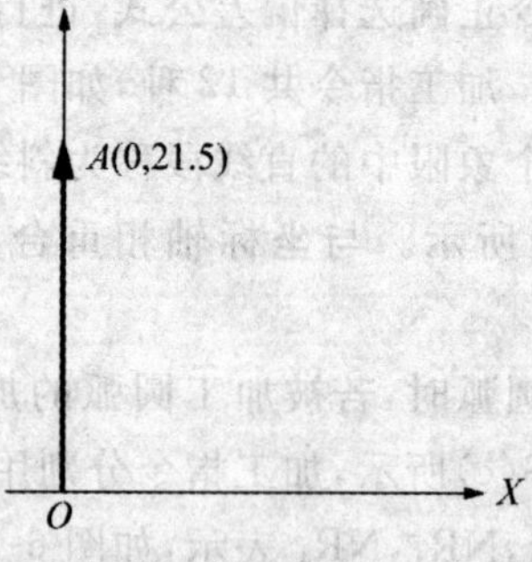

图 6-20　加工与 Y 轴正方向重合的直线

【例 6-6】 加工如图 6-21 所示的圆弧，加工起点 A 的坐标为(−5,0)，试编制程序。

其程序为：

B5000 BB010000GySR$_2$

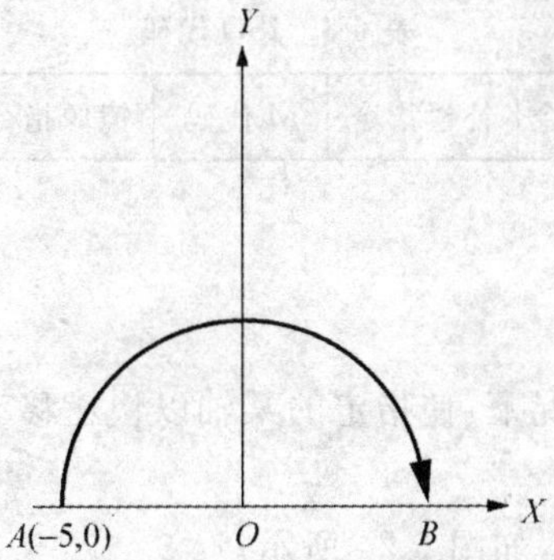

图 6-21　加工半圆弧

【例 6-7】　加工如图 6-22 所示的 1/4 圆弧，加工起点为 $A(0.707, 0.707)$，终点为 $B(-0.707, 0.707)$，试编制程序。

相应的程序为：

B707 B707 B001414GxNR_1

由于终点恰好在 45°线上，故也可取 G_y，则程序为：

B707 B707 B000586GyNR_1

【例 6-8】　加工如图 6-23 所示的圆弧，加工起点为 $A(-2, 9)$，终点为 $B(9, -2)$，编制加工程序。

圆弧半径：$R = 9220\mu m$

计数长度：$J_{YAC} = 9000\mu m$

$J_{YCD} = 9220\mu m$

$J_{YDB} = R - 2000\mu m = 7200\mu m$

则 $J_Y = J_{YAC} + J_{YCD} + J_{YDB} = (9000 + 9220 + 7220)\mu m = 25440\mu m$

其程序为：

B2000 B9000 B025440GyNR_2

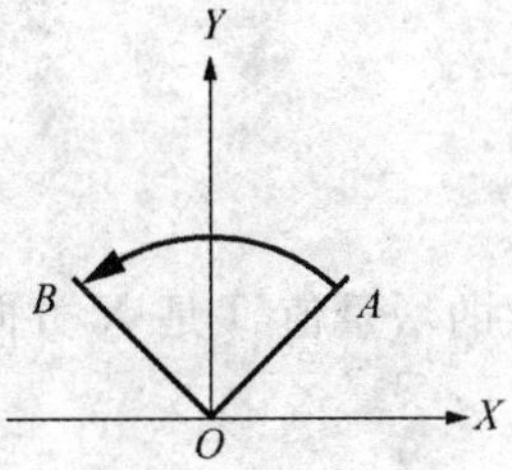

图 6-22　加工 1/4 圆弧

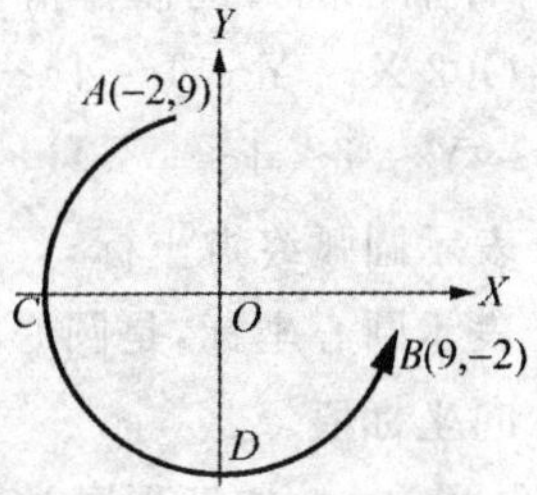

图 6-23　加工圆弧段

活动 2　ISO 代码数控程序编制

我国快走丝数控电火花、切割机床常用的 ISO 代码指令，与国际上使用的标准基本一致。常用指令如表 6-4 所示。

表 6-4 ISO 代码

运动指令	坐标方式指令	坐标系指令	补偿指令	M 代码	镜像指令	锥度指令	坐标指令	其他指令

1. 运动指令

(1)G00 快速定位指令

在线切割机床不放电的情况下，使指定的某轴以快速移动到指定位置。

编程格式：G00 X～ Y～

例如，G00 X60000 Y80000，如图 6-24 所示。

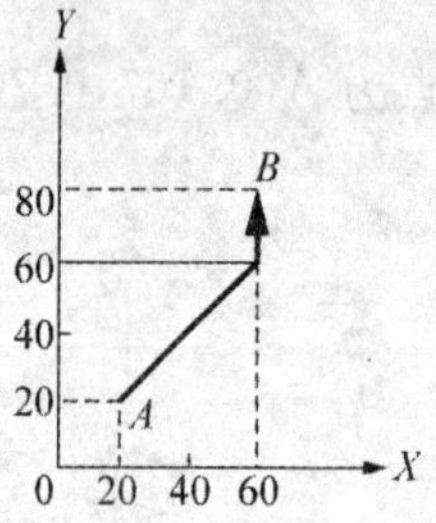

图 6-24 快速定位

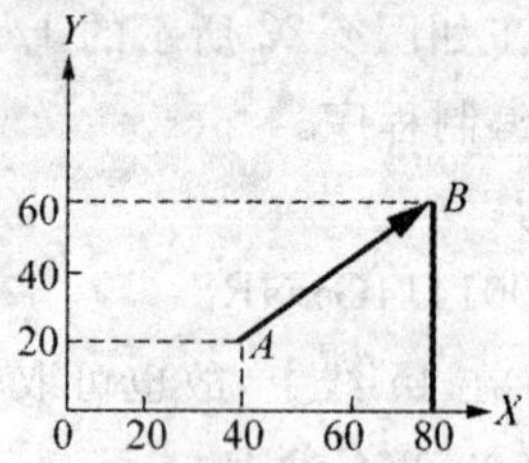

图 6-25 直线插补

(2)G01 直线插补指令

编程格式：G01 X～ Y～(U～ V～)

用于线切割机床在各个坐标平面内加工任意斜率的直线轮廓和用直线逼近曲线轮廓。

例如，G92 X40000 Y20000

G01 X80000 Y60000，如图 6-25 所示。

(3)G02，G03 圆弧插补指令

G02 顺时针加工圆弧的插补指令

G03 逆时针加工圆弧的插补指令

编程格式：G02 X～ Y～ I～ J～

或 G03 X～ Y～ I～ J～

式中：X，Y——表示圆弧终点坐标；

I，J——表示圆心坐标，是圆心相对圆弧起点的增量值，I 是 X 方向坐标值，J 是 Y 方向坐标值。

应用如图 6-26 所示，加工程序为：

G92 X10000 Y10000

G02 X30000 Y30000 I20000 J0

G03 X45000 Y15000 I15000 J0

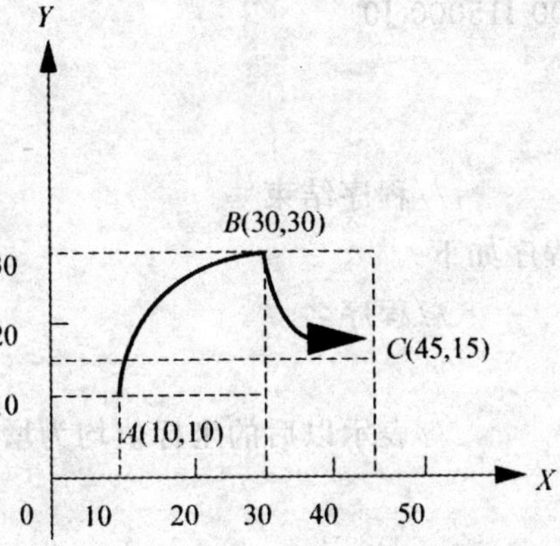

图 6-26　圆弧插补

2. 坐标方式指令

G90 为绝对坐标指令。该指令表示程序段中的编程尺寸是按绝对坐标给定的。

G91 为增量坐标指令。该指令表示程序段中的编程尺寸是按增量坐标给定的，即坐标值均以前一个坐标作为起点来计算下一点的位置值。

3. 坐标系指令(见表 6-5)

表 6-5　坐标系指令

G92	加工坐标系设置指令
G54	加工坐标系 1
G55	加工坐标系 2
G56	加工坐标系 3
G57	加工坐标系 4
G58	加工坐标系 5
G59	加工坐标系 6

常用 G92 加工坐标系设置指令。

编程格式：G92 X～ Y～

例如，加工如图 6-27 所示的零件(电极丝直径与放电间隙忽略不计)。

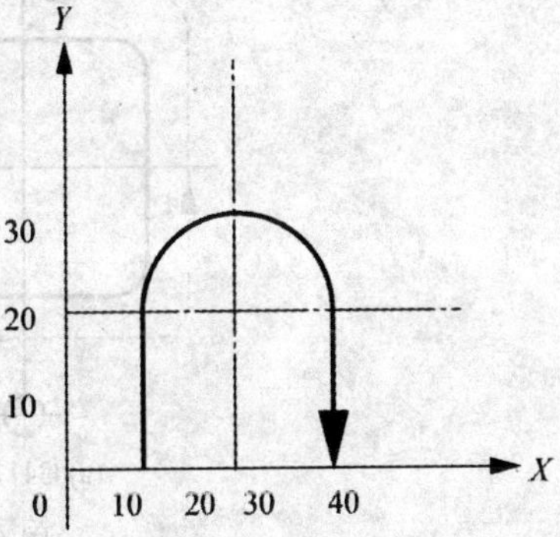

图 6-27　插补例

1)用 G90 编程。其加工程序如下：

P1　　　　　　　　　　　　//程序名

N01 G92 X0 Y0　　　　　　//确定加工程序起点，设置加工坐标系

N02 G01 X10000 Y0

N03 G01 X10000 Y20000

N04 G02 X40000 Y20000 I15000 J0

N05 G01 X40000 Y0

N06 G01 X0 Y0

N07 M02 //程序结束

2)用 G91 编程，其加工程序如下：

P2 //程序名

N01 G92 X0 Y0

NO2 G91 //表示以后的坐标值均为增量坐标

NO3 G01 X10000 Y0

N04 G01 X0 Y20000

N05 G02 X30000 Y0 I15000 J0

N06 G01 X0 Y－20000

N07 G01 X－40000 Y0

N08 M02

4. 补偿指令(见表 6-6)

表 6-6 补偿指令

G40	取消间隙补偿
G41	左偏间隙补偿，D 表示偏移量
G42	右偏间隙补偿，D 表示偏移量

G40，G41，G42 为间隙补偿指令。

1)G41：左偏间隙补偿指令。

编程格式：G41 D～

式中：D——偏移量(补偿距离)，确定方法与半径补偿方法相同，如图 6-28(a)和图 6-29(a)所示。一般数控线切割机床偏移量 ΔR 在 0～0.5 范围内。

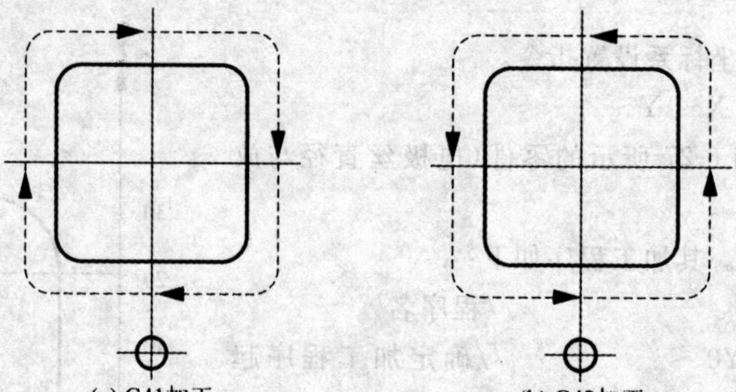

(a) G41加工 (b) G42加工

图 6-28 凸模加工间隙补偿指令的确定

2)G42：右偏间隙补偿指令。

编程格式：G42 D～

式中：D——偏移量（补偿距离），确定方法与半径补偿方法相同，如图 6-28(b)和图6-29(b)所示。一般数控线切割机床偏移量 ΔR 在 0～0.5 范围内。

3)G40：取消间隙补偿指令。

编程格式：G40（单列一行）

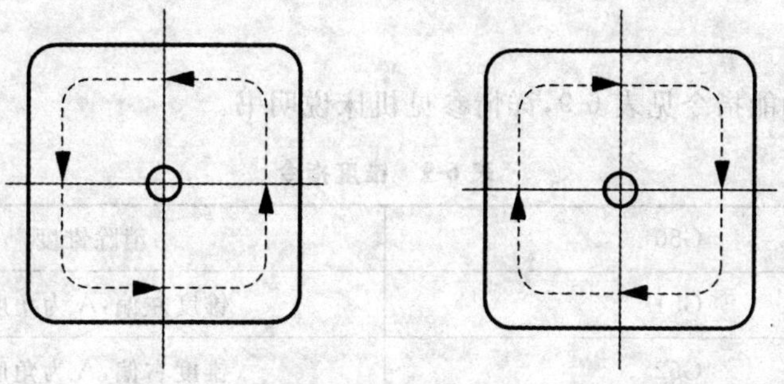

(a) G41加工　(b) G42加工

图 6-29　凹模加工间隙补偿指令的确定

5. M 代码

M 为系统辅助功能指令，常用的 M 功能指令见表 6-7。

表 6-7　M 代码

M00	程序暂停
M02	程序结束
M05	接触感知解除
M96	主程序调用子程序
M97	主程序调用子程序结束

调用子程序编程格式：M96 程序名（程序名后加“.”）

6. 镜像指令

常用的镜像功能指令见表 6-8，详情参见机床说明书。

表 6-8　镜像指令

G05	*X* 轴镜像
G06	*Y* 轴镜像
G07	*X*，*Y* 轴交换
G08	*X* 轴镜像，*Y* 轴镜像
G09	*X* 轴镜像，*X*，*Y* 轴交换

续表

G10	Y 轴镜像，X，Y 轴交换
G11	Y 轴镜像，X 轴镜像，X，Y 轴交换
G12	消除镜像

7. 锥度指令

常用的锥度功能指令见表 6-9，详情参见机床说明书。

表 6-9 锥度指令

G50	消除锥度
G51	锥度左偏，A 为角度值
G52	锥度右偏，A 为角度值

8. 坐标指令

常用的坐标指令见表 6-10，详情参见机床说明书。

表 6-10 坐标指令

W	下导轮到工作台面高度
H	工件厚度
S	工作台面到上导轮高度

任务 3 计算机自动编制程序

任务描述： 了解线切割自动编程系统的 CAD 绘图功能；
掌握线切割自动编程系统的自动编程方法。

任务分析： 电火花、线切割机床具备自动编程功能，本任务介绍了线切割自动编程系统的 CAD 功能和 CAM 功能。

SCAM 系统是数控电火花、线切割机床常用的自动编程系统，下面以 SCAM 系统为例，说明自动编程的方法。

SCAM 的进入：在 CNC 主画面下按 F8 键，进入 SCAM 自动编程系统，屏幕显示如图 6-30 所示。

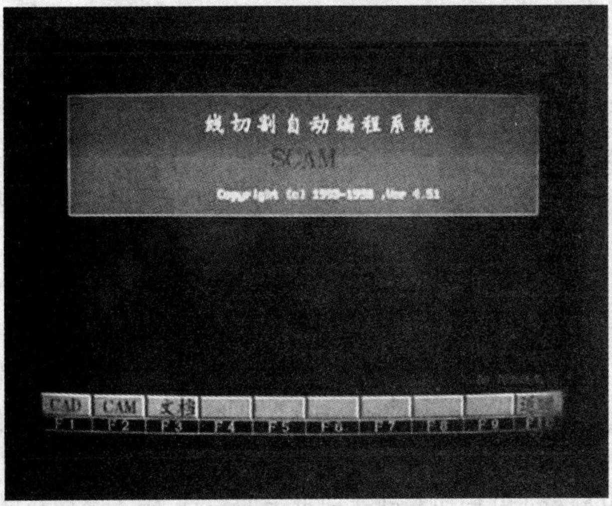

图 6-30 SCAM 系统屏幕

活动 3 CAD 绘图功能

在 SCAM 主菜单画面下按 F1 功能键，即进入 CAD 绘图功能，便可绘制零件图，并可把该零件图转换成加工路径状态（指定穿丝点、切入点、切割方向等），如图 6-31 所示。

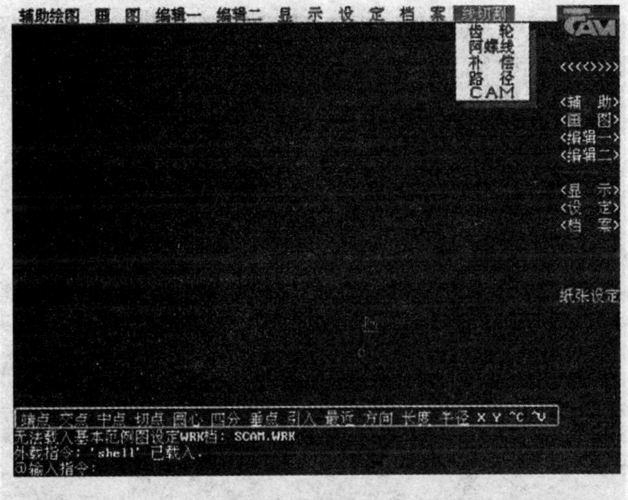

图 6-31 CAD 屏幕

在 CAD 下拉菜单中，选择“线切割”功能即出现包括补偿、路径等命令。

1. 补偿

补偿即对线切割轨迹进行丝径和间隙补偿。

当生成 3B 格式的代码时，须对切割的轨迹进行补偿；当生成 ISO 格式的代码时，可以用 G41/G42 来进行补偿，也可在此进行补偿。

选择“线切割”→“补偿”命令，在屏幕的底部会出现如下提示：

"补偿值＝"

这时要求输入补偿值，按回车键后，屏幕出现提示："请选择图形"。

这时，用鼠标在屏幕上定两点形成一个窗口把要进行补偿的图形全部框起来。接着屏幕又出现提示："补偿方向点"。

这时只要用鼠标在所要切割图形的外部或内部选取一点即可，当切割凸模时补偿方向点应在图形的外部，切割凹模时补偿方向点应在图形的内部。

2. 路径

对切割图形进行路径指定。

选择"线切割"→"路径"命令，在屏幕的底部出现提示："请用鼠标或键盘指定穿丝点"。

要求输入一个切割的始点，即穿丝点，可以从键盘上输入点的坐标值。输入起始点后，屏幕下接着出现："请用鼠标或键盘指定切入点"。

这时要求输入从穿丝点开始切割到达图形上的一点，输入完后在屏幕底部出现："请用鼠标或键盘指定切割方向"。

切割方向点要定在切入边上。

活动 4 CAM 系统参数

在 SCAM 主菜单画面下按 F2 键即进入 CAM 页面，如图 6-32 所示。

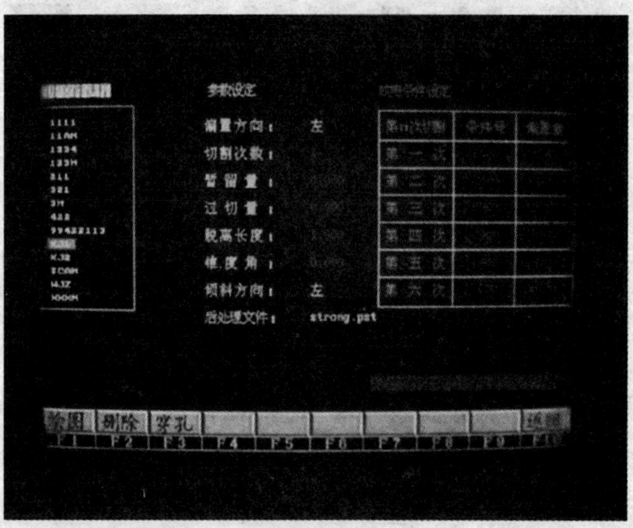

图 6-32　CAM 页面

CAM 页面的参数分成 3 栏：图形文件选择、基本参数设定、放电条件设定。

1. 图形文件选择

"图形文件选择"栏显示当前目录下所有的图形文件名。可以通过↑，↓光标键选择要生成加工程序的图形文件，然后按回车键即可，这时光标自动移到参数设定栏。

2. 基本参数设定

偏置方向是指补偿方向，有左补偿和右补偿。通过↑、↓键移动光标，用空格键进行改变。

切割次数是指要切割的次数，选择1～6之间的数字输入即可。

暂留量是多次切割时为防止工件脱落，需要留一定量不切，最后再一次切除，同时程序在此处做一暂停，暂留量的设定值为0～999.000。

过切量是为避免工件表面留下凸痕，最后一次加工时应该过切。

脱离长度是指多次切割时，为了改变加工条件和补偿值，需要离开轨迹一段距离，这段距离称为脱离长度。

锥度角是进行锥度切割时，丝的倾斜方向。

后处理文件是通过不同的后处理文件生成不同控制系统所能接收的NC代码。后处理文件是一个ASII文件，扩展名为PST。

3. 放电条件设定

用←，→键把光标移到“放电条件设定”栏，对加工条件和偏置量进行设定，加工条件的设定范围为C000～C999，偏置量的设定范围为H000～H999。

活动5 CAM的三个F功能

CAM主画面有如下三个F功能。

1. F1 绘图

当选择图形文件、设定参数完成后，按F1即进入生成NC代码页面，如图6-33所示。

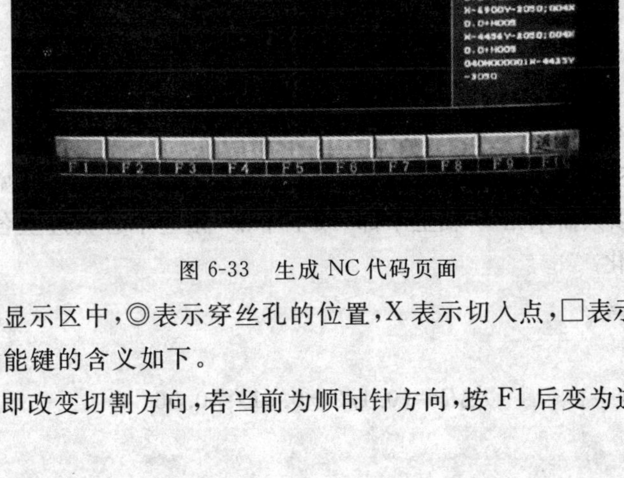

图6-33　生成NC代码页面

在此页面图形显示区中，◎表示穿丝孔的位置，X表示切入点，□表示切割方向。

此时屏幕上功能键的含义如下。

F1表示反向，即改变切割方向，若当前为顺时针方向，按F1后变为逆时针方向。

F2 表示均布，即把一个图形按给定的角度和个数分布在圆周上。

按 F2 键后，出现提示输入“旋转角度”。旋转角度以度为单位，它是与 X 轴正向的夹角，以逆时针方向为正，顺时针方向为负，输完旋转角度后，按回车键出现页面，这时提示输入“旋转个数”。输完旋转个数后，按回车键出现均布图形。

F3 表示 ISO，即生成 ISO 格式的 NC 代码。

F4 表示 3B，即生成 3B 格式的 NC 代码。

F9 表示存盘。

F10 表示返回到上一 CAM 页面。

2. F2 删除

F2 是指删除扩展名为 DXF 的图形文件。

3. F3 穿孔

当需要用穿孔纸带存储程序时，F3 把生成的 3B 格式代码送到穿孔机进行穿孔输出。

任务 4　数控电火花、线切割加工综合应用

编制加工如图 6-34 所示凸凹模（图示尺寸是根据刃口尺寸公差及凸凹模配合间隙计算出的平均尺寸）的数控线切割程序。电极丝直径为 $\phi 0.1$ 的钼丝，单面放电间隙为 0.01。

下面主要就工艺计算和程序编制进行讲述。

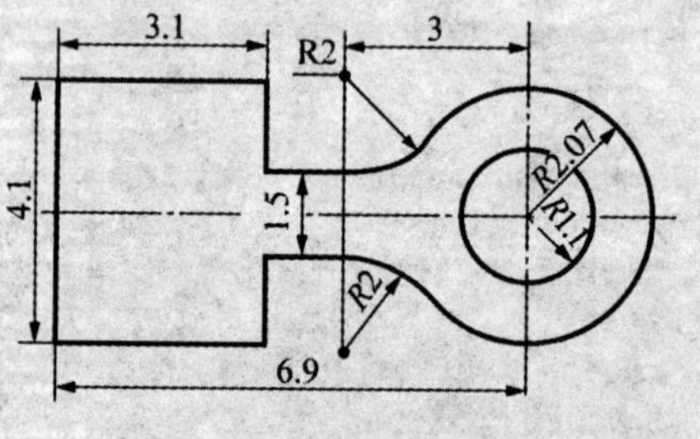

图 6-34　凸凹模

1. 确定计算坐标系

由于图形上、下对称，孔的圆心在图形对称轴上，圆心为坐标原点（见图 6-35）。因为图形对称于 X 轴，所以只需求出 X 轴上半部（或下半部）钼丝中心轨迹上各段的交点坐标值，从而使计算过程简化。

2. 确定补偿距离

补偿距离为

$$\Delta R=(0.1/2+0.01)=0.06$$

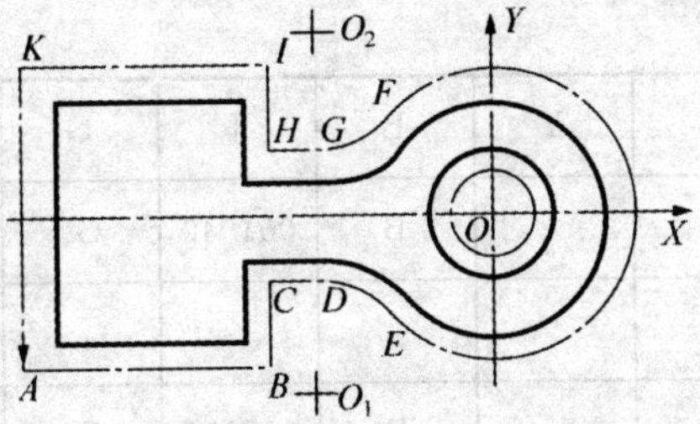

图 6-35　凸凹模编程示意图

钼丝中心轨迹，如图 6-35 中双点画线所示。

3. 计算交点坐标

将电极丝中心点轨迹划分成单一的直线或圆弧段。

求 E 点的坐标值：因两圆弧的切点必定在两圆弧的连心线 OO_1 上。直线 OO_1 的方程为 Y=(2.75/3)X，故可求得 E 点的坐标值 X，Y 为 X=－1.570，Y=－1.493。

其余各点坐标可直接从图形中求得(见表 6-11)。

切割型孔时电极丝中心至圆心 O 的距离(半径)为

$$R=1.1-0.06=1.04$$

表 6-11　凸凹模轨迹图形各段交点及圆心坐标

交点	X	Y	交点	X	Y	圆心	X	Y
B	－3.74	－2.11	G	－3	0.81	O_1	－3	－2.75
C	－3.74	－0.81	H	－3	0.81	O_2	－3	－2.75
D	－3	－0.81	I	－3.74	2.11			
E	－1.57	－1.4393	K	－6.96	2.11			

4. 编写程序单

切割凸凹模时，不仅要切割外表面，还要切割内表面，因此要在凸凹模型孔的中心 O 处钻穿丝孔。先切割型孔，然后再按 $B\rightarrow C\rightarrow D\rightarrow E\rightarrow F\rightarrow G\rightarrow H\rightarrow I\rightarrow K\rightarrow A\rightarrow B$ 的顺序切割。

(1)3B 格式切割程序单见表 6-12。

表 6-12　凸凹模线切割程序

序号	B	X	B	Y	B	J	G	Z	说明
1	B		B		B	001040	G_x	L3	穿丝切割
2	B	1040	B		B	004160	G_y	SR2	

续表

序号	B	X	B	Y	B	J	G	Z	说明
3	B		B		B	001040	G_x	L1	
4								D	拆卸钼丝
5	B		B		B	013000	G_y	L4	空走
6	B		B		B	003740	G_x	L3	空走
7								D	重新装上钼丝
8	B		B		B	012190	G_y	L2	切入并加工 *BC* 段
9	B		B		B	000740	G_x	L1	
10	B		B	1940	B	000629	G_y	SR1	
11	B	1570	B	1439	B	005641	G_y	NR3	
12	B	1430	B	1311	B	001430	G_x	SR4	
13	B		B		B	000740	G_x	L3	
14	B		B		B	001300	G_y	L2	
15	B		B		B	003220	G_x	L3	
16	B		B		B	004220	G_y	L4	
17	B		B		B	003220	G_x	L1	
18	B		B		B	008000	G_y	L4	退出
19								D	加工结束

(2)ISO 格式切割程序单如下：

H000＝＋00000000 H001＝＋00000110；

H005＝＋00000000；

T84 T86 G54 G90 G92X＋0Y＋0U＋0V＋0；

C007；

G01X＋100Y＋0；

G04X0.0＋H005；

G41H000；

C007；

```
G41H000;
G01X+1100Y+0;
G04X0.0+H005;
G41H001;
G03X-1100Y+0I-1100J+0;
G04X0.0+H005;
X+1100Y+0I+1100J+0;
G04X0.0+H005;
G40H000G01X+100Y+0;
M00;                                          //取废料
C007;
G01X+0Y+0;
G04X0.0+H005;
T85 T87;
M00;                                          //拆丝
M05G00X-3000;                                 //空走
M05G00Y-2750;
M00;                                          //穿丝
H000=+00000000 H001=+00000110;
H005=+00000000;
T84 T86 G54 G90 G92X-2500Y-2000U+0V+0;
C007;
G01X-2801Y-2012;
G04X0.0+H005;
G41H000;
C007;
G41H000;
G01X-3800Y-2050;
G04X0.0+H005;
G41H001;
X-3800Y-750;
G04X0.0+H005;
X-3000Y-750;
G04X0.0+H005;
G02X-1526Y-1399I+0J-2000;
G04X0.0+H005;
G03X-1526Y+1399I+1526J+1399;
```

```
G04X0.0+H005;
G02X-3000Y+750I-1474J+1351;
G04X0.0+H005;
G01X-3800Y+750;
G04X0.0+H005;
X-3800Y+2050;
G04X0.0+H005;
X-6900Y+2050;
G04X0.0+H005;
X-6900Y-2050;
G04X0.0+H005;
X-3800Y-2050;
G04X0.0+H005;
G40H000G01X-2801Y-2012;
M00;
C007;
G01X-2500Y-2000;
G04X0.0+H005;
T85 T87 M02;                          //程序结束
(:: The Cuting length= 37.062133 MM );        //切割总长
```

课题测试

一、填空题

1. 线切割加工中常用的电极丝有________、________、________。其中________和________应用快速走丝线切割中，而________应用慢速走丝线切割。

2. 线切割加工时，工件的装夹方式有________装夹、________装夹、________装夹和________装夹。

二、判断题

1. (　　)脉冲宽度及脉冲能量越大，则放电间隙越小。

2. (　　)目前线切割加工时应用较普遍的工作液是煤油。

三、选择题

1. 电火花、线切割加工的特点有________。

A. 不必考虑电极损耗　　B. 不能加工精密细小、形状复杂的工件

C. 不需要制造电极　　D. 不能加工盲孔类和阶梯型面类工件

2. 电火花、线切割加工的对象有________。

A. 任何硬度，高熔点包括经热处理的钢和合金

B. 成形刀，样板

C. 阶梯孔，阶梯轴

D. 塑料模中的型腔

3. 对于线切割加工，下列说法正确的有________。

A. 线切割加工圆弧时，其运动轨迹是折线

B. 线切割加工斜线时，其运动轨迹是斜线

C. 加工斜线时，取加工的终点为编程坐标系的原点

D. 加工圆弧时，取圆心为编程坐标系的原点

4. 线切割加工数控程序编制时，下列计数方向的说法正确的有________。

A. 斜线终点坐标(X_e，Y_e)当 $|Y_e| > |X_e|$ 时，计数方向取 G_y

B. 斜线终点坐标(X_e，Y_e)当 $|X_e| > |Y_e|$ 时，计数方向取 G_y

C. 圆弧终点坐标(X_e，Y_e)当 $|X_e| > |Y_e|$ 时，计数方向取 G_y

D. 圆弧终点坐标(X_e，Y_e)当 $|X_e| < |Y_e|$ 时，计数方向取 G_y

5. 线切割加工编程时，计数长度应________。

A. 以 μm 为单位　　B. 以 mm 为单位　　C. 写足四位数

D. 写足五位数　　E. 写足六位数

6. 加工斜线 OA，设起点 O 在切割坐标原点，终点 A 的坐标为 $X_e=17$，$Y_e=5$，其加工程序为________。

A. B17B5B17GxL1　　B. B17000B5000B017000 GxL1

C. B17000B5000B017000 GyL1　　D. B17000B5000B005000 GyL1

E. B17B5B017000 GxL1

7. 加工半圆 AB，切割方向从 A 到 B，起点 A 坐标为(−5，0)，终点 B 坐标为(5，0)，其加工程序为________。

A. B5000BB010000GxSR2　　B. B5000BB10000 GySR2

C. B5000BB01000GySR2　　D. BB5000B01000 GySR2

E. B5BB010000 Gy SR2

四、编程题

1. 若要加工如图 6-36 所示的斜线段，终点 A 的坐标为 $X_e=14$，$Y_e=5$，分别用 3B 和 ISO 格式编制其线切割程序。

2. 加工如图 6-37 所示与正 Y 轴重合的直线线段，长度为 22.4。分别用 3B 和 ISO 格式编制其线切割程序。

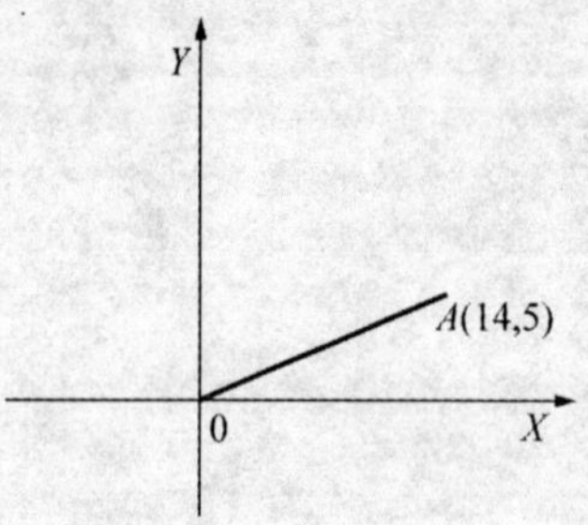

图 6-36　习题 1

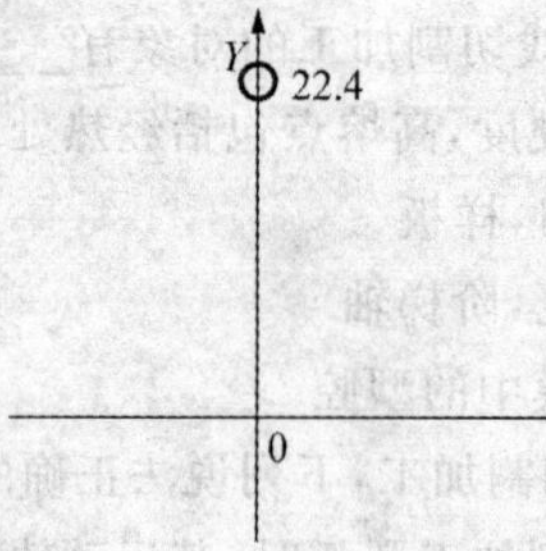

图 6-37　习题 2

3. 加工如图 6-38 所示的圆弧，A 为此逆圆弧的起点，B 为终点。分别用 3B 和 ISO 格式编制线切割程序。

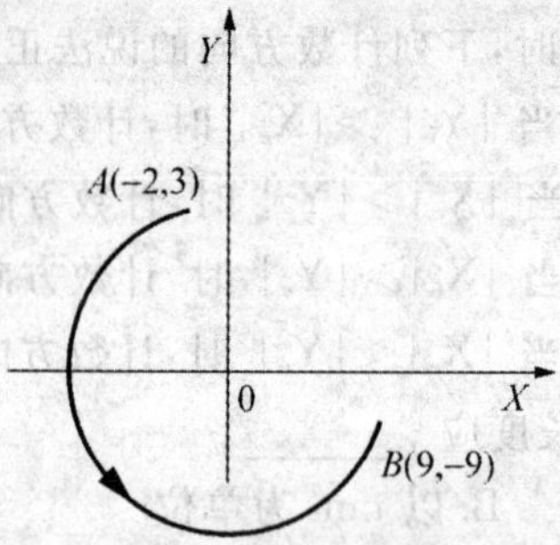

图 6-38　习题 3

4. 利用 ISO 格式编制如图 6-39 所示凹模的线切割程序，电极丝为 $\phi0.2$ 的钼丝，单边放电间隙为 0.01。

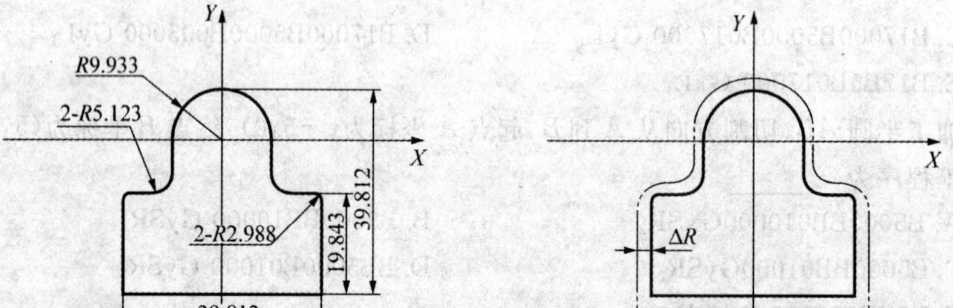

图 6-39　习题 4

项目 7 CAD/CAM 软件应用

任务1 CAD/CAM 技术特点

CAD/CAM(计算机辅助设计及制造)与 PDM(产品数据管理)构成了一个现代制造型企业计算机应用的主干。对于制造行业,设计、制造水平和产品的质量、成本及生产周期息息相关。人工设计、单件生产这种传统的设计与制造方式已无法适应工业发展的要求。采用 CAD/CAM 的技术已成为整个制造行业当前和将来技术发展的重点。

CAD 技术的首要任务是为产品设计和生产对象提供方便、高效的数字化表示和表现(Digital Representation and Presentation)。数字化表示是指用数字形式为计算机所创建的设计对象生成内部描述,像二维图、三维线框、曲面、实体和特征模型;而数字化表现是指在计算机屏幕上生成真实感图形、创建虚拟现实环境进行漫游、多通道人机交互、多媒体技术等。

CAD 的概念不仅仅体现在辅助制图(图形实现)方面,它更主要地起到了设计助手的作用,帮助广大工程技术人员从繁杂的查手册、计算中解脱出来,极大地提高了设计效率和准确性,从而缩短产品开发周期、提高产品质量、降低生产成本,增强行业竞争能力。

CAM 与 CAD 密不可分,甚至比 CAD 应用得更为广泛。几乎每一个现代制造企业都离不开大量的数控设备。随着对产品质量要求的不断提高,要高效地制造高精度的产品,CAM 技术不可或缺。一方面,设计系统只有配合数控加工才能充分显示其巨大的优越性;另一方面,数控技术只有依靠设计系统产生的模型才能发挥其效率。所以,在实际应用中,二者很自然地紧密结合起来,形成 CAD/CAM 系统,在这个系统中设计和制造的各个阶段可利用公共数据库中的数据,即通过公共数据库将设计和制造过程紧密地联系为一个整体。数控自动编程系统利用设计的结果和产生的模型,形成数控加工机床所需的信息。CAD/CAM 极大地缩短了产品的制造周期,显著地提高了产品质量,产生了巨大的经济效益。

CAD/CAM 技术已经是一个相当成熟的技术。波音 777 新一代大型客机以 4 年半的周期研制成功,采用的新结构、新发动机、新的电传操纵等都是一步到位,立刻投入批量生产。飞机出厂后直接交付客户使用,故障返修率几乎为零。媒介宣传中称之为“无纸设计”,而波音公司本身认为,这主要应归功于CAD/CAM设计制造一体化。

企业从设计到制造整个过程的CAD/CAM软件解决方案,一般都具备以下技术特点。

1. 产品开发的集成

一个完全集成的CAD/CAM软件,能辅助工程师从概念设计、功能工程分析到制造的整个产品开发过程,如图7-1所示。

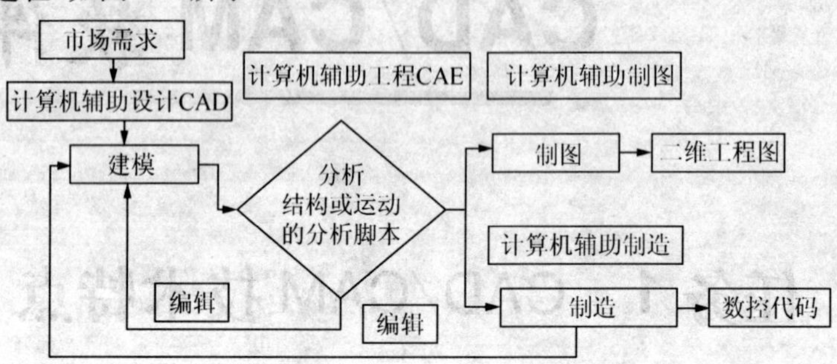

图7-1 CAD/CAM工作流程

2. 相关性

通过应用主模型的方法,使从设计到制造的所有应用相关联,如图7-2所示。

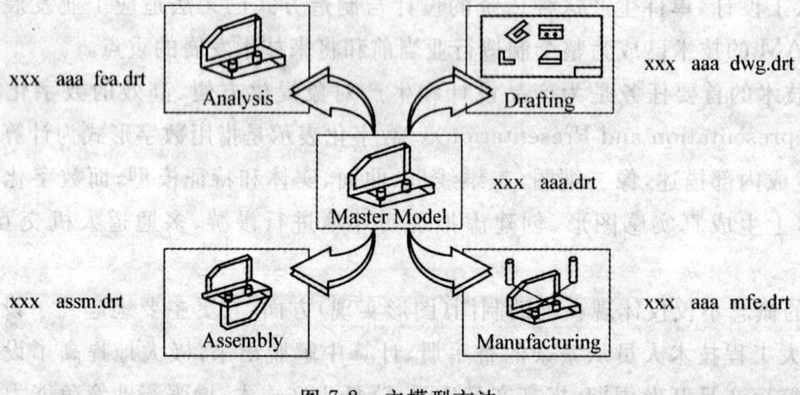

图7-2 主模型方法

3. 并行协作

通过使用主模型,产品数据管理(PDM)、产品可视化(PV)以及杠杆运用Internet技术支持扩展企业范围的并行协作,如图7-3所示。

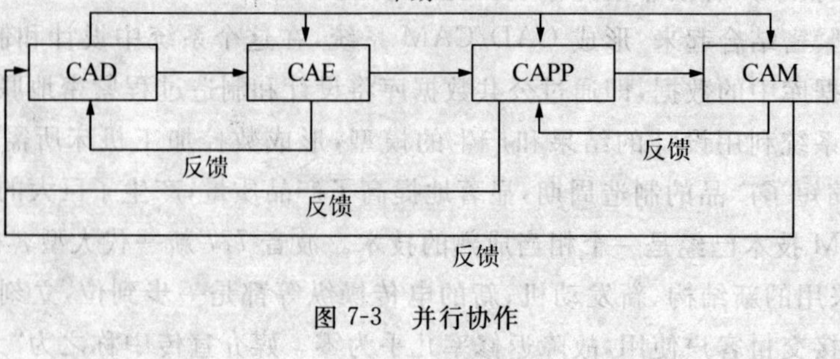

图7-3 并行协作

任务2 CAD/CAM技术的发展趋势

1. 集成化

集成化是CAD/CAM技术发展的一个最为显著的趋势。它是指把CAD,CAE,CAPP,CAM以至PPC(生产计划与控制)等各种功能不同的软件有机地结合起来,用统一的执行控制程序来组织各种信息的提取、交换、共享和处理,保证系统内部信息流的畅通并协调各个系统有效地运行。国内外大量的经验表明,CAD系统的效益往往不是从其本身,而是通过CAM和PPC系统体现出来的;反过来,CAM系统如果没有CAD系统的支持,花巨资引进的设备往往很难得到有效的利用;PPC系统如果没有CAD和CAM的支持,既得不到完整、及时和准确的数据作为计划的依据,订出的计划也较难贯彻执行,所谓的生产计划和控制将得不到实际效益。因此,人们着手将CAD,CAE,CAPP,CAM和PPC等系统有机地、统一地集成在一起,从而消除“自动化孤岛”,取得最佳的效益。

2. 网络化

21世纪网络将全球化,制造业也将全球化,从获取需求信息,到产品分析设计、选购原辅材料和零部件、进行加工制造,直至营销,整个生产过程也将全球化。CAD/CAM系统的网络化能提供使设计人员对产品方案在费用、流动时间和功能上并行处理的并行化产品设计应用系统;能提供产品、进程和整个企业性能仿真、建模和分析技术的制造系统;能开发自动化系统,产生和优化工作计划和车间级控制,支持敏捷制造的制造计划和控制应用系统;能提供对生产过程中物流进行管理的物料管理应用系统等。

3. 智能化

人工智能在CAD中的应用主要集中在知识工程的引入、发展专家CAD系统。专家系统具有逻辑推理和决策判断能力,它将许多实例和有关专业范围内的经验、准则结合在一起,给设计者更全面、可靠的指导。应用这些实例和启发准则,根据设计的目标不断缩小探索的范围,使问题得到解决。

任务3 CAD/CAM软件分类

CAD/CAM技术经过几十年的发展,先后走过大型机、小型机、工作站、微机时代,每个时代都有当时流行的CAD/CAM软件。现在,工作站和微机平台CAD/CAM软件已经占据主导地位,并且出现了一批比较优秀、比较流行的商品化软件。

1. 高档 CAD/CAM 软件

高档 CAM 软件的代表有 Unigraphics,I－DEAS,Pro/Engineer,CATIA 等。这类软件的特点是优越的参数化设计、变量化设计及特征造型技术与传统的实体和曲面造型功能结合在一起,加工方式完备,计算准确,实用性强,可以从简单的二轴加工到以五轴联动方式来加工极为复杂的工件表面,并可以对数控加工过程进行自动控制和优化,同时提供了二次开发工具允许用户扩展功能,是航空、汽车、造船行业的首选 CAD/CAM 软件。

2. 中档 CAD/CAM 软件

CIMATRON 是中档 CAD/CAM 软件的代表。这类软件实用性强,提供了比较灵活的用户界面,优良的三维造型、工程绘图,全面的数控加工,各种通用、专用数据接口以及集成化的产品数据管理。

3. 相对独立的 CAM 软件

相对独立的 CAM 系统有 MasterCAM,Surfcam 等。这类软件主要通过中性文件从其他 CAD 系统获取产品几何模型。系统主要有交互工艺参数输入模块、刀具轨迹生成模块、刀具轨迹编辑模块、三维加工动态仿真模块和后置处理模块。该软件主要应用在中小企业的模具行业。

4. 国内 CAD/CAM 软件

国内 CAD/CAM 软件的代表有 CAXA－ME、金银花系统等。这类软件是面向机械制造业自主开发的中文界面、三维复杂形面 CAD/CAM 软件,具备机械产品设计、工艺规划设计和数控加工程序自动生成等功能。这些软件价格便宜,主要面向中小企业,符合我国国情和标准,所以受到了广泛的欢迎,赢得了越来越大的市场份额。

任务 4　典型 CAD/CAM 软件介绍

任务描述: 了解 UG 的 CAD 功能、CAM 功能;
了解 MasterCAM 的系统特性、系统界面、系统流程图。

任务分析: UG 和 MasterCAM 是两种典型的 CAD/CAM 软件,本任务列举了 UG 的各项功能,介绍了 MasterCAM 系统的特性、界面和流程图,为后面具体应用的介绍作铺垫。

活动 1 UG

UG 是 Unigraphics Solutions 公司的产品,它为用户提供一个较完善的企业级 CAD/CAE/CAM/PDM 集成系统。在 UG 中,先进的参数化和变量化技术与传统的实体、线框和曲面功能结合在一起，这一结合被实践证明是强有力的。

1. UG 的 CAD 功能

UG/Hybrid Modeler 复合建模模块无缝地集成基于约束的特征建模和传统的几何（实体、曲面和线框）建模到单一的建模环境内，在设计过程中提供更多的灵活性，用户可以选择最自然地支持设计意图的方法。

UG/Hybrid Modeler 比参数化 CAD 建模模块有许多明显优点：在设计过程中有更多的灵活性；允许参数按需添加，不必强制模型全部约束，在设计过程中有完全的自由度，设计改变可以很方便地进行；允许传统的产品设计过程按需有效地与基于特征的建模组合。

用 UG 复合建模模块建立的模型完全与构造的几何体相关，能够有效地使用保存的产品模型数据，用户可以保护它在传统数据中的投资，在新的产品开发中，允许重访早期的设计决定，提升已存设计知识的价值，而无须再返工下游的信息。

（1）实体建模

Solid Modeling（实体建模）是所有其他几何建模产品的基础。

（2）实体操作

1）利用实体体素：块、圆柱、圆锥、球。

2）布尔操作：求和、求差、求交。

3）显示的面编辑命令：移动、旋转、删除、偏置、代替几何体。

4）从拉伸和旋转草图外形生成实体。

5）为高级的相关定位的基准平面和基准轴。

（3）片体和实体集成

1）缝合片体到实体。

2）分割和修剪实体允许转换片体形状到实体。

3）从实体表面抽取片体。

（4）特征编辑

1）编辑和删除特征：参数化编辑和重定位。

2）特征抑制，特征重排序，特征插入。

（5）特征建模

Feature Modeling（特征建模）设计可以以工程特征术语定义，而不是低水平的 CAD 几何体。特征被参数化定义为基于尺寸和位置的尺寸驱动编辑，如图 7-4 所示。主要特征如下。

图 7-4 特征建模

1）面向工程的成形特征：键槽、孔、凸垫、凸台、腔。

2）特征引用阵列：矩形和圆形阵列。

（6）倒圆和倒角

1）固定和可变的半径倒圆。

2）能够倒角任一边缘。

3）设计的陡峭边缘倒圆不适合完全的倒圆半径但仍然需要倒圆。

(7)高级建模操作

1)轮廓可以被扫描、拉伸或旋转形成实体。

2)高级的挖空体命令在几秒钟内使实体变成薄壁设计,如果需要,内壁拓扑将不同于外壁。

3)对共同的设计元素的用户定义特征。

(8)自由形状建模

Freeform Modeling(自由形状建模)用于设计高级的自由形状外形,或直接在实体上,或作为一独立的片体,除了它们不必闭合空间体积外,类似于实体,如图 7-5 所示。

图 7-5 自由形状建模

片体建模完全与实体建模集成并允许自由形状独立建立之后作用到实体设计。许多自由形状建模操作可以直接产生或修改实体。自由形状片体和实体与它们定义的几何体相关,允许重访早期设计决策及自动更新下游工作。

1)自由形状构造。功能强大的构造方法组:直纹,扫描,过曲线,网格曲面,点,偏置曲面;自由形状可以定义以光顺通过多于外形;定义外形尖形拐角并可以包含不同数量的曲线,外形可以由线框、实体边缘,或也可以是草图,结果是参数化的自由形状;二次锥曲面与圆角;固定与可变半径圆角曲面。

2)操纵自由形状。可以编辑定义的参数;数学参数(如 rho 或公差)及构造几何体可以重定义;通过下列任一方式直接操纵自由形状:控制多边形、改变曲面阶数、曲面上点、边缘。

2. UG 的 CAM 功能

UG/CAM 提供了一整套从钻孔、线切割到五轴铣削的单一加工解决方案。在加工过程中的模型、加工工艺、优化和刀具管理上,都可以与主模型设计相连接,始终保持最高的生产效率。把 UG 扩展的客户化定制的能力和过程捕捉的能力相结合,就可以一次性地得到正确的加工方案。

UG/CAM 由 5 个模块组成,即交互工艺参数输入模块、刀具轨迹生成模块、刀具轨迹编辑模块、三维加工动态仿真模块和后置处理模块。

(1)交互工艺参数输入模块

通过人机交互的方式,用对话框和过程向导的形式输入刀具、夹具、编程原点、毛坯、零件等工艺参数。

(2)刀具轨迹生成模块 UG/Toolpath Generator

UG/CAM 最具特点的是其功能强大的刀具轨迹生成方法，包括车削、铣削、线切割等完善的加工方法。其中铣削主要有以下功能。

1)Point to Point：完成各种孔加工；

2)Panar Mill：平面铣削，包括单向行切，双向行切，环切以及轮廓加工等；

3)Fixed Contour：固定多轴投影加工，用投影方法控制刀具在单张曲面上或多张曲面上的移动，控制刀具移动的可以是已生成的刀具轨迹，一系列点或一组曲线；

4)Variable Contour：可变轴投影加工；

5)Parameter line：等参数线加工，可对单张曲面或多张曲面连续加工；

6)Zig－Zag Surface：裁剪面加工；

7)Rough to Depth：粗加工，将毛坯粗加工到指定深度；

8)Cavity Mill：多级深度型腔加工，特别适用于凸模和凹模的粗加工；

9)Sequential Surface：曲面交加工，按照零件面、导动面和检查面的思路对刀具的移动提供最大程度的控制。

(3)刀具轨迹编辑模块 UG/Graphical Tool Path Editor

刀具轨迹编辑器可用于观察刀具的运动轨迹，并提供延伸、缩短或修改刀具轨迹的功能，同时，能够通过控制图形的和文本的信息去编辑刀轨。因此，当要求对生成的刀具轨迹进行修改，或当要求显示刀具轨迹和使用动画功能显示时，都需要刀具轨迹编辑器。动画功能可选择显示刀具轨迹的特定段或整个刀具轨迹。附加的特征能够用图形方式修剪局部刀具轨迹，以避免刀具与定位件、压板等的干涉，并检查过切情况。

刀具轨迹编辑器主要特点：显示对生成刀具轨迹的修改或修正；可进行对整个刀具轨迹或部分刀具轨迹的刀轨动画；可控制刀具轨迹动画速度和方向；允许选择的刀具轨迹在线性或圆形方向延伸；能够通过已定义的边界来修剪刀具轨迹；提供运动范围，并执行在曲面轮廓铣削加工中的过切检查。

(4)三维加工动态仿真模块 UG/Verify

UG/Verify 交互地仿真检验和显示 NC 刀具轨迹，它是一个无需利用机床、成本低、高效率的测试 NC 加工应用的方法。UG/Verify 使用 UG/CAM 定义的 BLANK 作为初始的毛坯形状，显示 NC 刀轨的材料移去过程，检验错误如刀具和零件碰撞、曲面切削和过切。最后在显示屏幕上建立一个完成零件的着色模型，用户可以把仿真切削后的零件与 CAD 的零件模型比较，因而可以方便地看到什么地方出现了不正确的加工情况。

(5)后置处理模块 UG/Postprocessing

UG/Postprocessing 包括一个通用的后置处理器(GPM)，使用户能够方便地建立用户定制的后置处理。通过使用加工数据文件生成器(MDFG)，一系列交互选项提示用户选择定义特定机床和控制器特性的参数，包括控制器和机床特征、线性和圆弧插补、标准循环、卧式或立式车床、加工中心等。这些易于使用的对话框允许为各种钻床、多轴铣床、车床、电火花线切割机床生成后置处理器。后置处理器的执行可以直接通过 Unigraphics 或通过操作系统来完成。

活动 2 MasterCAM

1. MasterCAM 系统特性概述

MasterCAM 是美国专业从事计算机数控程序设计专业化的公司 CNC Software INC 研制出来的一套计算机辅助制造系统软件。它将 CAD 和 CAM 这两大功能综合在一起，是我国目前十分流行的 CAD/CAM 系统软件。它有以下特点。

(1) MasterCAM 除了可产生 NC 程序外，本身也具有 CAD 功能(2D、3D、图形设计、尺寸标注、动态旋转、图形阴影处理等功能)，可直接在系统上制图并转换成 NC 加工程序，也可将用其他绘图软件绘好的图形，经由一些标准的或特定的转换文件如 DXF 文件(Drawing Exchange File)、CADL 文件(CADkey Advanced Design Language)及 IGES 文件(Initial Graphic Exchange Specification)等转换到 MasterCAM 中，再生成数控加工程序。

(2) MasterCAM 是一套以图形驱动的软件，应用广泛，操作方便，而且它能同时提供适合目前国际上通用的各种数控系统的后置处理程序文件，以便将刀具路径文件(NCI)转换成相应的 CNC 控制器上所使用的数控加工程序(NC 代码)，如 FANUC，MELADS，AGIE，HITACHI 等数控系统。

(3) MasterCAM 能预先依据使用者定义的刀具、进给率、转速等，模拟刀具路径和计算加工时间，也可从 NC 加工程序(NC 代码)转换成刀具路径图。

(4) MasterCAM 系统设有刀具库及材料库，能根据被加工工件材料及刀具规格尺寸自动确定进给率、转速等加工参数。

(5) 提供 RS-232C 接口通信功能及 DNC 功能。

2.系统界面

MasterCAM 系统在 Windows 下完成安装后，被自动设置在 Start\\Programs\\MasterCAM 菜单中，因此，在 MasterCAM 菜单用鼠标选取 Mill7 图标(假定使用的是 MasterCAM Version 7.0)，即自动进入 MasterCAM 系统的主界面，如图 7-6 所示，主界面分为 4 个功能区：主功能表区、第二功能表区、绘图(图形显示)区、信息输入/输出区。

(1)系统界面主功能表简要说明

1)A 分析：显示屏幕上的点、线、面及尺寸标注等资料；

2)C 绘图：绘制点、线、弧、Spline 曲线、矩形、曲面等；

3)F 文件：存取、浏览几何图形、屏幕显示、打印、传输、转换、删除文件等；

4)M 修整：可用倒圆角、修整、打断和连接等功能去修改屏幕上的几何图形；

5)D 删除：用于删除屏幕或系统图形文件中的图形元素；

6)S 屏幕：用来设置 MasterCAM 系统及其显示的状态；

7)T 刀具路径：用轮廓、型腔和孔等指令产生 NC 刀具路径；

8)N 公用管理：修改和处理刀具路径；

9)E 离开系统：退出 MasterCAM 系统，回到 Windows；

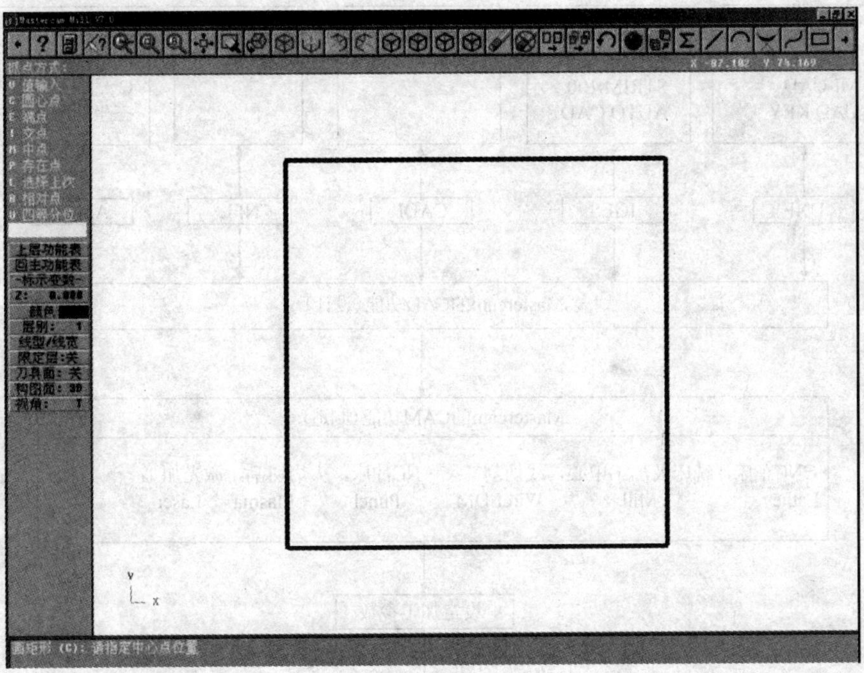

图 7-6　系统界面

10)上层功能表:回到前一页目录;

11)回主功能表:返回主功能表(最上层目录)。

(2)第二功能表简要说明

1)标示变数:用来设定标注尺寸的参数;

2)Z(工作深度):用来设定绘图平面的工作深度,当绘图平面设定为3D时,设定的工作深度被忽略不计;

3)颜色:设定系统目前所使用的绘图颜色;

4)图层:设定系统目前所使用的图层;

5)限定层:指定使用的图层,关掉非指定的图层的使用权,当设定为OFF时,全部的图层均可使用;

6)刀具平面:设定一个刀具面;

7)构图面:用来定义目前所要使用的绘图平面;

8)视角:定义目前显示于屏幕上的视图角度。

3. 系统流程图

MasterCAM系统流程图如图7-7所示。

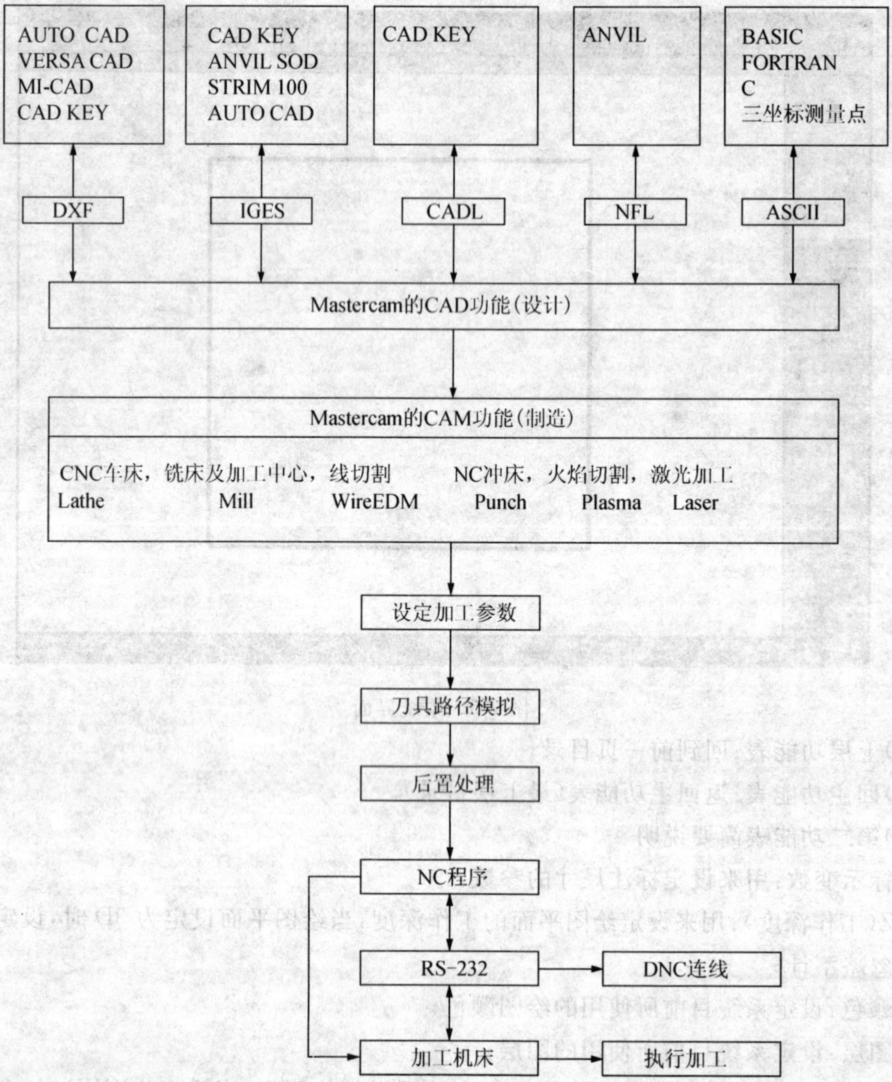

图 7-7 MasterCAM 系统流程图

任务5 典型零件 CAD/CAM 应用实例

任务描述： 具体学习 UG 的功能应用；
学习 MasterCAM 加工平面类零件、曲面类零件的实例。

任务分析： 本任务用实例说明了 UG，MasterCAM 的功能。通过对实例的学习感悟地认识 UG，MasterCAM 两种软件。

活动 1 UG 的应用

图 7-8 进入造型模块

这里用冲压模具的凸模为例，介绍 CAD/CAM 的应用过程。

1. 新建文件(File-new)

输入 camsample。

2. 进入造型模块(Application-modeling)

进入造型模块如图 7-8 所示。

3. 底部造型(insert-form feature-block)

输入 150 150 30。

选择 ok，如图 7-9 所示。

图 7-9 底部造型

4. 凸台特征造型(insert-form feature-pad)

选择 rectangular。

选择 block 的顶面。

选择 block 与 x 轴同向的边。

输入 80 80 50 0 10。

选择 pallale at distance。

选择 block 与 x 轴同向的边。

选择 pad 与 x 轴同向的中心线。

输入 75。

选择 ok。

选择 pallale at distance。

选择 block 与 y 轴同向的边。

选择 pad 与 y 轴同向的中心线。

输入 75。

选择 ok，如图 7-10 所示。

图 7-10 凸台特征造型

5. 半球体造型(insert-form feature-sphere)

选择 diameter，center。

输入 40。

选择 pad 与 y 轴同向的边接近中点的位置。

选择 ok。

选择 ok。

选择 pad 与 y 轴同向的另一侧边接近中点的位置。

选择 ok。

选择 ok，如图 7-11 所示。

图 7-11 半球体造型

6. 半圆柱体造型(insert-form feature-cylinder)

选择 diameter,height。

选择 Yc axis。

输入 40,110。

输入 75 20 30。

选择 ok,如图 7-12 所示。

图 7-12　半圆柱体造型

7. 倒顶部圆角(insert-feature opration-edge blend)

输入 default radius 15。

选择 pad 需倒圆角的各条边。

选择 ok,如图 7-13 所示。

图 7-13　倒顶部圆角

8. 倒底部圆角(insert-feature opration-edge blend)

输入 default radius 8。

选择 pad 底边、block、clydiner 的各条边。

选择 ok,如图 7-14 所示。

图 7-14　倒底部圆角

9. 毛坯造型(insert-form feature-block)

输入 150 150 85。

选择 ok。

10. 进入 CAM 模块(Application-manufacture)

选择 CAM session configure mill contour。

CAM setup mill contour。

选择 initialize,如图 7-15 所示。

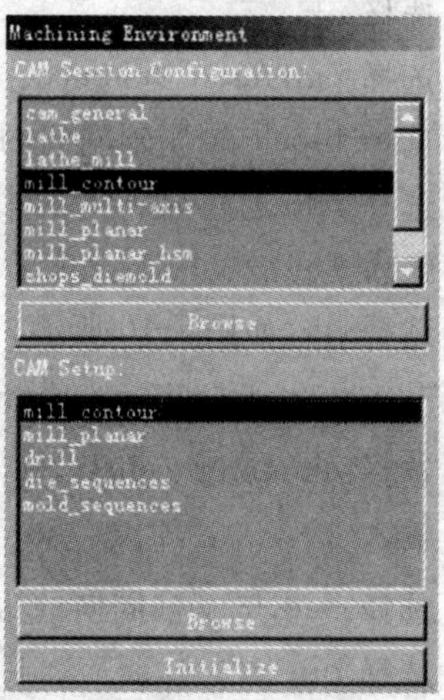

图 7-15　进入 CAM 模块

11. 指定加工几何体、毛坯(insert-geometry)

选择 MILL_GEOM。

选择 select。

选择 零件实体。

选择 blank。

选择 select。

选择 第 9 步生成的 block。

选择 ok,如图 7-16 所示。

12. 隐藏毛坯(edit-blank-blank)

选择 第 9 步生成的 block。

选择 ok。

13. 创建刀具(insert-tool)

输入 name m20。

选择 apply。

输入 diameter 20。

选择 ok。

输入 name mr5。

选择 ok。

输入 diameter 10。

输入 lower-radius 5，如图 7-17 所示。

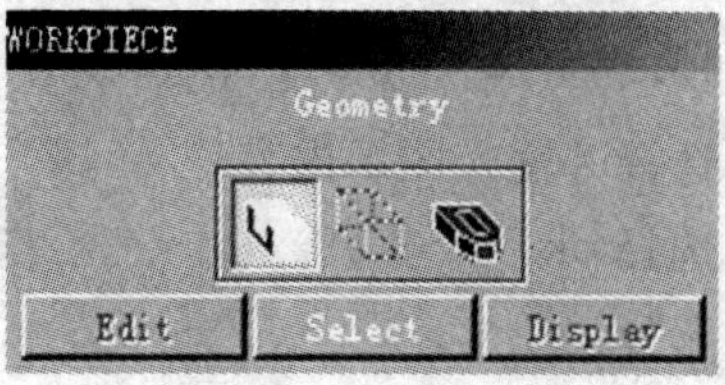

图 7-16　指定加工几何体、毛坯

14. 粗加工(insert-operation)

选择并输入图示内容。

选择 ok。

输入 depth per cut 3。

选择 generate。

选择 ok，如图 7-18 所示。

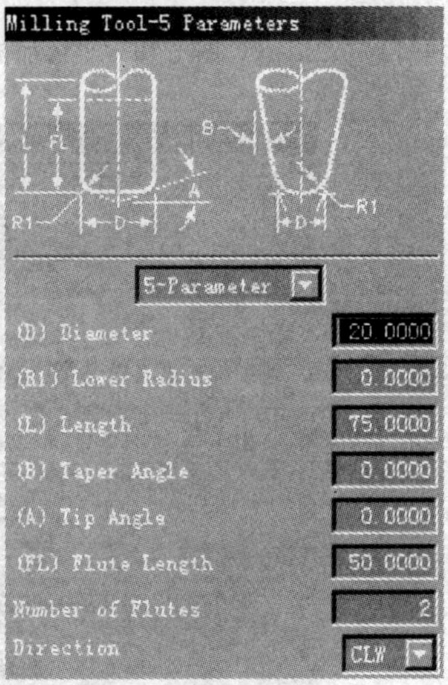

图 7-17　创建刀具

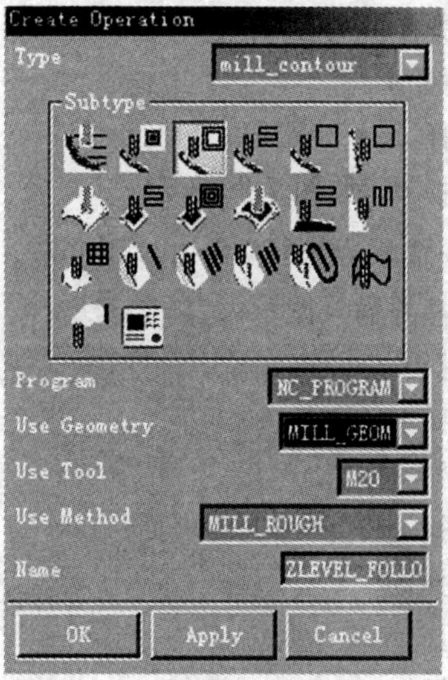

图 7-18　粗加工

15. 半精加工(insert-operation)

选择并输入图示内容。

选择 ok。

输入 depth per cut 1。

选择 cut lever。

选择 block 的上边。

选择 ok。

选择 generate。

选择 ok，如图 7-19 所示。

16. 精加工 1(insert-operation)

选择并输入图示内容。

选择 ok。

选择 cut area。

选择 select。

选择 所有要加工的表面。

选择 ok。

选择 area milling。

选择 step over scallop。

输入 0.01。

选择 ok。

选择 cutting。

选择 remove edge traces。

选择 ok。

选择 generate。

选择 ok,如图 7-20 所示。

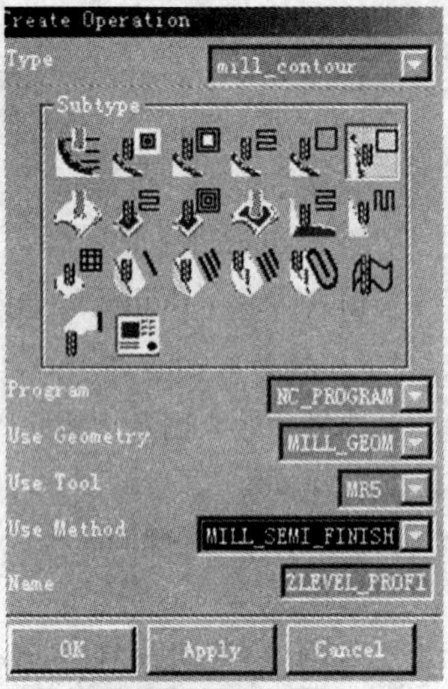

图 7-19 半精加工

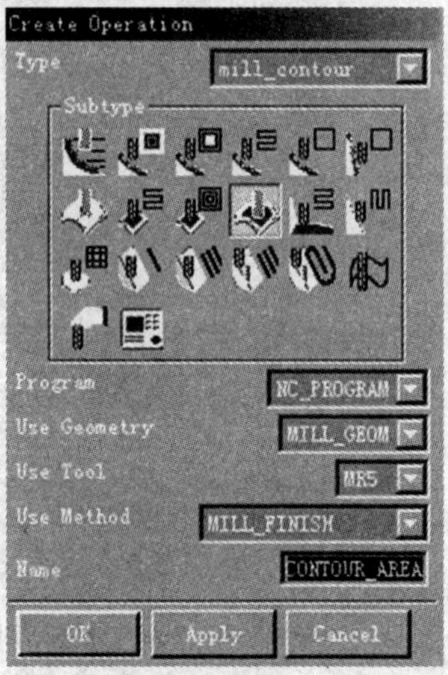

图 7-20 精加工 1

17. 精加工 2(insert-operation)

选择并输入图示内容。

选择 ok。

选择 cut area。

选择 select。

选择 所有要加工的表面。

选择 ok。

选择 area milling。

选择 steep containment。

选择 directional steep。

输入 35。

选择 cut angle。

选择 user defined。

输入 90。

选择 step over scallop。

输入 0.01。

选择 ok。

选择 generate。

选择 ok,如图 7-21 所示。

图 7-21 精加工 2

18. 选择所有生成的刀具路径，单击右键

选择 verify。

选择 dynamic。

选择 play forward。

选择 compare。

选择 ok，如图 7-22 所示。

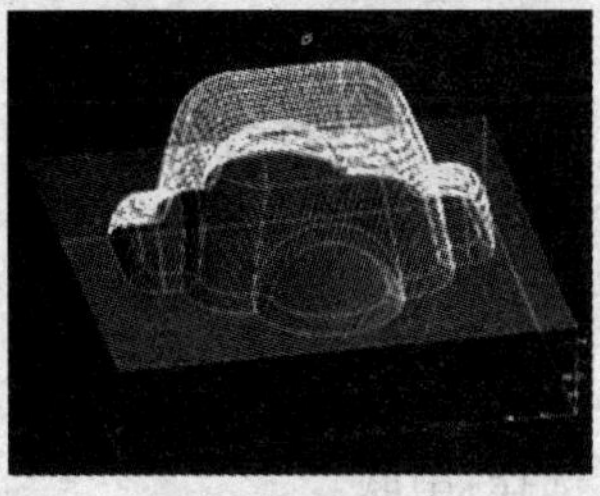

图 7-22 刀具路径

活动 2 MasterCAM 的应用

1. 平面类零件加工实例

(1)绘制外轮廓(见图 7-23)

选择：绘图。

选择：矩形。

选择：中心点。

输入：0，0。

输入：120。

输入：120。

从鼠标右键快捷菜单中选择：适度化。

回主功能表。

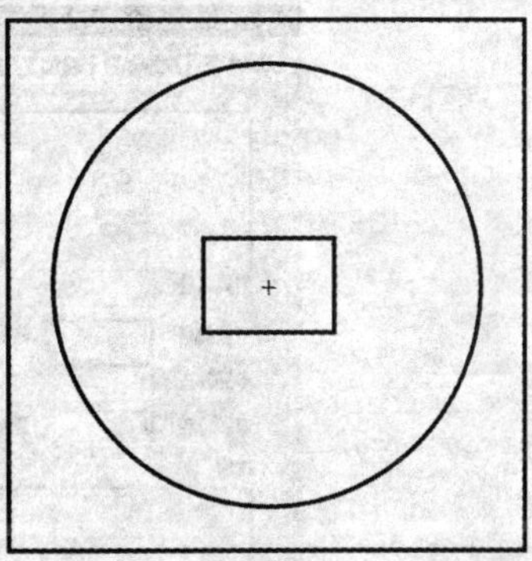

图 7-23 零件形状

(2)绘制凸台(见图 7-23)

选择：绘图。

选择：矩形。

选择：中心点。

输入：0，0。

输入：30。

输入：20。

回主功能表。

(3)绘制槽轮廓(见图 7-23)

选择：绘图。

选择：圆弧。

选择：点半径圆。

选择：中心点。

输入：0，0。

输入：50。

回主功能表。

(4)生成刀具路径

选择:刀具路径。

选择:挖槽加工。

输入：文件名。

选择:保存。

选择:串联。

从图上选择 R40 圆。

从图上选择 30×20 矩形。

选择:执行。

出现图 7-24 所示的“挖槽”工艺参数对话框。

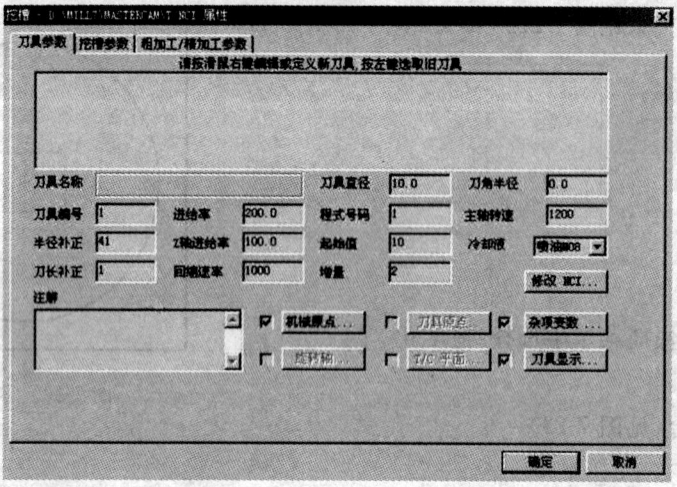

图 7-24　工艺参数对话框

输入：刀具直径 10;程式号码 0001;起始值 10;增量 2;冷却液 M08;进给率 200;Z 轴进给率 100;回缩速率 1000。

选择标签:挖槽参数。

输入:G00 下刀位置 5;最后切深－20。

选择:分层铣削。

输入:MAX　ROUGH(每层切深 0,0)4。

选择:ok。

选择标签:粗加工/精加工参数。

选择:双向切削。

输入:刀具直径百分比 45。

选择:确定。

生成刀具路径,见图 7-25。

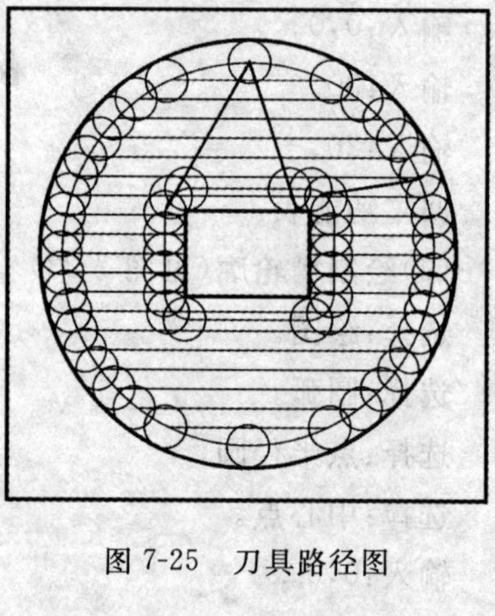

图 7-25　刀具路径图

(5)生成数控加工程序

选择:操作管理。

选择:后处理(见图 7-26)。

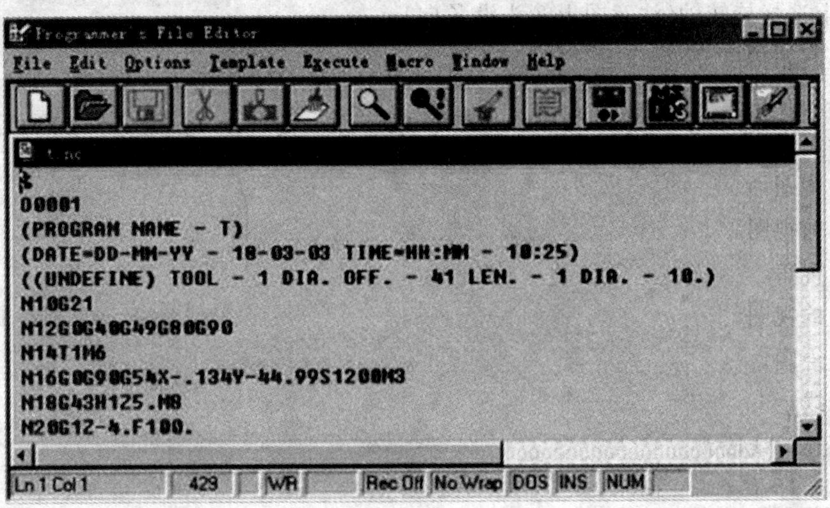

图 7-26　数控加工程序

2.曲面类零件加工实例

(1)绘制半球面截面(见图 7-27)

选择:绘图。

选择:圆弧。

选择:极坐标。

选择:中心点。

输入:0,0。

输入:25。

输入:－90。

输入:90。

从鼠标右键快捷菜单中选择:适度化。

回主功能表。

图 7-27　半球面截面

(2)绘制旋转轴(见图 7-27)

选择:绘图。

选择:线。

选择:任意线段。

从图上选择圆弧的两端点。

(3)绘制圆弧面

选择:绘图。

选择:曲面。

选择:旋转曲面。

从图上选择圆弧。

选择:执行。

从图上选择旋转轴(注意图上箭头沿 Z 向)。

输入:起始角度 0°。

输入:终止角度 180°。

(4)绘制牵引面截面(见图 7-28)

选择:构图面。

选择:前视图。

选择:视角。

选择:前视图。

选择:绘图。

选择:线。

选择:连续线段。

输入:—15,0。

输入:—15,15。

输入:15,15。

输入:15,0。

回主功能表。

选择:修整。

选择:倒圆角。

选择:半径值。

输入:10。

从图上选择圆角的两个直边。

图 7-28　牵引面截面

(5)绘制牵引面(见图 7-29)

选择:绘图。

选择:曲面。

选择:牵引曲面。

从图上选择截面线。

选择:执行。

输入:指定长度 40。

选择:执行。

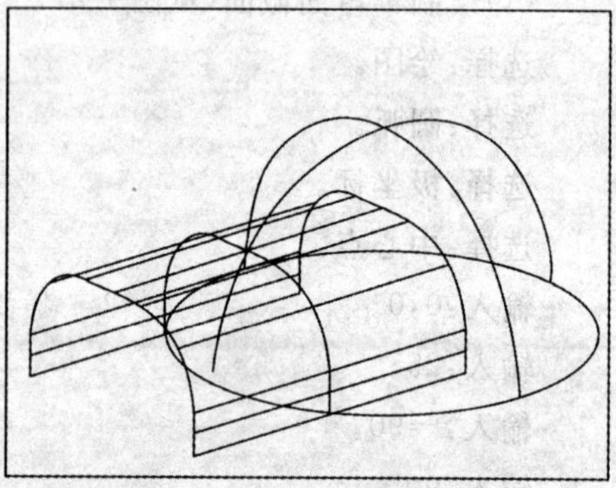

图 7-29　绘制完成曲面图

(6)修整曲面(见图 7-30)

选择:修整。

选择:修剪延伸。

选择:曲面。

选择:修整至曲面。

选择:从图上选择圆弧面。

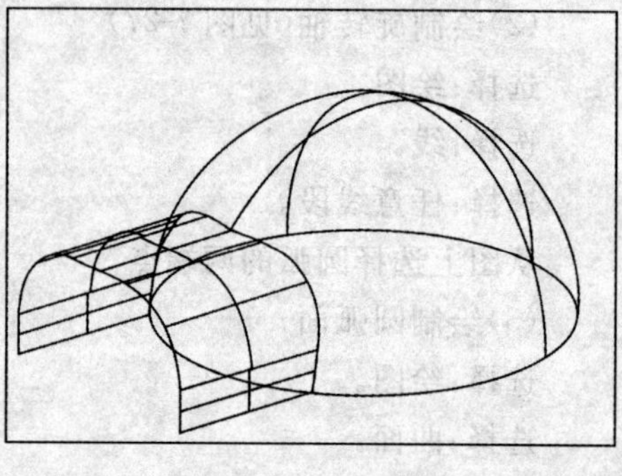

图 7-30　修整曲面

选择:执行。

从图上选择牵引曲面。

选择:执行。

选择:执行。

从图上选择要保留的部分。

(7)生成刀具路径

选择:刀具路径。

选择:曲面加工。

选择:精加工。

选择:外形加工。

选择:保存。

选择:所有的。

选择:曲面。

选择:执行。

输入:刀具直径 10;程式号码 0002;起始值 10;增量 2;冷却液 M08;进给率 200;Z 轴进给率 100;回缩速率 1000(见图 7-31)。

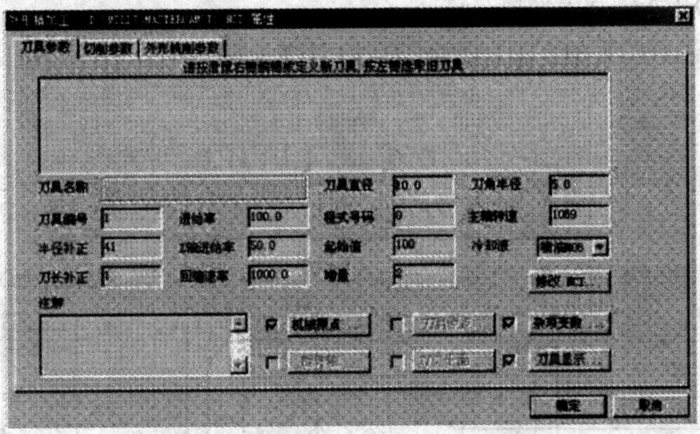

图 7-31 曲面加工工艺参数设置对话框

选择:确定,如图 7-32 所示。

(8)生成数控加工程序

选择:操作管理。

选择:后处理。

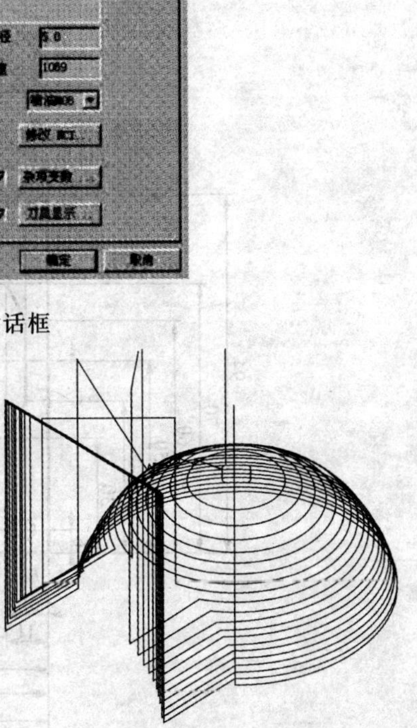

图 7-32 曲面加工刀具路径

课题测试

一、判断题

1.(　　) CAD/CAM 技术先进,可以完全依赖这个工具解决编程问题。

2.(　　)学好 CAM,即学会了数控编程。

二、选择题

1. 属于相对独立的 CAM 软件的是________。

A. UG　　B. CIMITRON　　C. MasterCAM　　D. CAXA

2. UG 的建模方法采用________。

A. 参数化建模　B. 复合建模　　C. 变量化建模　　D. 实体建模

三、简答题

1. 简述 CAD/CAM 技术特点。

2. 常见 CAD/CAM 软件分为哪些类型?

3. 简述 CAD/CAM 技术发展趋势。

4. 使用一种你所熟悉的 CAD/CAM 软件,对图 7-33、图 7-34、图 7-35 所示零件进行造型及数控编程。

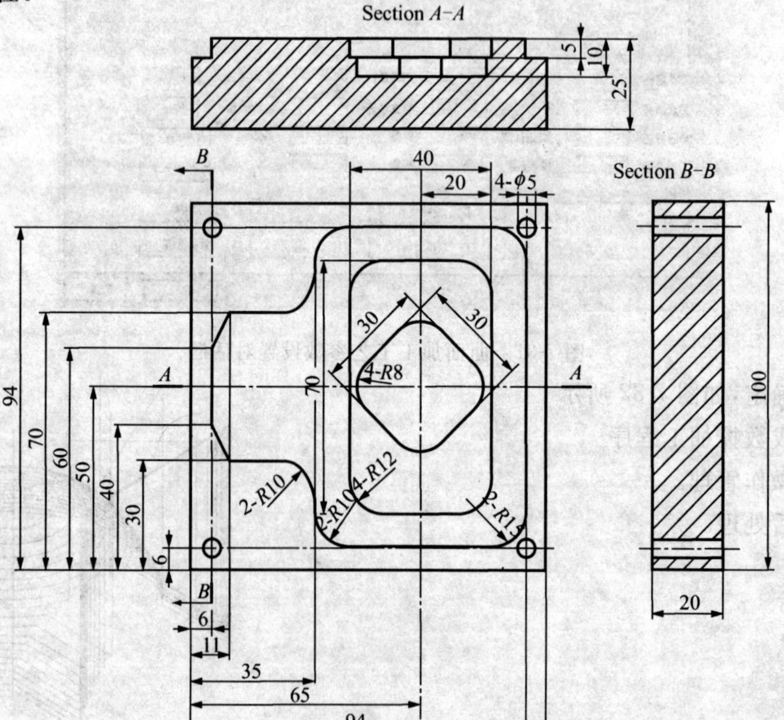

图 7-33　习题图 1

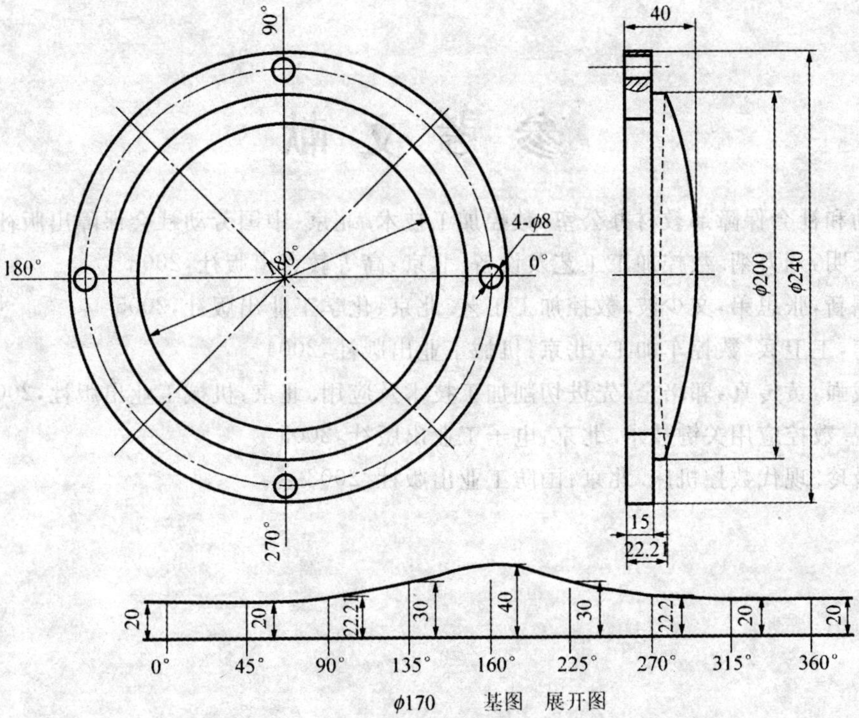

图 7-34 习题图 2

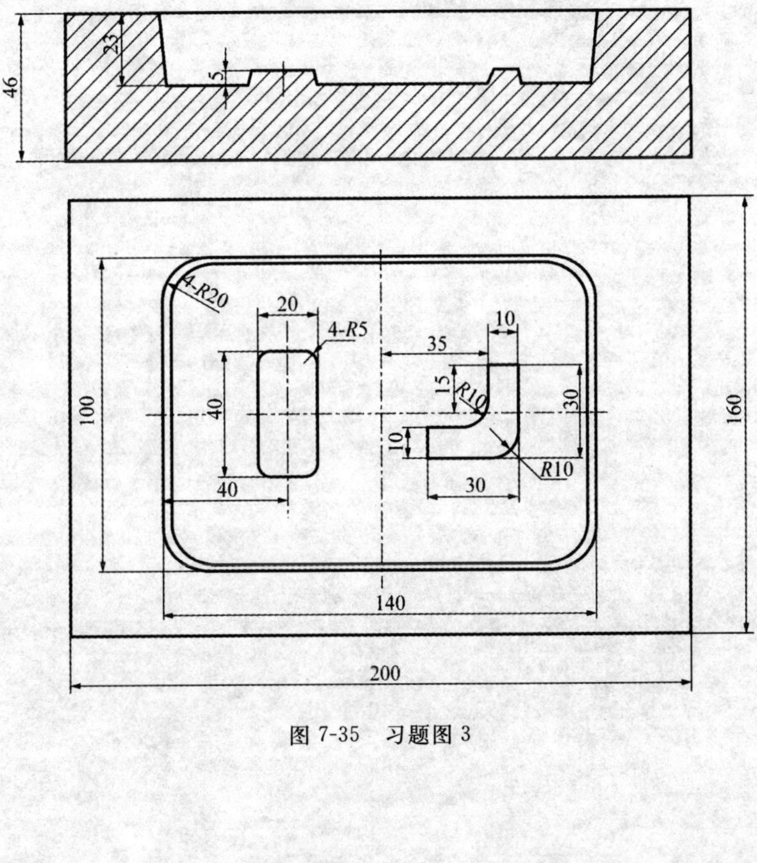

图 7-35 习题图 3

参 考 文 献

[1] 劳动和社会保障部教材办公室.数控加工技术.北京:中国劳动社会保障出版社,2005
[2] 赵长明,刘万菊.数控加工工艺及设备.北京:高等教育出版社,2003
[3] 贺曙新,张思弟,文少波.数控加工工艺.北京:化学工业出版社,2005
[4] 金涛,王卫兵.数控车加工.北京:机械工业出版社,2004
[5] 刘战强,黄传真,郭培全.先进切削加工技术及应用.北京:机械工业出版社,2005
[6] 娄锐.数控应用关键技术.北京:电子工业出版社,2005
[7] 王爱玲.现代数控机床.北京:国防工业出版社.2003